Springer

数学、艺术与美学 ①

Mathematics, Art, and Aesthetics ①

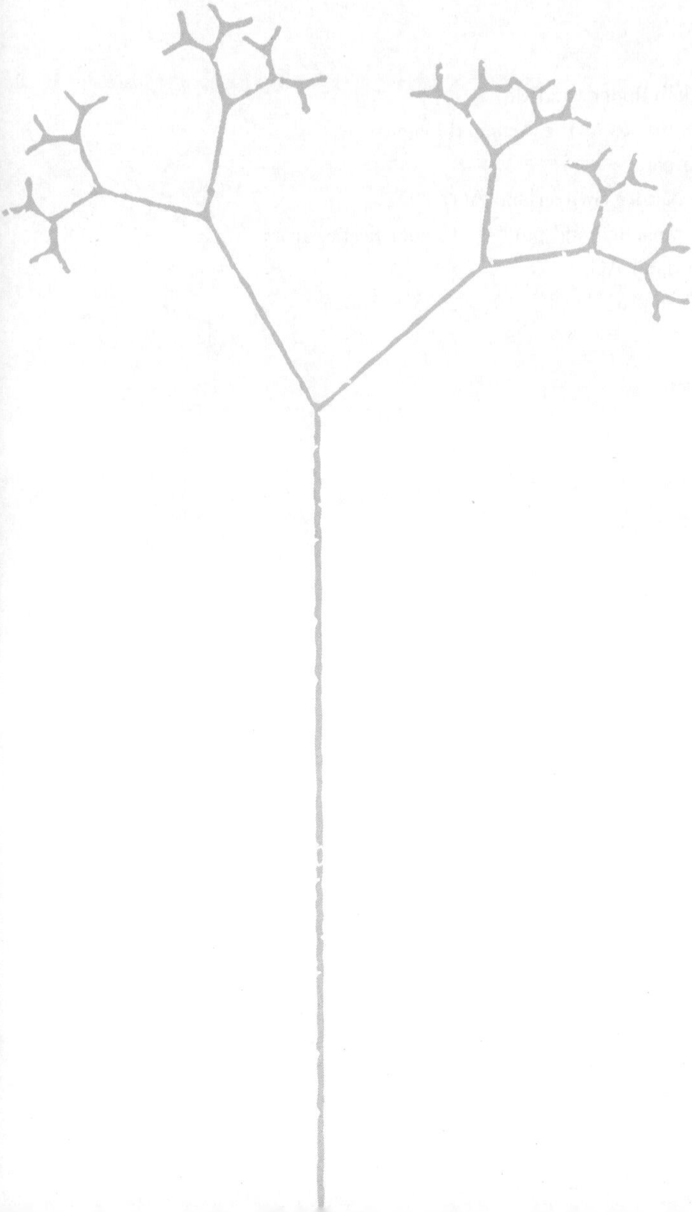

巴拉斯·斯里拉曼 Bharath Sriraman | 编

黄朝凌 | 译

上海科学技术出版社
SHANGHAI SCIENTIFIC & TECHNICAL PUBLISHERS

图书在版编目（CIP）数据

数学、艺术与美学．第一卷／（美）巴拉斯·斯里拉曼（Bharath Sriraman）编；黄朝凌译．-- 上海：上海科学技术出版社，2025．4．--（艺术与科学之数学手册）．-- ISBN 978-7-5478-7091-4

Ⅰ．01-05

中国国家版本馆CIP数据核字第2025MU7943号

First published in English under the title
Handbook of the Mathematics of the Arts and Sciences
edited by Bharath Sriraman

数学、艺术与美学(第一卷)

巴拉斯·斯里拉曼　编

黄朝凌　译

上海世纪出版(集团)有限公司
上 海 科 学 技 术 出 版 社　出版、发行

(上海市闵行区号景路159弄A座9F－10F)

邮政编码 201101　www.sstp.cn

徐州绪权印刷有限公司印刷

开本 787×1092　1/16　印张 19

字数 310 千字

2025年4月第1版　2025年4月第1次印刷

ISBN 978－7－5478－7091－4/O·130

定价：129.00元

PREFACE

序

纵观古今，数学在人类文明发展史上扮演着重要的角色，是推动社会进步的重要力量。数学既是理性思考的必然产物，也是认识世界的必然选择。早期人类在捕鱼、狩猎和采集果实的劳动中产生了计数的需求，造就了自然数；勾股定理的发现导致了无理数的出现，进而推动了实数的发展；人们对方程的不断认识推动了复数的发展。从原始部落小屋的建造，到如今技术先进的高层建筑设计，建筑师们一直受到数学的启发。在近代文明中，数学与自然科学密不可分，数学与人文科学的关系同样也极为密切。在艺术方面，绘画与几何学、音乐与傅里叶分析、艺术与离散结构之间有着极为重要的联系。在科学技术方面，天体的运行规律、无线电波的发现、元素周期表的建立、双螺旋结构的构建、神经科学的认知、生物进化的动力系统、航天器的发展、移动通信的换代更迭等都离不开数学。数学对人类文明的演进、社会发展产生了深刻的影响，从而孕育出内涵丰富的数学文化。数学思想、数学方法、数学观点、数学的美学理论、数学与其他学科的联系、数学家的生平以及数学的历史等都属于数学文化范畴。

巴拉斯·斯里拉曼（Bharath Sriraman）是美国蒙大拿大学密苏拉分校的数学教授，他在数学与艺术及科学的跨学科研究领域久负盛名。迄今为止，斯里拉曼教授已在他感兴趣的领域里发表了 300 多篇相关文章。作为主编，他出版了名为 *Handbook of the Mathematics of the Arts and Sciences* 的数学文化丛书。丛书由斯普林格出版社于 2019 年在线发表，2021 年正式出版。该套丛书共三卷，由七部分组成，汇集了 100 余篇学术论文，主要研究了数学的跨学科应用的起源、与数学相关的跨学科的跨文化内容以及当代与数学相关的跨学科趋势三个议题，讨论了数学在艺术、语言学、建筑学、人文科学以及物理学、生物学、海洋学等学科中的普遍性、重要作用和意义，揭示了数学既是一种具体的人类活动，又是一种抽象的活动。本书自上线以来,其线上版本下载次数达 4.1 万次,正式版本下载次数达 2.3 万次。与同类书对比,该书的引用率比同领域相同出版年出版的图书高出 98.2%。

如果将本套丛书翻译成中文出版,把近几年关乎数学文化的研究成果介绍给国内读者,势必会进一步推动大众对数学文化的认知水平,同时也有助于促进我国数学文化的发展,满足人们日益增长的文化需求。本套丛书的翻译项目由国家自然科学基金数学天元基金资助,项目负责人是黄朝凌博士。黄朝凌于 2006 年 9 月—2009 年 6 月在南京大学攻读博士学位,其间选修了我的代数数论课程,他具备良好的数学基础和深厚的数学文化素养,给我留下了深刻的印象。本套丛书出版在即,黄博士邀我作序,我欣然同意。他能为数学的教育和传播以及数学文化的发展做出这份贡献,让我很是高兴。我希望这项工作可以帮他赢得大家的点赞。

秦厚荣

南京大学数学系教授

2024 年 11 月 11 日

CONTENTS

目 录

1

数学、艺术与美学：引言

巴拉斯·斯里拉曼和李庆华

摘要

在这篇简要的引言中，我们将讨论这套书的“数学、艺术与美学”部分。要特别关注的是数学、艺术与美学的相互作用以及这些学科之间的联系。

关键词

美学；艺术；数学与艺术

英文中的美学“aesthetics”一词来自希腊文中的“aisthetikos”，它不仅涉及对美的感知，而且也是哲学的一个分支，涉及感官领域以外的其他问题。“美学”这个词也可以指艺术的理论原则，以便于进行历史上的纵向比较，例如，不同时期的艺术运动，音乐的创作变化等。艺术与美学之间的联系无处不在，但数学与美学的联系却不那么明显，甚至可能是不同寻常的。换句话说，人们在讨论数学本身与美学时，能够不以艺术为媒介吗？

这一部分的内容要比其他任何一部分都要长，这意味着数学与美学之间的关系要比人们想象得更为普遍。本篇引言旨在揭示这种关系的某些方面。在有关数学与艺术的任何一次讨论中，都会立即出现一个问题：如何定义这两门学科。人们总是会提这样的问题：谁都知道数学是什么吗？或者什么是艺术？让我们从后者说起。兰登书屋（Random House）出版的未删节版英语词典中的“艺术”一词有 16 种含义，首先是“（艺术是）那些被美学原理判定为美丽的、吸引人的或具有超凡脱俗的意义的东西的性质、制作或表达”，最后是一个古老的定义：“（艺术是）科学、学习或学术。”显然，在我们的定义中，“艺术”是指性质、制作或表达方面的东西。如果我们用“数学”代替“艺术”，那么我们就需要确定“什么是美”和“什么超出了普通的意义”的美学原理的标准。是谁或者说是什么决定了这些标准?有许多来自著名数学家和物理学家的论述,我们在此不做介绍,但毫无疑问,这些论述证明了美学在数学及其定理和论证中的重要作用。这些论述通常吸引的是那些理解数学的人。换言之,这些描述是主观的。不可能有什么东西能普遍地吸引所有人。为了达到“具有超凡脱俗的意义”这个目的,专家们必须担负起对它们进行选择或整理的责任。在一些罕见的情况下,“事物”只是经受住了时间的考验(例如,泰姬陵[①])。在文献(Olsson, 2019)中,奥尔森叙述了二战期间数学家安德烈·韦伊(André Weil)和哲学家西蒙娜·薇依(Simone Weil)之间的部分信件。西蒙娜要求她的哥哥向她解释,作为一个数学家,他做了哪些工作。安德烈给西蒙娜的答案是模糊的。奥尔森写道:

> 数学是一门艺术,它的标志性特征之一就是它的美——这是数学家们不断阐述的观点,甚至像西蒙娜一样的非数学家也想知道,这到底意味着什么。当听到一个数学家或科学家说到数学“美”的时候,我自己也变得小心翼翼,因为即使没有错,它也显得模棱两可、高高在上。

像保罗·埃尔德什(Paul Erdös)这样的人则对数学中的美学问题不屑一顾——“如果你不明白为什么,就没有人能告诉你为什么”。很难“看到”数字、抽象数学或证明中的美。视觉艺术的表达让我们得以理解数学之美或者数学何以有吸引力。具体而言,这一部分的 30 章内容可以大致分为三个方面,即

1. 艺术表达中的数学。特别是几何学与视觉和音乐方面的艺术之间的相互作用。

2. 数学中的审美体验,它是艺术之所以成为可能的媒介。换句话说,艺术是数学的结果。

3. 数学视角下的艺术,以感性的形式传达思想或概念。

我们也可以参考黑格尔的著作(Hegel, 1835),他提出艺术应该使思想在感性的意义上变得直观,甚至超越思想。本部分中的一些章节体现了这一主张,这些章节提出了使音乐转化为几何艺术(从节奏到图案)的方式,反之亦然。另外有一章展示了韩国传统乐器如何演奏七种不同的 frieze 模式(frieze patterns)。其他章节通过使用计算机图形和编程的现代方法将互质数、莫比乌斯变换、布拉

---

① 印度知名度最高的古迹之一,世界文化遗产,被评选为“世界新七大奇迹”。

什克积以及黎曼 zeta 函数等抽象的数学概念转化为令人惊叹的可视化形式，从而提出了有关美的更加数学化的观点。值得注意的是当一个人仅仅观看可视化形式的时候，不一定能明白或理解这些可视化形式所表达的数学。然而，要欣赏这些引人注目的视觉形式，不一定要先了解数学。最后，讨论了通过折纸、编织和打结的艺术形式，从触觉的角度来看待数学的观点。

在艺术的各种视觉表现形式中，无处不在的黄金比例已成为陈词滥调，或一种数学上的媚俗——本部分的各章或多或少地驳斥了这种陈词滥调。数学所提供的不仅仅是通过研究比例来欣赏艺术，还为艺术欣赏提供了更多可选择的手段，就像艺术不断为数学提供了更多的可能一样，使我们得以透过数学的视角，扩展我们对美的理解。

参考文献

Hegel GW（1835）Vorlesungen über die Aesthetik. https://www.lernhelfer.de/sites/default/files/lexicon/pdf/BWS-DEU2-0170-04.pdf

Olsson K（2019）The artistic beauty of math. The Paris Review. https://www.theparisreview.org/blog/2019/07/22/the-aesthetic-beauty-of-math/

2

现代数学能人的艺术，又名：乔纳森·博温会做什么？

斯科特·B. 林德斯特伦

目录

摘要

乔纳森·博温(Jonathan Borwein)是实验数学创始人和早期领军人物。他在数值计算方法领域中的杰出成就与大量著作,使实验数学成为一个独立的学科。在乔纳森去世后,“乔纳森会做什么?”这个问题在本作者的研究中经常起到催化剂的作用。本章的灵感来源于博温遗稿的第一章,是博温在实验数学方面的所有成就的精神继承。众所周知的是,博温是可视化应用的狂热支持者。本章展示了艺术方法在实验数学中发挥作用的各种方式,以及实验数学何以催生出意想不到的艺术。这些例子都是本作者遇到的问题,并使用由博温的策略和兴趣所诱发的技巧加以解决。这些诱因都是重点。重中之重的是工具、策略和研究所遵循的更加宽广的发展轨迹：从低维度、具体和可见,到高维度和一般。主题包括动力系统、几何、优化、误差边界、随机游走、特殊函数和数论。

关键词

实验数学；可视化；乔纳森·博温；动力学系统；相图；随机游走；数值计算方法

谁是现代数学能人？

有时候，看比说容易——乔纳森 · 博温。

乔纳森 · 博温将这一简单的智慧传递给了所有与他共事的人，这也为他创立的数值计算方法奠定了基础。在其遗稿的第一章《现代数学能人的生活：实验计算和可视化定理》(Borwein，2016b)中，他引用了利特尔伍德(John E. Littlewood，1885—1977)的以下名言，结合他自己的上下文：早在如今的图形、可视化和几何工具问世之前，约翰 · E. 利特尔伍德就在他那篇妙趣横生的杂记中写道：

> 过去的(讲师们)曾发出严重警告，称图片不够严谨；从未有人指出这只是一种虚张声势，还一直在吓唬人。当然，有些图片并不严谨，但应该说大多数图片都是严谨的(我自己也会尽可能地使用它们)。(Littlewood，1953：53)

本文旨在作为博温著作(Borwein，2016b)的精神继承，“现代数学能人的艺术”这一名称的灵感即来源于此。“乔纳森会做什么？”这个问题帮助本作者克服了许多遇到的挑战。这项工作收集了此类调查的样本，并描述了推进这些研究的技术是如何受到博温更广泛的策略和兴趣的启发的。重点是艺术上的手段如何通过无数种方式作用于数值计算方法，以及实验数学何以产生意想不到的艺术。作为第一个例子，图1显示了使用动力学几何软件来寻找动力系统的稳定周期性

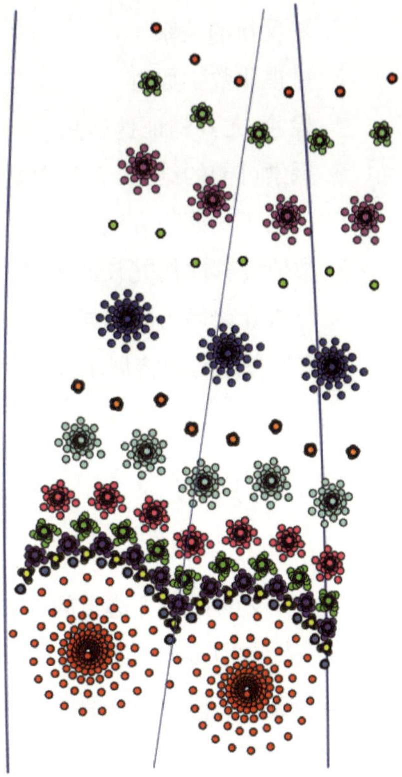

图1 动力系统周期性趋势的实验发现

点集。一旦有所发现,对视图的微小修改就会产生图 2 所示的艺术效果。

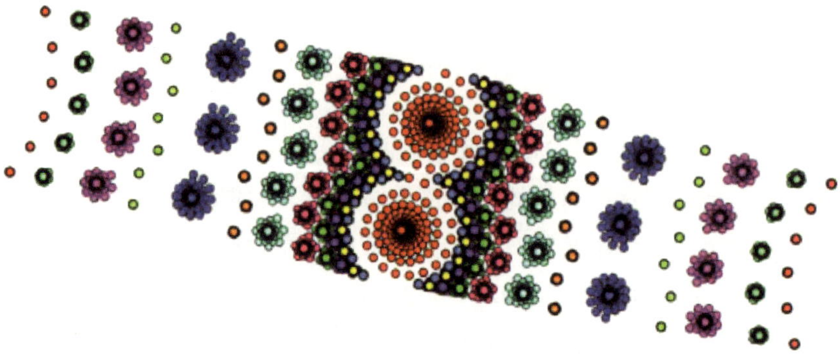

图 2 道格拉斯-拉什福德(Douglas - Rachford)动力系统的周期性趋势,如序列选择所示

正如在文献(Borwein 和 Bailey, 2008)中讨论的以及在文献(Borwein, 2016b)中回忆的那样,我们所说的实验数学是指:

1. 获取洞察和直觉
2. 发现新的关系
3. 可视化数学原理
4. 检验,尤其是证伪猜想
5. 探索可能的结果,看看它是否值得正式证明
6. 提出正式证明方法
7. 数值计算取代冗长的手推
8. 分析确认得出的结果

本文列举的问题将展示以上的每一项内容。

乔纳森会做什么?

为了启发读者回答这个问题,博温的作品为读者提供了很好的帮助。一个简短的列表至少应该包含前面提到的他的文章(Borwein, 2016b),《实验数学:21 世纪的合理推理》(Borwein 和 Bailey, 2008),《作为熔炉的计算机:实验数学导论》(Borwein 和 Devlin, 2008),与大卫·贝利(David Bailey)和罗兰·吉尔根松(Roland Girgensohn)合著的《数学实验:发现的计算路径》(Borwein et al.,

2006），以及与乔纳森的兄弟彼得・博温（Peter Borwein）合著的《实验与计算数学：选集》（Borwein 和 Borwein，2010）。如此简短的列表会有不可避免的过失；在博温去世时，他的简历显示了 388 篇被引用的期刊文章、103 篇被引用或被邀请的论文、诸多著作（Borwein，2016a）以及太多无法罗列的优秀的指标和成就。其中 80 多篇文章和 5 本书是与大卫・贝利合著的。贝利是他长期的朋友以及实验数学的共同创始人（Bailey，2016）。这些记录在他去世后的几年里有所增长；在文献（Bailey 和 Beebe，2020）中列出了一份他的生平记录。

至于博温本人，本文作者对他的个人记忆是在文献（Lindstrom，2019）和乔纳森・博温纪念网站（Lindstrom，2016）以及其他许多地方找到的。贝利等人（Bailey et al.，2020）提供了一个简短的传记，并概述了博温在其中做出重大贡献的主要领域。这些领域是：

1. 分析与优化
2. 教育
3. 金融数学
4. 数论、特殊函数和 π（由于他对这门学科及其普及所做的贡献，博温获得了 π 博士的称号）
5. 实验数学与可视化

德夫林在文献（Devlin，2020）中将实验数学的演变记录为一个独立的学科。博温在这方面的开拓性贡献囊括了他在其他四个领域的研究。例如，娜奥米・博温（Naomi Borwein）解释道：

> 乔纳森在写《能人数学》时，提倡的是一种新的数学教育方式。事实上，乔纳森将实验数学家称为现代数学能人，南方古猿遇上了具有数字素养和能够使用数学工具的能人（Homo habilis）。这个词是在对已经灭绝的人类祖先进行戏谑，但它也体现了现代实验数学家作为数学教育家夹在两种文化之间的现状（Borwein，2016b）。对乔纳森来说，这些文化既古老又新颖：好比启蒙时代与现代。但对我来说，从我和他在写作时的对话（引用的章节）中可以看出，他也在思考如何将实验数学置于数学研究文化和数学教育文化之间。这是因为实验数学是一种教育工具。（Borwein 和 Osborn，2020）

本章列举的许多工具[例如，相图（phase portraits）、“灰姑娘”（Cinderella）、

几何代数画图软件(Geogebra)、计算机代数系统(computer algebra systems)]都可以在课堂上使用。在文献(Borwein 和 Osborn, 2020)中,博温和奥斯本也做出了一项出色的工作,简洁地总结了实验数学的意义所在:

> 乔纳森是现代(计算和)实验数学的积极倡导者和学科之父;事实上,该领域既是一种教育和启发式工具,也是一种从事和体验数学的哲学方法。它位于教育和研究的交叉点,介于证明和猜想之间。(Borwein 和 Osborn, 2020)

若要简单总结一下实验数学是什么,也许这最后一句话最好留给博温和德夫林(Borwein 和 Devlin, 2008):

> 1964 年,美国最高法院大法官波特·斯图尔特(Potter Stewart)发表了一篇著名的评论,说尽管他无法给出淫秽物品的准确定义,但"当我看到它时,我就知道了"。我们可以说,实验数学也是如此。尽管如此,我们意识到,我们至少欠读者一个大致的实验数学的初步定义。现在就可以开始了。
>
> 实验数学是指使用计算机进行计算——有时只不过是试错——以便寻找方法,寻找特定的数字和序列,以及收集证据以支持可能由计算手段(包括搜索手段)而产生的特定数学论断。就像当代化学家和他们之前的古代炼金术士一样,他们将各种物质混合在一起放进炼金炉中,并将其加热到高温以观察发生了什么,今天的实验数学家将数字、公式和算法的有效混合体植入计算机中,希望能够产生一些有趣的东西。

本文的剩余部分将致力于举例说明这种探索模式的可视化方法。本文中详细描述的例子是从作者的作品中提取的,为了突出有意义的联系,我们提到了一些博温的例子,还将另一些例子安插其间。[其中一个例子涉及对两组可行性问题的研究,因此乔纳森会赞成(如果不是坚持的话)这种文字游戏。]博温对这种可视化方法的喜爱体现在上述他经常重复的谚语中;图 3(右)是他与维塞林·姜戈里(Veselin Jungic)分享这种方法的情景。这幅漫画出现在纪念博温的文章中(Jungic, 2016)。图 3(左)是博温当选澳大利亚科学院院士的情景。

图 3 英国皇家化学学会(RSC)会士、美国艺术与科学研究院(AAAS)院士、英国科学院(BAS)院士、澳大利亚数学学会(AustMS)会士、美国联邦航空管理局(AA)会士、美国数学会(AMS)会士、新南威尔士皇家学会(RSNSW)会士、荣誉教授乔纳森・博温(1951.5.20—2016.8.2)是实验数学的创始人和早期倡导者。(博温和维塞林・姜戈里的漫画,由漫画家西蒙・罗伊(Simon Roy)绘制,维塞林・姜戈里提供)

相图: 激励性例子

在《作为熔炉的计算机:实验数学导论》一书中,博温和基思・德夫林(Keith Devlin)用一个有关黎曼猜想的故事阐释了实验数学,该假设指出黎曼 zeta 函数的根要么是负偶数,要么是实部为 1/2 的复数。

> 在黎曼 1859 年的回忆录中没有任何线索能表明他是如何做出这个猜想的。多年来,数学家们相信黎曼是基于某种深刻的直觉而得出这一结论。事实上,黎曼猜想被认为是一个人仅凭纯粹智力所能够达到的最高水平的典范。然而,1929 年,在黎曼去世很久之后,著名的数论学家卡尔・路德维希・西格尔(Carl Ludwig Siegel, 1896—1981)得知黎曼的遗孀将他的工作论文捐赠给了格丁根大学图书馆。在这些论文中,西格尔发现了几页密密麻麻的数值计算,其中 zeta 函数的一些最低阶的零点被计算到了小数点后几位。人们只能想象,如果在黎曼时代可以使用计算机的话,这位伟大的德

> 国数学家一定会计算出几百个零点。事实上,值得注意的是,他能够在相对较少的数值证据的基础上提出他的猜想,但似乎很明显,他的方法是一种实验数学!(Borwein 和 Devlin, 2008)

如果他们在几年后写下这篇文章,他们可能会转而评论道,如果黎曼在他的时代可以使用计算机,他可以简单地将现在以他的名字命名的函数绘制在现在以他的名字命名的球体上,并用一张三维图像说服自己相信现在以他名字命名的猜想。2020 年,这张图(图 4)可以于一夜之间在普通计算机上生成。

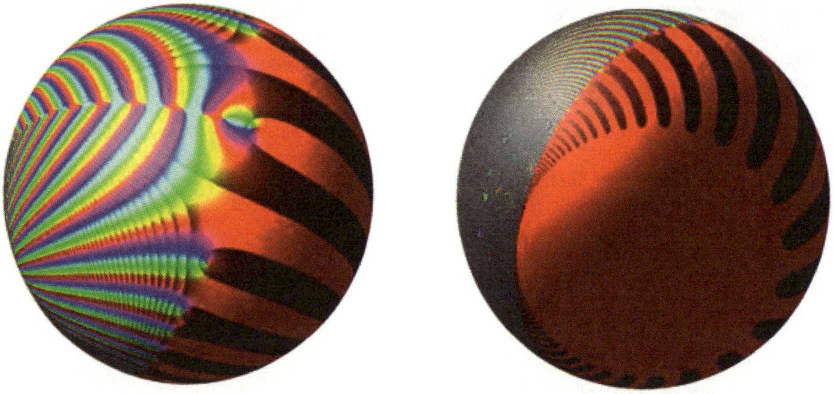

图 4 最黎曼化的情形:黎曼 zeta 函数在黎曼球面上的曲线图立即阐释了黎曼猜想

这里使用的绘图方法称为相图。这些图像在韦格特和塞姆勒(Wegert 和 Semmler, 2011)的一篇通讯文章、埃利亚斯·韦格特(Elias Wegert)的《可视化复变函数》(*Visual Complex Functions*, Wegert, 2012)一书以及相关的《复数之美》(*Complex Beauties*)年历系列(Borwein 和 Straub, 2016)中得到了普及。

相图是一种根据函数值域通过对域点进行着色来揭示函数特性的方法。在复平面中,相图通过将色轮分配给单位圆,并将每个点 $z \in C$ 与它的像 $f(z)/|f(z)|$ 相关联,来说明复变函数 f。基本构造(左)以及恒等函数的相图(中间)如图 5 所示。

色轮分配决定了 HSV(色度、饱和度、明度)分配中的色度(H)部分,其他两个值保留额外的自由度。明度(V)的附加自由度通常用于捕捉图像值模量的变化。例如,图 5(右)是 $z \longmapsto z^3$ 的图像,其中已使用对数规则将图像的模量合并到参数 V 中。图 4 使用类似的对数规则绘制黎曼 zeta 函数。球体上整个平面

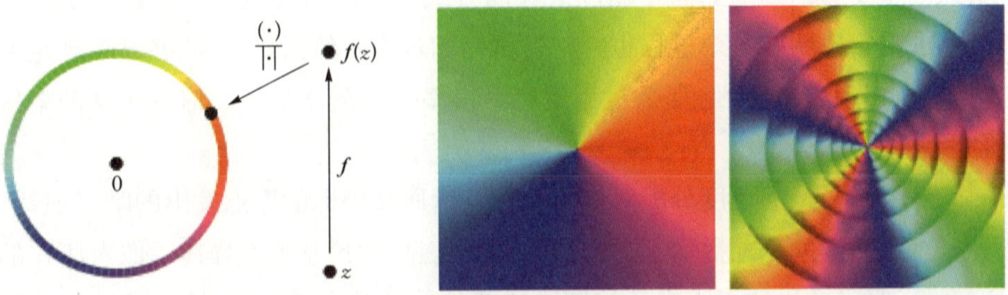

图 5　复相图的构建

的表示利用了球面投影，如图 6 所示。其构造如左图所示；右图是 $z \longmapsto z^3$ 的图像，与图 5(右)中的类似。

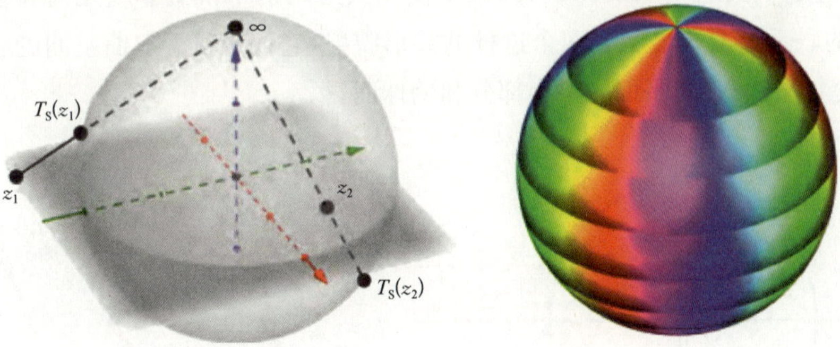

图 6　球面投影是平面和球面之间的共形映射

在图 4 的第一幅图像中，实轴成了方向自左至右的有向大圆。根可以被认为是所有不同色度带交汇的点。注意，这些色度带也会在 $z=1$ 处相交，其中存在极点。另一个环绕球体的圆表示由 $\mathrm{R}(z)=\frac{1}{2}$ 定义的线。沿着这条曲线还可以看到其他根，它们是所有色度带交汇的点。在第二幅图中，这个圆继续围绕着球体的背面，它最终穿过左侧的"无限远"点。一旦观察到所有可见的根都位于围绕球体的这两个圆中的其中之一，人们很快就会觉得黎曼猜想可能是对的了。

通过在不同的数学框架之间架起桥梁以进行革新

不言而喻，应该选择那些使所研究的现象清晰可见的可视化方法。在实践中，人们很少提前知道如何才能以最好的方式表示所研究的现象。即使不需要发明(或重新发明)，这个过程也常常是试错的过程。然而，如果能够发现既定的方法之所以有效的特性，那么过程就容易得多了。图 4 是一个信息丰富的案例研究。

在平面中，点的色度分配对应于从它的像所在坐标的原点发出的唯一射线。另一方面，明度的分配揭示了它的图像模量信息；模量基本上描述了像点所在的具有唯一半径的以原点为中心的圆。这两条信息结合在一起，给出了映射的唯一描述。平面到球面的映射保留了这一功能，因为球面投影将平面圆和平面线都映射到球面上的圆，同时保留它们相交的角度。

保持曲线之间的角度和方向不变的映射称为共形映射。在可视化复分析中，尼达姆在文献(Needham, 1997)中使用共形映射来说明非欧几何和复平面之间的联系。图 7 显示了两个这样的共形映射，它们连接着双曲空间的三种表示：庞加莱圆盘、复平面的上半部分和伪球面。

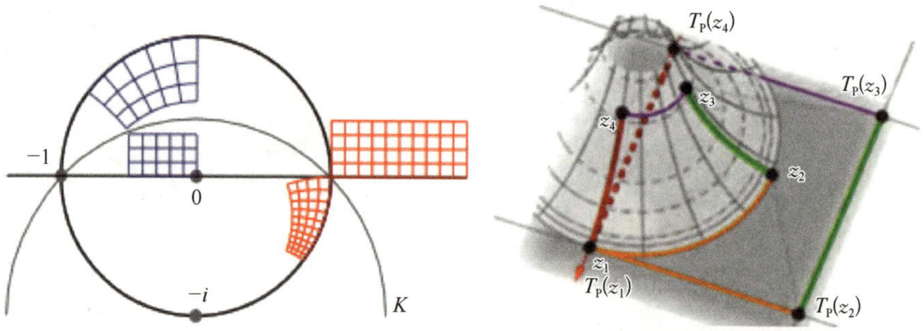

图 7　上半平面与庞加莱圆盘(左)和伪球面(右)之间的共形映射

借助文献(Needham, 1997)中描述的共形映射，林德斯特伦和弗尔比茨基(Lindstrom 和 Vrbik, 2019)重新设计了相图，以说明双曲空间中的函数特性。这种革新是不平凡的。然而，它们很有用，因为它们具有许多相同的性质。文献(Lindstrom 和 Vrbik, 2019)中的构造为双曲空间中唯一测地线的原像赋予了独特的颜色。测地线只是一条使点之间的路径达到最短的曲线。测地线的例子包括欧氏空间中的直线和球面上的大圆。

在双曲空间的一种表示：上半复平面中，测地线就是以实轴为中轴的半圆和从实轴发出的竖直射线。图 10 表示的是绘制在上半复平面中的旋转。独特的颜色对应于由实部在 0 到 2π 之间的竖直射线表示的测地线的原像。原像本身是测地线,是以实轴为中轴的半圆,在彩虹中清晰可见。

图 8 显示了文献(Lindstrom 和 Vrbik, 2019)中引入的映射,为这两组测地线的原像分配了独特的颜色。这两种分配都利用半径为$\sqrt{2}$ 的圆关于点 $-i$ 的反演,即图 7 中将实轴映射成单位圆的共形映射(左)。

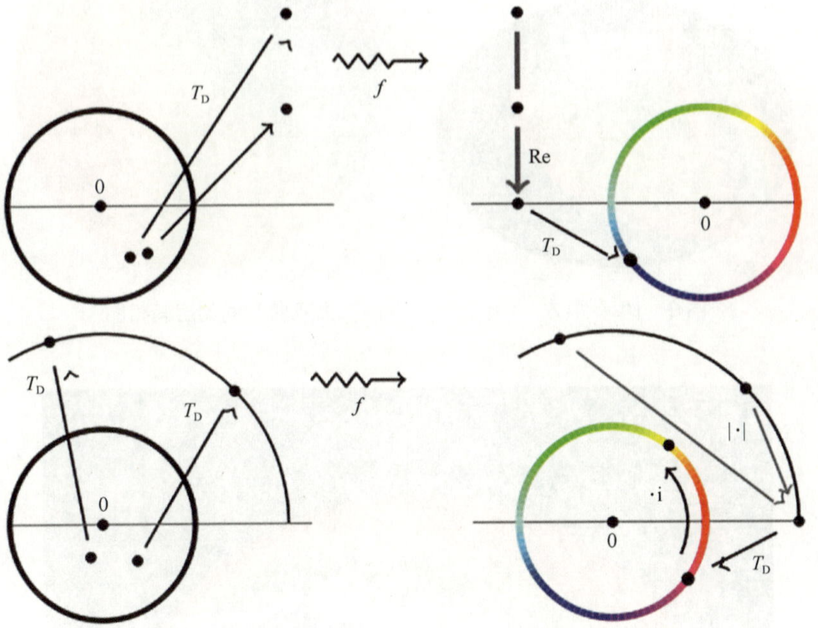

图 8　给双曲空间测地线的原像分配唯一颜色的两种不同方法

射线测地线被称为渐近平行,因为它们在无穷远处相交,而以原点为圆心的半圆测地线被认为是超平行的,因为它们根本不相交。这些差异使得两种绘图方法展示出不同的特性。在图 9 中可以看到这一点,其中旋转被绘制在伪球面和庞加莱圆盘上。

与庞加莱圆盘不同,伪球面具有外延双曲曲率,这意味着双曲空间的测地线实际上是沿着伪球面的最短路径。这种优势是有代价的;伪球面仅提供进入空间的有限局部窗口。如果允许伪球面像纸一样稍微弯曲并展开,则该窗口的大小可能会增大。由此产生的"扭曲"伪球面也被称为迪尼曲面(Dini's surface)。图 11 表示双曲空间的三次旋转。在旋转下,色带相交的无穷远处的点都被映射成曲面"底部"的无穷远处的点。

文献(Lindstrom 和 Vrbik, 2019)中的方法为在新的背景下革新现有的可

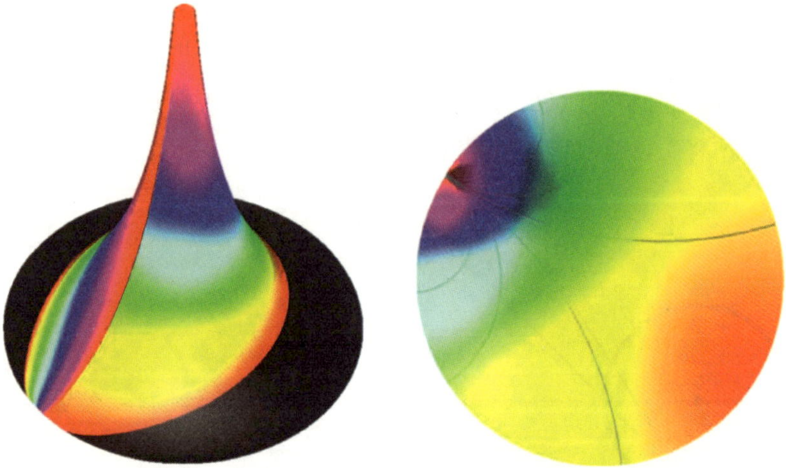

图 9　伪球面(左)和庞加莱圆盘(右)上双曲空间的旋转相图

图 10　上半复平面的旋转显示了测地线

视化方法提供了模板。首先必须确定现有的可视化方法何以有用的性质。以相图为例,如下所示。

1. 这种分配利用了在所考虑的空间中有意义的曲线。

a. 就复变函数而言,所使用的平面曲线是以原点为中心的圆和从原点发出的射线。它们分别对应着模量和自变量。

b. 在双曲空间中,平面曲线是射线和半圆。它们分别对应着渐近平行和超平行测地线。

图 11　在扭曲的伪球面(又名迪尼曲面)上双曲空间旋转的相图

2. 在进行了任何共形映射之后，所选择的曲线必须仍然是可区分的。

a. 就复变函数而言，经过球面投影的共形映射，直线和圆都被映射到圆。

b. 在双曲空间中：

i. 就伪球面而言，所选择的曲线被映射成测地线，它们可以被当作沿着表面的最短路径。

ii. 就庞加莱圆盘而言，选择的曲线被映射成将圆盘分成两半的线和与圆盘边缘垂直相交的半圆。

在这两种情况下，平面曲线的像很容易辨别。

一旦理解了这些基本原则，在新的环境中对现有方法进行革新就更容易了。人们还可以重新使用旧的方法来说明其他现象，而不需要进一步修改方法本身。一个重复利用相图的例子是将它们用于解释可逆动力系统。

重新调整动力系统的相图

反复将空间映射到空间自身会产生一个动力学系统。例如，围绕一个点的重复旋转会产生一个动力学系统。文献(Lindstrom, 2019)表明,如果映射是可逆的,那么它可以通过相图得到说明。只需求出逆算子,然后生成逆算子的相图,该逆的幂次被不断提升。图 12 是双曲空间绕一点反复旋转的例子。

图 12 用相图说明的逆向动力系统

这样的插图很易于理解,因为可以像幻灯片一样观看它,色彩点在运动。图 12 中的动力学系统绘图方法与从有界区域中的固定有限点集开始以及随后对其图像进行着色的方法明显不同。下一节中的图 14 显示了从有界区域中的固定有限点集开始着色的不同动力系统绘图方法的例子,这是一个重复应用投影方法来解决可行解问题的例子。

动力学几何与渐近终点绘图

寻找两个闭集 A 和 B 的交集中的一点的可行解问题是一类更一般的约束优化问题的典型。这些问题通常采用分解法来解决，将难以同时解决的问题分解成可以单独解决的子问题来处理。例如，道格拉斯-拉什福德方法(Douglas-Rachford method)试图解决可行解问题，在对集合 B 进行同样操作之前，以集合 A 上的最近投影点为中心作一次反射，再通过对起点求平均来更新控制序列。单个步骤的构造如图 13(左)所示。

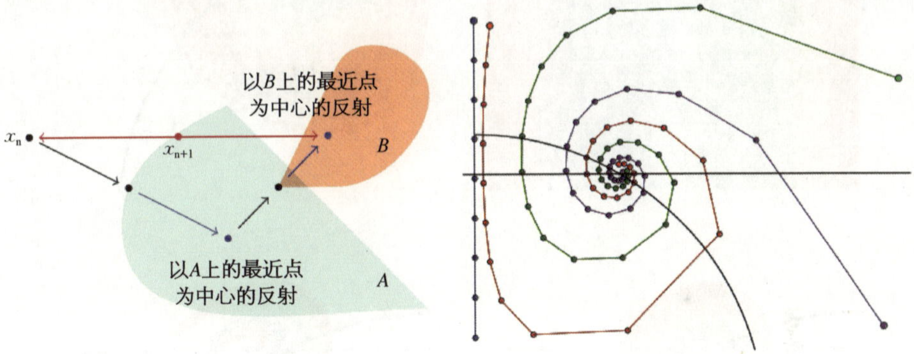

图 13　可行解问题的道格拉斯-拉什福德方法

该方法将对约束集 A 和 B 的分析分为不同的子步骤。在凸集的情况下，重复的操作会生成一般收敛于不动点的动力学系统；找到不动点可以反推出问题的解(Lions 和 Mercier，1979，特例)。更多详情请参阅最近的综述(Lindstrom 和 Sims，2018)。

该算法还解决了许多非凸问题。在详细研究的第一个例子中，A 是一个球面，B 是一条直线，这可代表其他相关问题。在文献(Borwein 和 Sims，2011)中，作者使用动力学几何包“灰姑娘”来可视化不同起点的动力系统的长期行为；图 13(右)显示了 4 个起点的行为。起点在对称轴上，动力系统产生的序列就保持不变，如蓝色序列所示。在平面内不断移动迭代的起点，一旦起点在对称轴之外，人们就会很快相信序列的全局收敛性。

作者在文献(Borwein 和 Sims，2011)中进一步利用“灰姑娘”脚本，立即阐明了具有多个起点的动力系统的行为。可视化方法的例子如图 14 所示。首先，将彩虹平铺在平面的某个区域的精细网格中。然后，在道格拉斯-拉什福德映射下，取每个网格点并将相同的颜色刷在第 n 张图像上。在图 14 中，从左上到右下：$n=0$、5、10、15。

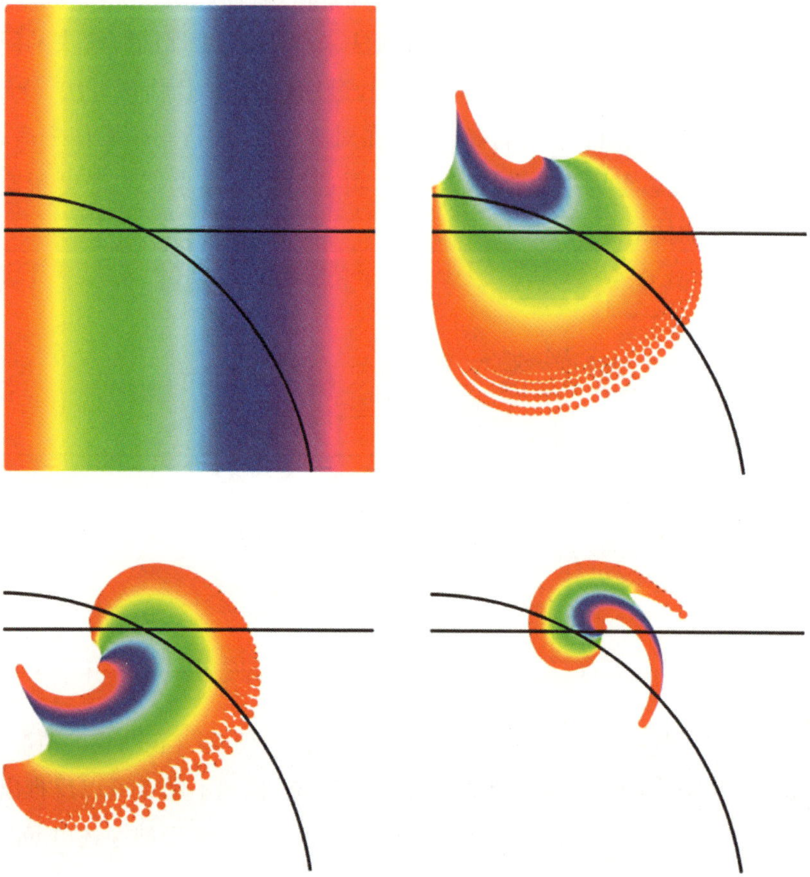

图 14　具有多个起点的动力系统可视化

人们只需要进行一些这样的实验，就可以说服自己：在对称轴之外存在更一般的整体收敛结果。尽管早期实验证据很优美，证明却需要更长的时间。文献(Borwein 和 Sims，2011)只能提供局部收敛结果。后来阿拉贡·阿塔乔(Aragón Artacho)和博温在文献(Artacho 和 Borwein，2013)中将其推广为明确区域上的方法。对于后一种证明与图 13(右)及图 14 之间的差距，博温在文献(Borwein，2016b)中评价道：

……我们所能证明的[参考证明的图像]往往比我们所能看到的["灰姑娘"的图像]要少。这没有什么新鲜感。在19世纪的几个世纪之前，法国科学院就已经不再研究如何解决古代三个经典的尺规作图问题，即三等分角、倍立方体和化圆为方，而这些问题到了19世纪才被证明是不可能完成的。

随后，博温在脚注中给出了以下评论：

实际上，稍微改变一下工具就可以解决这三个问题。

拜诺伊什特在文献(Benoist, 2015)中最终通过使用一个不同寻常的工具证明了整体收敛性：李雅普诺夫函数(Lyapunov function)，它的等值曲线如图15所示。这显然不是博温所说的"稍微改变一下工具"的意思，而是一个充满诗意的、具有传奇色彩的结论。这也是实验力量的有力例证；受"灰姑娘"图像的启发，拜诺伊什特构造了李雅普诺夫函数，使其具有与动力系统轨迹相切的等值曲线。

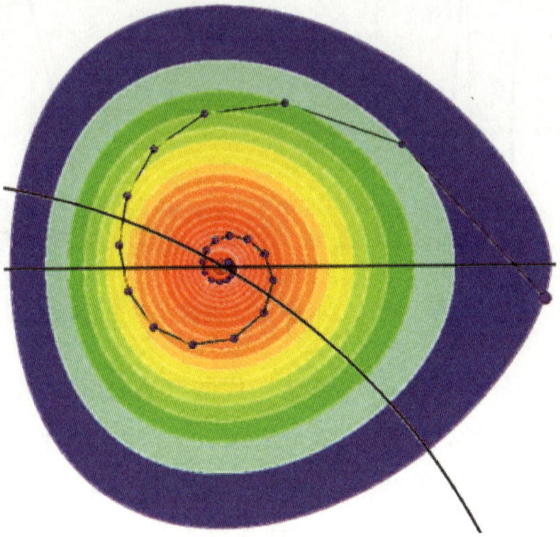

图15 圆和线问题的拜诺伊什特的李雅普诺夫函数

一旦球和线的情况得到解决，博温、林德斯特伦、西姆斯、斯凯里特和施奈德就研究起球面的第二简单的推广：椭圆和 p -球(Borwein et al., 2018)。一旦人们抛弃了球面的简单性，投影的操作就变得比简单地取一个点并按其范数的倒数来放缩更复杂。相反，必须求解图16(左)所示的拉格朗日方程组。投影点既应位于椭圆(黑色)上,也应位于椭圆函数(紫色)和二次函数(蓝色)的斜率共线的点的曲线上。这个方程组之解的 x 坐标是通过找到拉格朗日函数的根(红色)来得到的。

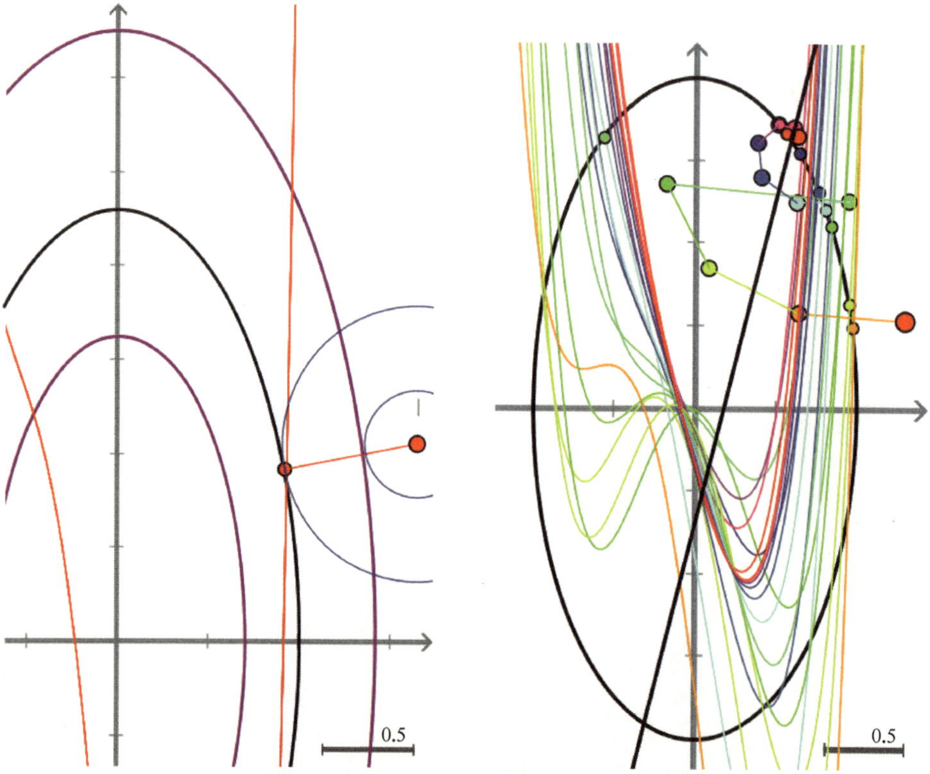

图 16 投影点在椭圆上的拉格朗日方程组

“灰姑娘”的动态界面允许用户拖动迭代的起点或重新放缩椭圆,同时连续绘制对应的拉格朗日函数,如图 16(右)所示。当不断地将椭圆和直线拉伸得更陡时,拉格朗日函数的行为特性就更显著,牛顿-拉夫逊方法最终变得不稳定。“灰姑娘”的动态界面还允许绘制牛顿-拉夫逊迭代图,并确定不稳定性的来源。可视化界面,加上其脚本语言 Cindyscript 与 C 语言的相似性,使“灰姑娘”成为基本数值计算方法的天然学习环境。

此外,椭圆和直线的道格拉斯-拉什福德迭代方法是一个值得注意的例子,它证明了稳定且快速的数值求解器对于构建有效的工具来说至关重要。这是真的,因为算法最有趣的行为只发生在椭圆被充分拉伸的时候。通过稍微拉伸椭圆，就可以证明零测度集之外的整体收敛会扩展的假设是错误的；不稳定周期点会出现，如图 17 的左上角所示。每做两次迭代，连接一次，如图 17 的右上角所示，然后如图 17 所示动态旋转直线，不稳定周期点将变为稳定周期点。

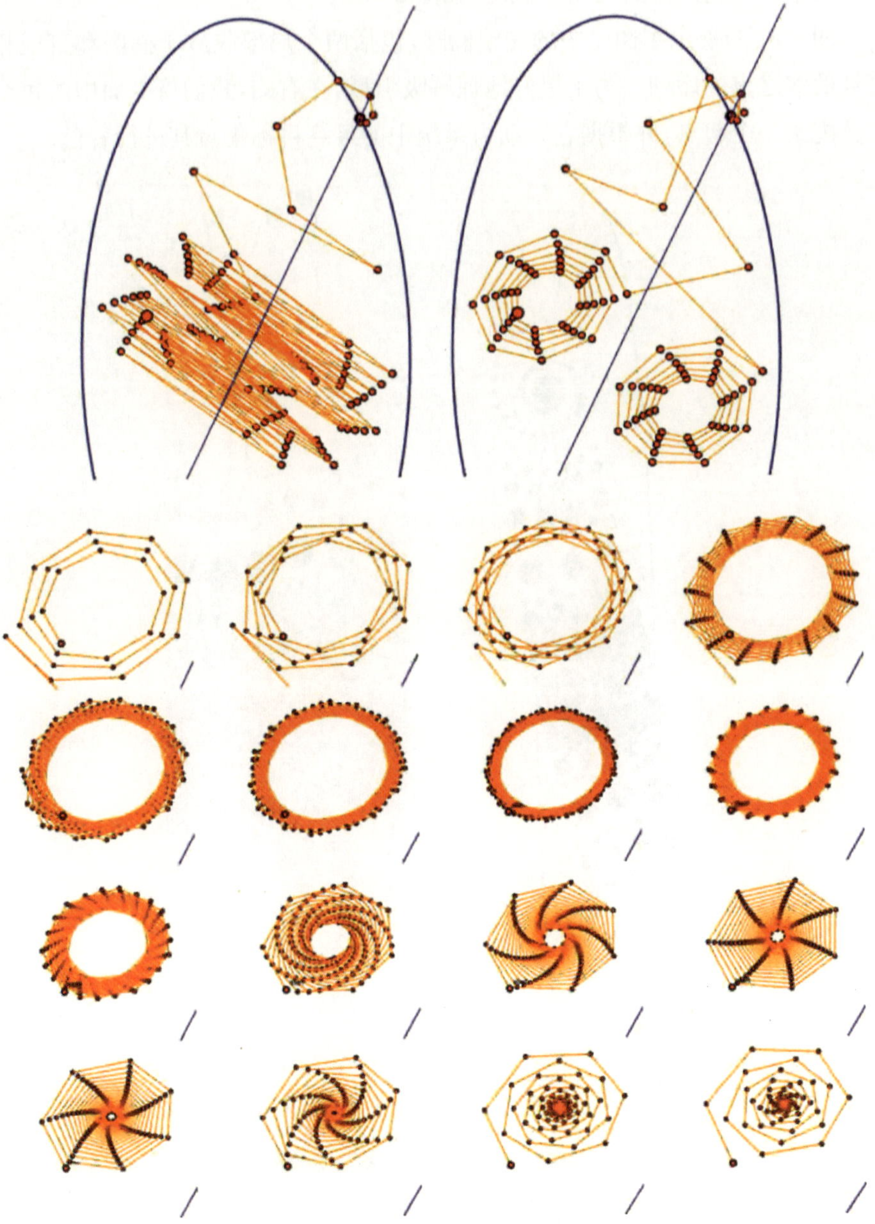

图 17　使用动力学几何包"灰姑娘"研究当排斥域塌陷成吸引域时动力系统的变化

进行相同的操作，进一步拉伸椭圆，会出现周期性更高的点，如图 1 所示。通过将不同的颜色分配给源于不同起点的不同序列，可以看到不同的周期点以及它们的吸引域的局部近似。当周期收敛子序列接近它们的极限时，还可以通过放大来检查它们形成的单个螺旋，如图 20 所示。

图 18(左)展示了图 1 中的完整椭圆，包括两个局部收敛于椭圆和直线相交之处的解之点的序列。为了更好地理解吸引域，在右图，我们将平面中的每个像素分配给一个起点，并根据它在动力系统中的最终目标集对其进行着色。

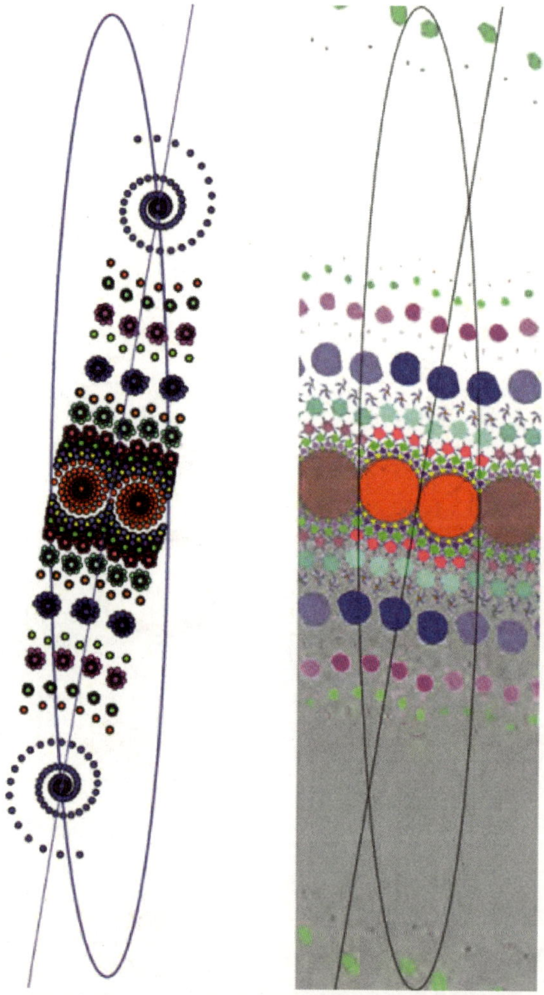

图 18　动力系统行为的两种可视化方法：查看单个序列(左)以及根据最终目标集对点着色(右)

相图根据映射所得的像对域点进行着色，与相图不同，这是一种渐进目标图。不是将颜色分配给曲线的原像，而是将颜色分配给从“灰姑娘”图中识别的集合，这些集合经过该方法的绘制，最终呈现出周期性的(包括可解性点的周期点)。

最著名的动力系统实验效果图可能是朱利亚集(Julia set)的效果图。然而，由图 1 可见，通过重复应用道格拉斯-拉什福德算子而得到的动力系统何以展示出其惊人的几何效果。这在图 2 流传更广的版本中尤为明显。放大并增强图 18(右)中的目标着色图，可以更好地理解动力系统的异常复杂性。作者在文献(Borwein et al., 2018)中以澳大利亚原住民艺术为灵感进行着色，在图 19 中呈现了一幅增强版的图像。这是博温参与创建的澳大利亚数学学会特殊兴趣小组：计算数学与优化小组的海报。马修 · P. 斯凯里特(Matthew P. Skerritt)也在瑞典斯德哥尔摩的布里奇斯 2018(Bridges, 2018)上展示了这个海报。

图 19　目标绘图法展示了一个动力系统，其着色风格源于澳大利亚原住民的艺术

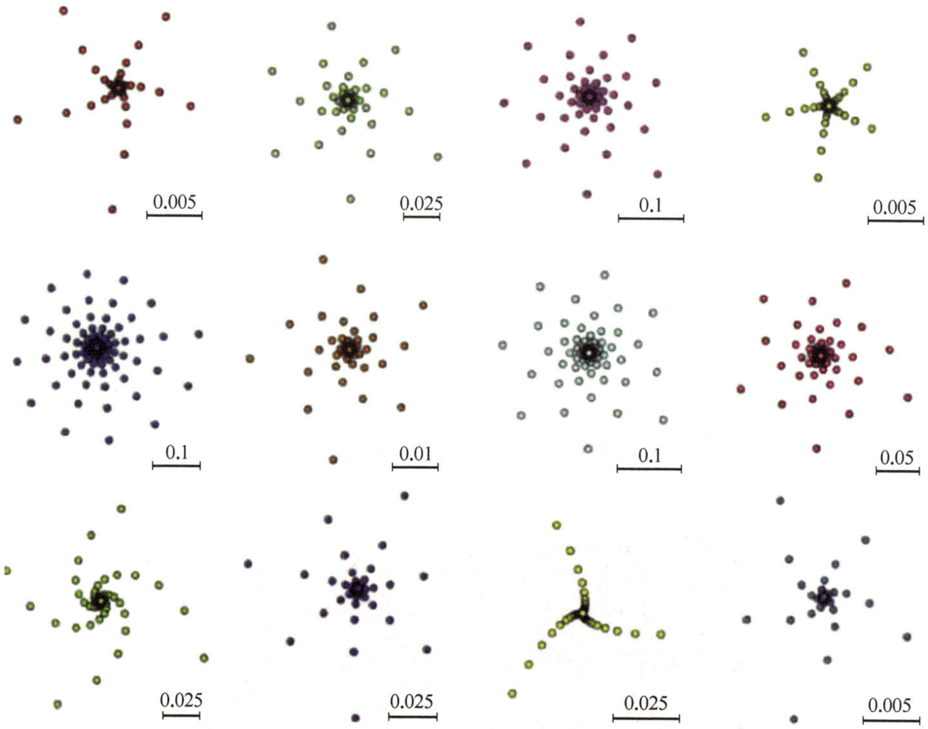

图 20 使用动力学几何工具可视化动力系统的收敛子序列

实验检验数值误差

像图 18 这种图像值得怀疑,原因可能来自图 16。离散动力系统的每一次更新都需要求解拉格朗日方程组的数值解。因此,显示动力系统长期演化的图像可能对复杂数值误差的影响敏感。

在没有从理论上检验这种敏感性的好方法的情况下,林德斯特伦等人转向实验方法(Lindstrom et al., 2017)。他们的方法是用计算椭圆投影的近似方法完全取代求解拉格朗日方程组。这种近似方法利用了施瓦茨反射(Schwarzian reflection)的概念,这是一种依赖施瓦茨函数(Schwarz function)构造的映射。

设 f 是仅在实轴一侧的定义域 P 上的实函数的一般化。设 $f*(z)=\overline{f(\bar{z})}$,我们得到 $f*$ 是 f 在 $\bar{P}$ 上的解析延拓。在这种情况下,$f*$ 是曲线

$K:=\{x+\mathrm{i}y \mid y=0\}$ 上的施瓦茨函数。图 21(左上)显示了这种构造。更一般地，曲线 K 的施瓦茨函数是解析的，并将 K 映射到其复共轭(关于实轴对称)。$K=\{x+\mathrm{i}y \mid y^2=x\}$ 的情形如图 21 所示。施瓦茨函数 S_K 将 K（蓝色实线)映射到其共轭(蓝色虚线)。它将其他实心曲线映射到与其颜色相同的虚线，将由点组成的线映射到颜色相同的点划线。

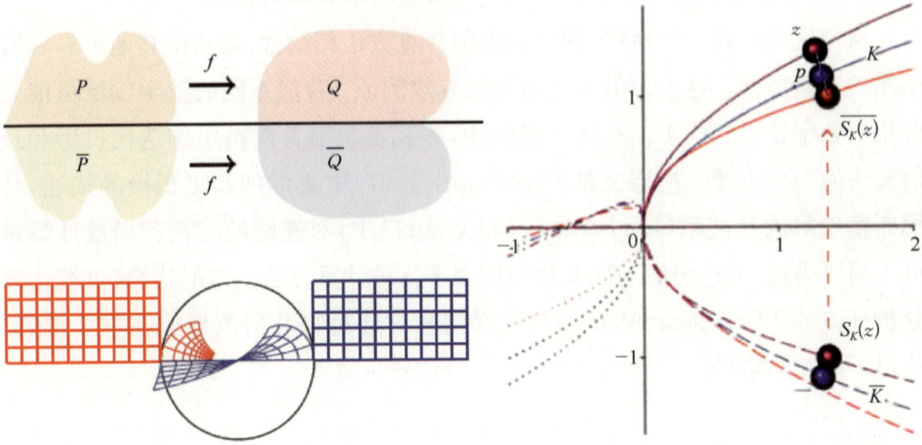

图 21　解析延拓和施瓦茨反射

给定一个点 z，它的施瓦茨函数 S_K 的像的共轭是它关于 K 的施瓦茨反射。实红曲线是实紫曲线的施瓦茨函数像的共轭。无限接近曲线 K，施瓦兹反射和欧几里得反射重合；图 21(左下)显示了这两个反射概念之间的差异如何随着与 K 的距离的增加而变得更加明显。在这种情况下，K 是一个圆。施瓦茨反射显示为红色，而欧几里得反射显示为蓝色。在圆中的施瓦茨反射只是简单的反演变换；图 7 左侧的映射是另一个例子。

有趣的是，方向向量 $\overline{S_K(z)}-z$ 和 $P_K(z)-z$（其中 P_K 是 K 上的欧几里得投影)保持近似共线。事实上，当 K 是图 21 左下角的圆时，它们是共线的。由于这种近似共线性，人们期望连接 z 和 $\overline{S_K(z)}$ 的线与 K 相交的点 p 是 K 上真实欧几里得投影的合理近似。图 21(右)显示了这种构造。

这种近似方法是完全不同的计算投影的方法。用这种近似方法代替更严格的拉格朗日乘数法时，如果动力系统的观测行为保持相对不变，这就表明观测行为对复杂数值误差并不特别敏感。这使得人们对结果更有信心。

事实上，这是在文献(Lindstrom et al., 2017)中观察到的。人们会预料到圆盘的确切边界会发生变化。然而,从圆盘的内部开始,近似方法生成的序列实际上与拉格朗日方法没有区别。林德斯特伦等人在(Lindstrom et al., 2017)还研究了当穿过最近点的欧几里得投影被施瓦茨反射代替时的动力学系统行为。如图 21(左下)所示,这种情况下的差异更为明显。令人惊讶的是,用了这种方法以后,相同周期点和圆盘的最小扰动情形仍然会出现,这提供了更多的实验证据,证明了丰富的复杂性不是数值的伪影(numerical artifact)。

通过这种方式,可以将可视化和近似计算方法相结合,以获得其他可靠实验结果的实验证据。这也是借用之力量的有效例证:看似不同的数学领域可能是有用的数字技术的沃土。在这一案例中,施瓦茨反射首次被用作迭代投影和反射算法的一个步骤。根据文献(Needham, 1997)中更详细和更积极的描述,林德斯特伦等人在文献(Lindstrom et al., 2017)中,对椭圆的施瓦茨函数计算进行了简要描述,尼达姆的书启发他们使用了这种计算方法。像尼达姆《可视化复分析》(*Visual Complex Analysis*)这样的教材通过将几何图形放在重要位置,获得了这样的结果。

完成圆: 从特殊到一般的线

对道格拉斯-拉什福德平面曲线动力系统的研究似乎是一次深入荒芜之地的旅程。然而,当一个人冒险进入草丛时,往往会有所收获。这样的旅行就是如此。博温和他的合著者的研究为道格拉斯-拉什福德方法在非凸可行性问题上的成功应用提供了真知灼见。阿拉贡·阿塔乔等人在文献(Aragón Artacho et al., 2019)中对道格拉斯-拉什福德在许多可行性问题上的成功应用做了出色的概述。

此外,在这些早期研究的遗留问题中,还有许多正在进行的项目,这些项目远远超出了可行性问题的范围,并扩展到更一般的最优化范畴中。林德斯特伦和西姆斯在文献(Lindstrom 和 Sims, 2018)中回顾了该方法的历史,包括对此类问题的讨论。值得注意的是,阿拉贡·阿塔乔和坎波伊在文献(Artacho 和 Campoy, 2019)中通过引入一种算法,由最大单调算子之和的预解式找到点的像,从可行性问题转向更一般的最优化问题。后者推广了交集上的最近点投影这一方法。

最近,林德斯特伦在文献(Lindstrom, 2020)中描述了环绕反射方法与道格拉斯-拉什福德算子背后的李雅普诺夫函数之间的关系。前者出现在文献(Behling et al., 2018a, b, 2019)中,而后者由拜诺伊什特引入(Benoist, 2015),在文献(Dao 和 Tam, 2019)和(Giladi 和 Rüffer, 2019)中得到进一步发展。林德斯特伦在(Lindstrom, 2020)中证明了,对于某些可行性问题,前者经过迭代成为后者的二次代理函数的最小值。图 22(左)显示了这种关系。在发现了这种特征之后,他设计了一种新方法,如图 22(右)所示,该方法保留了相似性质,但结构性假设更少,使其适用于解决超出可行性范畴的优化问题的原始版本和对偶版本。迪桑等人在文献(Dizon et al., 2020)中也使用了该方法的变式来寻找小波。在所有这些方面以及将要出现的更多方面,博温的实验性探索,以及作为其基础的哲学,继续提升着理解的层次,远远超出了它们的范畴。

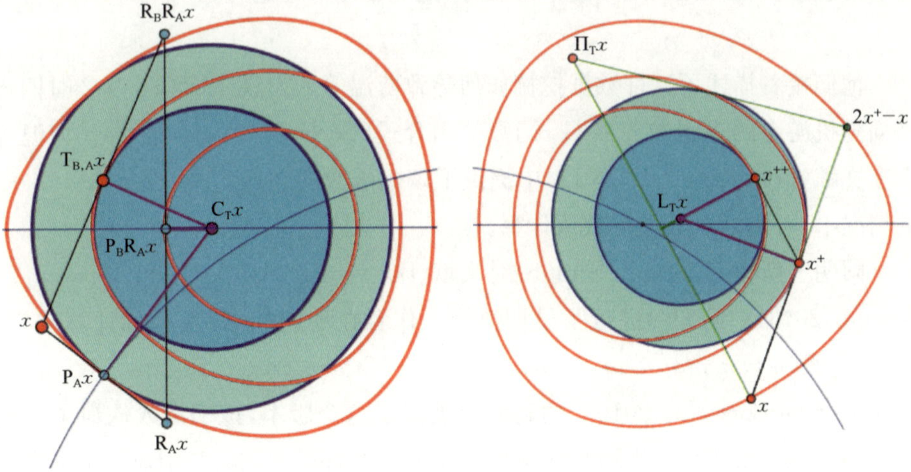

图 22　最小化李雅普诺夫函数的中心方法

有时候你只需要好好游走

在《命名的力量》(*Power of Naming*)中,博温写道:

> 在当前数学世界里,你对给定函数的了解比你对你选择的计算机包(比如 Maple、Mathematica 或 SAGE)或网上资料……的了解要少得多。(Borwein 和 Lindstrom, 2016)

他在解释计算机代数系统如何阐明函数关系时提出了这一更广泛的观点，其中被命名的函数甚至是研究人员都不知道的函数。博温和林德斯特伦在文献(Borwein 和 Lindstrom, 2016)中用美喆 G-函数(Meijer G-function)说明了这一点，思路如下：

> 美喆 G-函数非常有用，尽管人们很难记住它的确切定义。通常，人们的计算机可以帮忙……虽然具有使用这些特殊函数的经验的研究人员可能会通过手推得出相同的结论，但软件 Mathematica 和 Maple 也会找到答案……网络搜索，或者 Maple 的函数包可以告诉研究人员答案。这是世事变迁的另一种表现：当计算机可以助力发现时，无知就不再受到同样程度的损害。数据挖掘通常是个好主意，这并非是不道德的。

他们接着描述了这种数据挖掘如何导致博温等人发现了 $R(z) \geqslant 2$ 时四步平面随机游走的矩函数美喆 G-函数的闭合式(Borwein et al., 2012)。博温等人在文献(Borwein et al., 2011)中提供了该矩函数的递归定义，在 $R(z) < -2$ 的情况下，可用来对其进行数值计算。

阿明·斯特劳(Armin Straub)对文献(Borwein et al., 2013)和(Borwein 和 Straub, 2013)中的相图进行了早期渲染。作者在他们的书《实验和计算数学：选文》[*Experimental and Computational Mathematics: Selected Writings* (Borwein 和 Borwein, 2010)]的封面上展示了这个版本，该书深入探讨了他们的共同兴趣。斯特劳和祖地林在文献(Straub 和 Zudilin, 2017)中对这本书做了评论，专门提到：

> 纪念乔纳森·博温，他让我们相信，短距离的游走也可能是一场冒险。

博温和阿明·斯特劳为 2016 年《复数之美》年历贡献了这个相图的更大的版本，由埃利亚斯·韦格特(Elias Wegert)的数据所得，如图 23 所示。文献(Borwein 和 Lindstrom, 2016)中对计算机辅助发现的讨论里也包含了这个版本。博温对绘制相图的兴趣最初也是受到文献(Lindstrom 和 Vrbik, 2019)的激发，如本章前面所述，他们将相图扩展到双曲几何的情形。

博温作品中最具标志性的图像《圆周率上的游走》(图 24)也诞生于随机游

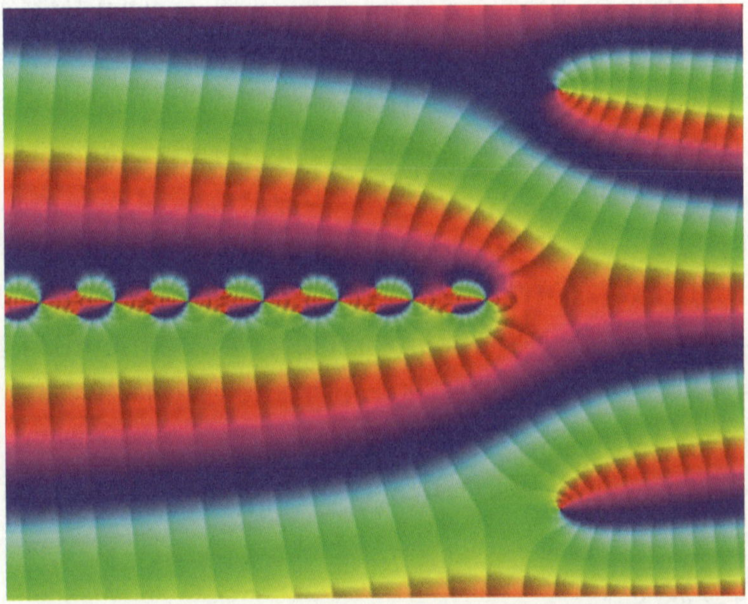

图 23 博温等人发现的四步平面随机游走矩函数,
在许多地方有重要作用(Borwein, 2012)

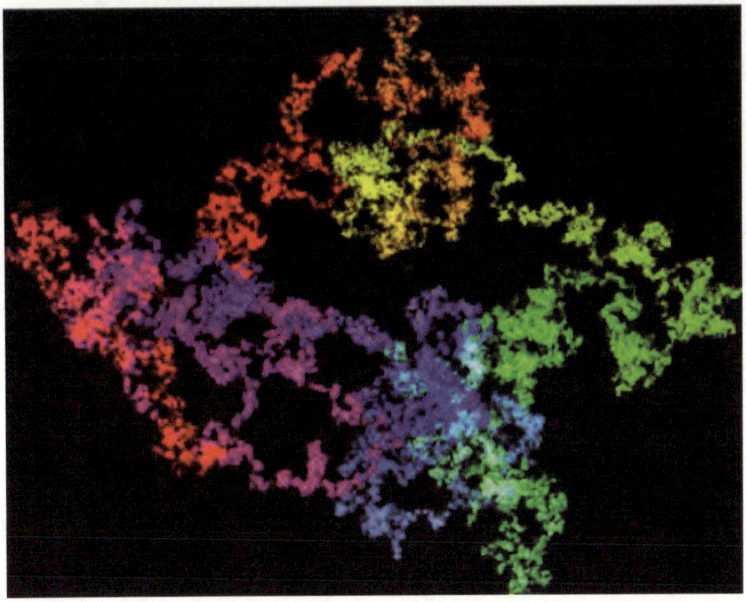

图 24 由阿拉贡·阿塔乔等人提供的四进制的 π 上的
前 1 000 亿步数字游走(Aragón Artacho, 2013)

走。阿拉贡·阿塔乔、博温和拜莱创建了这一渲染图,作为其作品《在实数上游走》的一部分,该作品出现在《数学信使》(*Mathematical Intelligencer*, Aragón Artacho et al., 2013)中。图中显示了四进制的 π 上的 1 000 亿步游走。数字游走是很有用的,因为它们可以提供实验证据,用以支持或否定所研究的 b 进制数的数字分布的正规性。

一个长度为 m 的 b 进制数串,若它在数字 α 中的出现频率的数学期望值恰好为 $1/b^m$,则这个数字 α 被称为一个 b 进制正规数。虽然正规性和随机性是两个截然不同的概念,但人们可能会认为,游走中的清晰模式将有助于证明这一游走既不符合正规性也不符合随机性。如果这种模式是可识别的和可描述的,那么它甚至可能造就对于"游走"其中的现象的新描述。下一个例子就是这种情况,此处讨论的游走被用来说明道格拉斯-拉什福德算子所决定的动力系统的行为。

在动力系统上游走

鲍施克等人(Bauschke et al., 2019)研究了图 25(左)的动力系统。这是道格拉斯-拉什福德动力系统用在对称轴上的圆和线时的行为的典型,如图 13 中的蓝色序列所示。该序列显然是混沌状态,因为它位于两个不同点的吸引集之

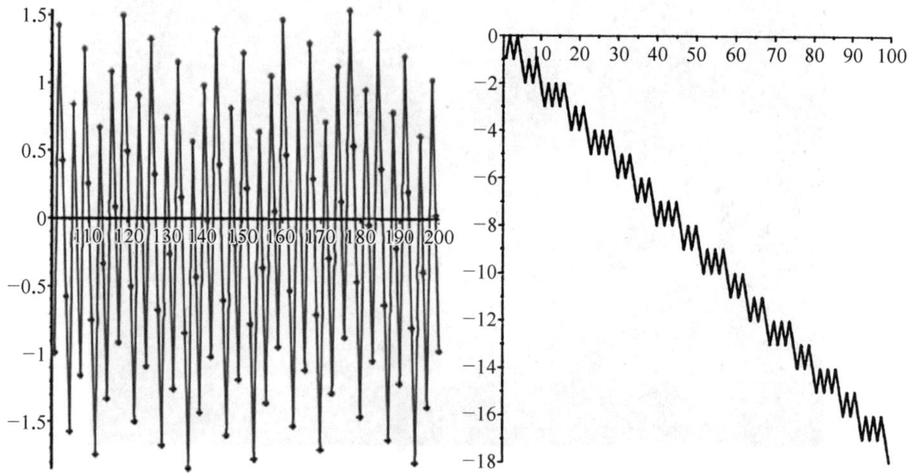

图 25 在动力系统上游走

间的共同边界上,但它也表现出一种模式。他们将一个密切相关的动力系统改写为二进制序列

$$1,0,1,0,0,1,0,1,0,0,1,0,1,0,1,0,0,1,0,1,0,0,1,0,1,0,1,0,0,1,0,1,0,0,1,0,1,0,0,1,0,1,0,1,0,0,1,0,1,0,0,1,0,1,0,1,0,0,1,0,1,0,0,1,0,1,0,0,1,0,1,0,1,0,0,1,\cdots, \qquad (1)$$

他们很快确定这是非周期性的。当遇到神秘的序列、数字或展开式时,以下工具可能很有用。

1. 整数序列在线百科全书(OEIS)适用于数字序列或数中的数字所形成的序列(2016)。

2. 乔纳森・博温、彼得・博温和西蒙・普劳夫(Simon Plouffe)开发的逆符号计算器(ISC)可用于识别常数(Borwein et al., 1995)。

3. 参数化整数关系构建算法 PSLQ 由弗格森和贝利(Ferguson 和 Bailey, 1992)提出。

4. 戴维・斯塔特迈尔(David Stoutemyer)的 Mathematica AskConstants 程序。

博温和科利斯(Borwein 和 Corless, 1999)为使用 ISC 和 PSLQ 来提出猜想提供了早期指南,包括 PSLQ 如何导致贝利等人(Bailey et al., 1997)发现了著名的贝利-博温-普劳夫公式(Bailey - Borwein - Plouffe formula),这个公式可用于独立计算 π 的第 k 个十六进制(以 16 为基)数字。

对等式(1)的 OEIS 初始搜索未找到任何匹配项。(回想起来,这是因为输入了太多的数字。)将二进制序列绘制成图 25 的右图,水平轴为离散时间,随离散时间在垂直轴上游走,可以立即观察到隐藏的序列

$$2,2,3,2,3,2,2,3,2,3,2,2,3,2,3,2,3,\cdots,$$

这被列在 OEIS 中,作为 $1+\sqrt{2}$ 的贝蒂序列 A003151 的第一个差异(Kimberling, 2011)。这让我们发现等式(1)是序列 $floor(n\sqrt{2})-1-floor[(n-1)\sqrt{2}]$ (Kimberling, 2016)。文献(Lindstrom, 2019)提供了描述这些关系的图表。这使我们得以用广义贝蒂序列完整地描述对称轴上的行为。游走对这一发现很有帮助。

当电脑知道的比你多

在文献(Borwein 和 Lindstrom, 2016)中,作者通过用兰伯特 $\mathcal{W}$ 函数进行说明,继续讨论了《命名的力量》以及计算机代数系统知道什么的重要性。非正式地讲,兰伯特 $\mathcal{W}$ 是其两个实分支满足以下条件的函数

$$\mathcal{W}(x)\mathrm{e}^{\mathcal{W}(x)}=x。$$

兰伯特 $\mathcal{W}$ 指出了优化问题的目标的闭合解:玻尔兹曼-香农熵和能量函数(Boltzmann - Shannon entropy and energy functions)

$$f_t: [0, \infty) \rightarrow \mathrm{R}: x \longmapsto t(x\log x - x) + (1-t)x^2/2$$

的 $(t \in (0, 1))$ - 加权平均值的芬切尔-莫罗-洛克菲拉共轭(Fenchel -Moreau - Rockafellar conjugate)。

在后续文章中,作者在文献(Bauschke 和 Lindstrom, 2020)中寻求了这两个函数的 $(\lambda \in (0, 1))$ - 近端平均值,它非正式地给出了一个图到另一个图的连续变换(在 epi -拓扑中连续)。为此,必须求方程

$$x-(1-\lambda)\mathcal{W}(\mathrm{e}^y)-\frac{\lambda}{2}y=0$$

中变量 y 的解。

这项任务并不容易;直截了当地使用 Maple 会令人感到困惑。当进一步指定 $\lambda=1/p$,对于特定的素数,比如 $p=2$ 时,Maple 返回 RootOf 表达式,这种情况起初似乎持续存在。这通常表明 Maple 无法解这个方程。然而,使用 all values 函数会得出无穷多个解,经过进一步检查,这些解仅在兰伯特 $\mathcal{W}$ 函数的指定分支上不同。用不同素数 p 重复这个过程并分析模式,你可以猜出闭合解:

$$y=\frac{\left(\frac{2}{\lambda}-2\right)\mathcal{W}\left(\left(\frac{2}{\lambda}-1\right)\mathrm{e}^{\frac{2x}{\lambda}}\right)}{\frac{2}{\lambda}-1}+\frac{2x}{\lambda}。\tag{2}$$

证明是相当复杂的，因此，研究者应该首先使用这个等式来检验一下它的解，以分析人们期望的真正的解是什么样子。图 26 中的热量图清楚地显示了能量图（深蓝色）到玻尔兹曼-香农熵图（深红色）的转化。“知道”解是正确的，会让人有信心继续进行冗长的证明，对此，Maple 也是很有用的。这种转化是显著的，因为能量的定义域是完整的，而玻尔兹曼-香农熵的定义域是有限的。

图 26 热量图证实了方程(2)这个假设的闭合解

数值近似的符号式答案

在另一个启发性的案例研究中，Burachik 等人在文献（Burachik et al.，2019a）中寻找对数的菲茨帕特里克函数（Fitzpatrick function）的芬切尔-莫罗-洛克菲拉共轭那难以捉摸的闭合式。这个对象很有趣，因为它是库尔贝克-莱布勒散度（Kullback-Leibler divergence）族中最严格的广义布雷格曼距离（Bregman distance）。通过典型的解析方法推导这个共轭需要求解一个复杂的方程，即使在计算机辅助下，这也是令人望而却步的。幸运的是，这个问题可以被重新表述为寻找具有下界的最大凸函数

$$g: \mathrm{R}^2 \to \mathrm{R}: (x, y) \longmapsto \begin{cases} xy & \text{如果 } y = \log x; \\ \infty & \text{其他。} \end{cases}$$

这个函数图像如图 27(左)所示。这个几何问题有一个不一样的方程,尽管这个方程也是不可解的。放弃解析解并追求数值解,自然的方法是取一个点 $z \in \mathrm{R}^2$ 并计算 $f(z)$ 的值,得出最小值并将之作为要绘在图上的解。这可以通过在定义域空间中取通过 z 的不同直线 L_i 并使每条直线同画在值域空间上的 g 相交两次来实现;所有这些线与 g 的最低交点(在 z 上方)就是 $g(z)$ 的近似数值解。这种构造如图 27(中)所示。使用 Maple,我们可以得到直线 L_i 与 g 的图像交点 x^i, y^i 实际上是由兰伯特 $\mathcal{W}$ 函数的两个实分支明确给出的。这可以通过在 Maple 中实现 $\mathcal{W}$ 估计的快速常规方法来简化计算。然而,在仔细检查完整的数值过程后,人们注意到,总是在最接近垂直的直线和 g 相交处获得最佳值。这一观察结果不仅引发了图 27(右)所示的闭合式的一个看似合理的猜想,而且也产生了一种证明其正确性的方法。首先,人们可以通过绘制广义布雷格曼距离以及来自同一族的其他距离,如库尔贝克-莱布勒散度(Kullback - Leibler divergence),来检验其正确性。

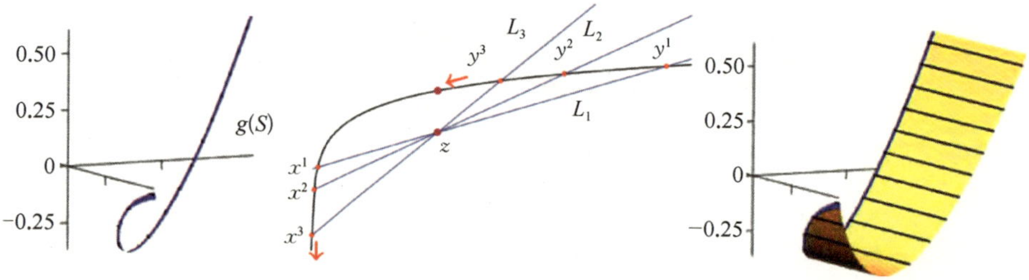

图 27　对数菲茨帕特里克函数共轭的实验发现

Burachik 等人在他们的后续文章(Burachik et al., 2021)中给出了所谓的广义 γ 参数布雷格曼包络(γ - parameterized generalized Bregman envelope),用于将函数 $|\cdot - 1/2|$ 正则化。他们将该族的新成员与鲍施克等人(2017)最初给出的库尔贝克-莱布勒散度的已知例子进行了对比。结果大量使用了兰伯特 $\mathcal{W}$ 函数。图 28 中的热量图便于这一对比。通过使用颜色,读者可以观察到,对于任意固定的参数 γ,包络函数从左到右逐渐递增。这些图为猜想的正确性提供了可视化依据,这是一项很有价值的工具,因为算法非常复杂。有趣的是,我们还会再次见到兰伯特 $\mathcal{W}$。

图 28　对数表示函数的左包络

圆锥优化与神秘几何

林德斯特伦等人在文献(Lindstrom et al., 2020)中通过计算指数锥的面残差函数(facial residual function),发现了指数锥可行性问题的误差范围。图 29 有一个粉紫色指数锥,绿色的是它的对偶锥。在绿色对偶锥上任取一点 z,其补集子空间 $\{z\}^{\perp}$ 与粉色指数锥边界的交集为 F,称为暴露面(exposed face)。除了紫色二维暴露面外,其他暴露面都是从原点发出的一维射线。其中一条用蓝色标识。

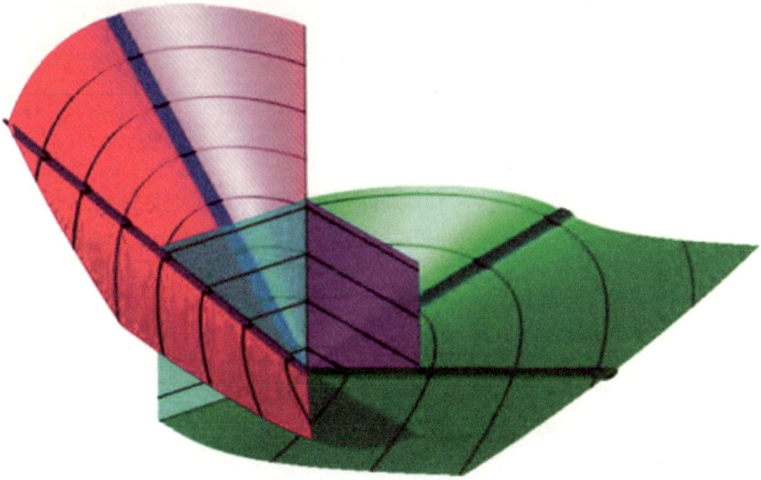

图 29　指数锥及其对偶

对误差范围的计算可简化为以下问题。取有界点集 $(w_m)_m \subset \{z\}^{\perp}$，它满足当 $m \to \infty$ 时，$d(w_m, F) \to 0$ 的条件。同样，在圆锥边界中取一个对应的点集 $(v_m)_m$，其中每个 v_m 是在投影映射下将 w_m 映射到 $\{z\}^{\perp}$ 上的距离 w_m 最近的点。然后证明

$$\lim_{m \to \infty} d(w_m, v_m)/d(w_m, F)^2 > 0。$$

使用 xyz 坐标系，此问题可归结为求当 $t := (1-\beta)w_y - w_x \to 0$ 时表达式 $(w_x - v_x)/[(\beta-1)w_y + w_x]^2$ 的极限。使用计算机代数系统，通过将 $(w_x - v_x)$ 替换为图 30 中 (w_x, w_y) 的复杂表达式，可以将这个三变量表达式简化为两变量表达式。参数 $\beta = z_y/z_x$ 表示所考虑的面。

$$(w_x - v_x) =$$

$$-\frac{(\beta w_x - w_y)[\beta(\beta w_y + w_x)e^{2-2\beta} + w_y]}{\beta[\beta(\beta w_y + w_x)e^{2-2\beta} + w_y]\mathcal{W}_{n_\beta(v)} \cdot \left(-\dfrac{(\beta w_x - w_y)\exp\left(1-\beta+\dfrac{\beta w_y e^{2-2\beta} + w_x e^{2-2\beta} + w_x}{e^{2-2\beta}\beta^2 w_y + e^{2-2\beta}\beta w_x + w_y}\right)}{\beta(\beta w_y + w_x)e^{2-2\beta} + w_y}\right) - \beta w_x + w_y}$$

$$+\frac{w_y}{\beta},$$

其中，$\mathcal{W}_{n_\beta(v)}$ 是兰伯特 $\mathcal{W}$ 函数的实分支，满足

$$\mathcal{W}_{n_\beta(v)}(\mathcal{P}(w_x, w_y)) = -\frac{e^{2-2\beta}\beta(\beta^2 w_x w_y + \beta w_x^2 - \beta w_y^2 - w_x w_y) - \beta v_y w_x + \beta w_x w_y + v_y w_y - w_y^2}{\beta v_y(e^{2-2\beta}\beta^2 w_y + e^{2-2\beta}\beta w_x + w_y)}$$

其中 $\mathcal{P}: \mathbb{R} \times \mathbb{R} \to \mathbb{R}: (x, y) \mapsto -\dfrac{(\beta x - y)e^{1-\beta+\frac{\beta y e2-2\beta+x e2-2\beta+x}{e2-2\beta\beta 2\, y+e2-2\beta\beta x+y}}}{\beta(\beta y + x)e^{2-2\beta} + y}.$

图 30　借助计算机代数系统发现的复杂表达式

简化为 w_x 和 w_y 的表达式后，利用微积分工具，就可以求当 $t := (1-\beta)w_y - w_x \to 0$ 时的极限。随之而来的是巨大的计算困难，但计算机代数系统再次发挥了作用。一个以 $t=0$ 为中心的泰勒级数，单靠手算可能需要数周的时间，在计算机的帮助下仅用几个小时就可以完成。然后通过与数值计算所得到的极限进行比较，很快就可以确认其正确性。

找到解以后，剩下的就是将其置于严格的基础之上。这比追溯数值计算的结果是怎么一步步来的更具挑战性，因为当 $\beta = \bar{\beta} := -\frac{1}{2}w_0(2e^{-2}) \approx$

-0.1088575528 时，所涉及的项在 $t=0$ 时无法解析。从此以后，这个常数被称为邪恶贝塔(evil beta)。对于邪恶贝塔，当 $t\to 0$ 时，兰伯特 $\mathcal{W}$ 项趋于 $\pm\infty$。很容易观察到，甚至很容易证明，兰伯特 $\mathcal{W}$ 的这种增长会被表达式中趋于零的其他项抵消。尽管取得了这一成功，但证明这一极限的困难仍然存在。

图 29 并没有立即表明与邪恶贝塔相对应的暴露面的任何特殊几何性质；这个面就在高亮显示的蓝色一维面的右边，并且与之非常接近。就算邪恶贝塔的具体几何特征存在，它也仍然是未知的。图 31 说明了解析特征。在左边，固定 $w_y=2$ 并绘制 (t,β) 的二元函数，可以看到分支的割线穿过了点 $(0,\bar{\beta})$。在右边，固定 $\beta=\bar{\beta}$ 并绘制 (t,y) 的二元函数，可以看到分支的割线就是 $t=0$ 那条线。

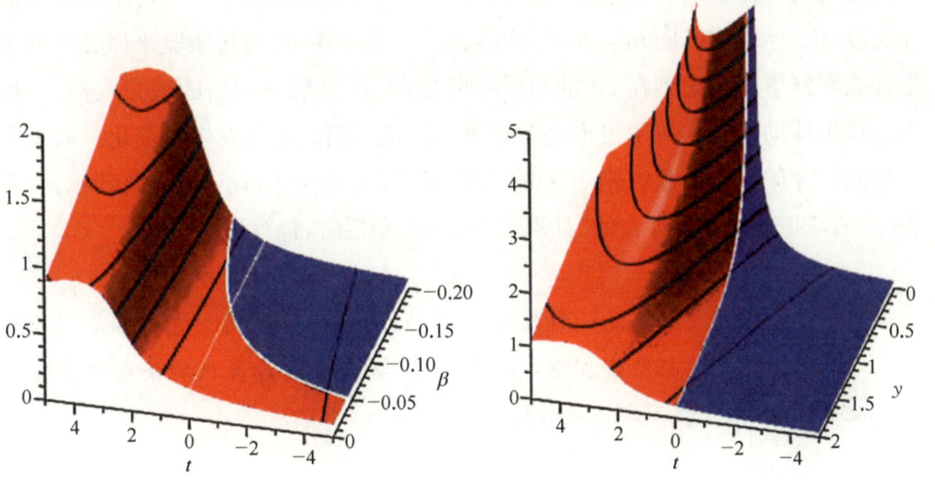

图 31 从 R^3 到 R 上的函数分支变化的可视化

这表明，如果可以避免使用兰伯特 $\mathcal{W}$ 函数，解析上的挑战可能会消失。分析图 29 中的几何结构，很明显，对于足够接近紫色二维面的一维面，投影到超平面 $\{z\}^{\perp}$ 上的 w_m 的原像可能包含两个点，每一个点对应于兰伯特 $\mathcal{W}$ 函数的一个实分支。

一种可能的补救办法出现了。由于正确的兰伯特 $\mathcal{W}$ 分支与投影的逆有关，因此分支的割线是可以避免的由逆投影所造成的产物。如果可以通过避免这种逆投影的过程找到一个等价的表达式，那么分支的割线可能会消失。事实上，情况就是如此。从位于圆锥上的点 $(v_m)_m$ 的角度重新表述问题，可以得到一个完全等价的表达式,但避免了逆向投影的步骤。此表达式不含兰伯特 $\mathcal{W}$ 函数。

也许邪恶 β 的重要性完全由 β 的某些值必须位于分支的割线上这一事实来概括。如果是这样的话,那么邪恶贝塔作为变量选择的产物,除了成为一种障碍之外,并没有别的几何意义。这是一个令几何学家并不满意的答案。无论是什么情况,变量的变化都消除了障碍,证明也随之而来。其次,通过可视化可以找到解决问题的路径。

结论

通过前面提到的关于黎曼假设的故事——以及其他例子——博温和德夫林在文献(Borwein 和 Devlin, 2008)中强调了一个事实,即通过实验来做数学并不是什么新鲜事。考虑到在 20 世纪后半叶之前,计算机一词指的就是人类,所以由计算机辅助的实验数学也不是新鲜事。只是可用的工具发生了变化。有人可能会问:这有多了不起?基思·德夫林接手《公告》(*Notices*)杂志(Devlin 和 Wilson, 1995)中短暂存在的"计算机与数学"专栏时,他写道:

> 这个专栏肯定只是一种短暂的时尚,不久就会消失。这并不是因为数学将不再与计算机紧密相连,而是相反:数学家对计算机的使用将变得如此普遍,以至于大家都不想提它了。(Devlin, 2020)

当德夫林的预言成真,并在 4 年后的 1994 年结束专栏时,他认为:

> 本专栏的消失并不意味着《公告》将停止刊发有关计算机在数学中的应用的文章。相反,是认识到计算机技术的使用现在只是数学的一个方面,新的《公告》杂志将不再特别关注对计算机的使用。我会为此感到高兴。
>
> 这项技术已经成熟了。(Devlin, 2020)

在当代数学领域中,对计算机的使用和实验越来越普遍,那么实验数学以何种方式成为一门学科呢?14 年后,博温和德夫林在《作为熔炉的计算机》中简洁地回答了这个问题:

> 实验数学（作为一项研究活动）与经典的数学概念及实践的不同之处在于，实验过程从前不被视为证明的先驱，只能被认为是个人笔记，也许只有在获得了证明后才能拿它来进行历史研究。而在实验数学中，实验本身被视为数学的一个重要组成部分，可以发表，供他人考虑，并且（特别重要的是）有助于数学在整体上的进步。（Borwein 和 Devlin，2008）

因此，将有用的可视化放在重要位置，显然是这个学派的标志。在该学科的教学和研究方面都是如此，正如博温和奥斯本在文献（Borwein 和 Osborn，2020）中认为实验数学属于交叉学科。因此，实验数学既是一种科学追求，也是一种艺术追求。

参考文献

Aragón Artacho FJ，Borwein JM（2013）Global convergence of a non-convex Douglas-Rachford iteration. J Glob Optim 57(3)：753–769

Aragón Artacho FJ，Campoy R（2019）Computing the resolvent of the sum of maximally monotone operators with the averaged alternating modified reflections algorithm. J Optim Theory Appl 181(3)：709–726

Aragón Artacho FJ，Bailey DH，Borwein JM，Borwein PB（2013）Walking on real numbers. Math Intell 35(1)：42–60

Aragón Artacho FJ，Bailey DH，Borwein JM，Borwein PB，with the assistance of Fountain J，Skerritt MP（2014）Walking on real numbers：a multiple media mathematics project. https://walks.carma.newcastle.edu.au/

Aragón Artacho FJ，Campoy R，Tam MK（2019）The Douglas-Rachford algorithm for convex and nonconvex feasibility problems. Math Meth Oper Res 91(2)：201–240.（arXiv preprint arXiv：190409148）

Bailey DH（2016）Jonathan Borwein dies at 65. Jonathan Borwein Memorial Website. https://jonborwein.org/2016/08/jonathan-borwein-dies-at-65/

Bailey DH，Beebe NH（2020）Publications and talks by（and about）Jonathan M. Borwein. https://www.jonborwein.org/jmbpapers/

Bailey D，Borwein P，Plouffe S（1997）On the rapid computation of various polylogarithmic constants. Math Comput 66(218)：903–913

Bailey DH，Borwein NS，Brent RP，Burachik RS，Osborn JH，Sims B，Zhu QJ（2020）Jonathan Borwein：mathematician extraordinaire. In：Bailey DH，Borwein N，Brent RP，Burachik RS，Osborn JA，Sims B，Zhu Q（eds）From analysis to visualization：a celebration of the life and legacy of Jonathan M. Borwein，Callaghan，Australia，

September 2017, Springer proceedings in mathematics and statistics. Springer, Cham, pp ix - xx

Bauschke HH, Dao MN, Lindstrom SB (2017) Regularizing with Bregman-Moreau envelopes. SIAM J Optim 28(4): 3208 - 3228. (arXiv preprint arXiv: 170506019)

Bauschke HH, Dao MN, Lindstrom SB (2019) The Douglas-Rachford algorithm for a hyperplane and a doubleton. J Glob Optim 74(1): 79 - 9342 S. B. Lindstrom

Bauschke HH, Lindstrom S (2020) Proximal averages for minimization of entropy functionals is pending publication in Pure and Applied Functional Analysis. (arXiv preprint arXiv: 1807.08878)

Behling R, Bello-Cruz JY, Santos LR (2018a) On the linear convergence of the circumcenteredreflection method. Oper Res Lett 46(2): 159 - 162

Behling R, Cruz JYB, Santos LR (2018b) Circumcentering the Douglas-Rachford method. Numer Algorithms 78: 759 - 776

Behling R, Bello-Cruz JY, Santos LR (2019) On the circumcentered-reflection method for the convex feasibility problem. (arXiv preprint arXiv: 200101773)

Benoist J (2015) The Douglas-Rachford algorithm for the case of the sphere and the line. J Glob Optim 63: 363 - 380

Borwein JM (2016a) Jonathan Borwein: curriculum vitae. https://carma.newcastle.edu.au/Resour -ces/jon/CV.pdf

Borwein JM (2016b) The life of modern Homo Habilis Mathematicus: experimental computation and visual theorems. In: Tools and mathematics, mathematics education library, vol 347. Springer, Berlin, pp 23 - 90

Borwein JM, Bailey DH (2008) Mathematics by experiment: plausible reasoning in the 21st century. A.K. Peters Ltd, Wellesley

Borwein JM, Borwein PB (2010) Experimental and computational mathematics: selected writings. PSI Press, Portland

Borwein JM, Corless RM (1999) Emerging tools for experimental mathematics. Am Math Mon 106(10): 889 - 909

Borwein JM, Devlin K (2008) The computer as crucible: an introduction to experimental mathematics. A.K. Peters Ltd/CRC Press, Wellesley

Borwein JM, Lindstrom SB (2016) Meetings with Lambert W and other special functions in optimization and analysis. Pure Appl Funct Anal 1(3): 361 - 396

Borwein NS, Osborn JH (2020) On the educational legacies of Jonathan M. Borwein. In: Bailey DH, Borwein N, Brent RP, Burachik RS, Osborn JA, Sims B, Zhu Q (eds) From analysis to visualization: a celebration of the life and legacy of Jonathan M. Borwein, Callaghan, Australia, September 2017, Springer proceedings in mathematics and statistics. Springer, Cham, pp 103 - 131

Borwein JM, Sims B (2011) The Douglas-Rachford algorithm in the absence of convexity.

In：Bauschke HH，Burachik RS，Combettes PL，Elser V，Luke DR，Wolkowicz H (eds) Fixed point algorithms for inverse problems in science and engineering，Springer optimization and its applications，vol 49. Springer，New York，pp 93 - 109

Borwein JM，Straub A (2013) Mahler measures，short walks and log-sine integrals. Theor Comput Sci 479：4 - 21

Borwein JM，Straub A (2016) Moment function of a 4-step planar random walk. Complex Beauties (2016 calendar). http://www.mathe.tu-freiberg.de/files/information/calendar2016eng.pdf

Borwein JM，Borwein P，Plouffe S (1995) Inverse symbolic calculator. http://wayback.cecm.sfu.ca/projects/ISC/ISCmain.html

Borwein JM，Bailey DH，Girgensohn R (2006) Experimentation in mathematics：computational paths to discovery (combined interactive CD version edition). A.K. Peters Ltd，Natick

Borwein JM，Nuyens D，Straub A，Wan J (2011) Some arithmetic properties of short random walk integrals. Ramanujan J 26(1)：109

Borwein JM，Straub A，Wan J，Zudilin W，with appendix by Zagier D (2012) Densities of short uniform random walks. Can J Math 64：961 - 990. http://arxiv.org/abs/1103.2995

Borwein JM，Straub A，Wan J (2013) Three-step and four-step random walk integrals. Exp Math 22(1)：1 - 14

Borwein JM，Lindstrom SB，Sims B，Skerritt M，Schneider A (2017) Appendix to dynamics of the Douglas-Rachford method for ellipses and p-spheres. http://hdl.handle.net/1959.13/1330341

Borwein JM，Lindstrom SB，Sims B，Skerritt M，Schneider A (2018) Dynamics of the Douglas-Rachford method for ellipses and p-spheres. Set-Valued Var Anal 26(2)：385 - 4032 The Art of Modern Homo Habilis Mathematicus，or：What Would Jon Borwein Do? 43

Burachik RS，Dao MN，Lindstrom SB (2019a) The generalized Bregman distance. to appear in SIAM J Optim (arXiv preprint arXiv：190908206)

Burachik RS，Dao MN，Lindstrom SB (2021) Generalized Bregman Envelopes and Proximity Operators (arXiv preprint arXiv：2102.10730)

Dao MN，Tam MK (2019) A Lyapunov-type approach to convergence of the Douglas-Rachford algorithm. J Glob Optim 73(1)：83 - 112

Devlin K (2020) How mathematicians learned to stop worrying and love the computer. In：Bailey DH，Borwein N，Brent RP，Burachik RS，Osborn JA，Sims B，Zhu Q (eds) From analysis to visualization：a celebration of the life and legacy of Jonathan M. Borwein，Callaghan，Australia，September 2017，Springer proceedings in mathematics and statistics. Springer，Cham，pp 133 - 139

Devlin K, Wilson N (1995) Six-year index of "computers and mathematics". Not Am Math Soc 42: 248 - 254

Díaz Millán R, Lindstrom SB, Roshchina V (2020) Comparing averaged relaxed cutters and projection methods: theory and examples. In: Bailey DH, Borwein N, Brent RP, Burachik RS, Osborn JA, Sims B, Zhu Q (eds) From analysis to visualization: a celebration of the life and legacy of Jonathan M. Borwein, Callaghan, Australia, September 2017, Springer proceedings in mathematics and statistics. Springer, Cham, pp 75 - 98

Dizon N, Hogan J, Lindstrom SB (2020) Centering projection methods for wavelet feasibility problems. (arXiv preprint arXiv: 200505687)

Ferguson HR, Bailey DH (1992) A polynomial time, numerically stable integer relation algorithm. RNR technical report, RNR - 91 - 032, 14 July 1992

Giladi O, Rüffer BS (2019) A Lyapunov function construction for a non-convex Douglas-Rachford iteration. J Optim Theory Appl 180(3): 729 - 750

Jungic V (2016) Jon Borwein: a friend and a mentor. Jonathan Borwein Memorial Website. https://jonborwein.org/2016/08/jon-borwein-a-friend-and-a-mentor/

Kimberling C (2011) The On-Line Encyclopedia of Integer Sequences (entry a188037). https://oeis.org/A188037

Kimberling C (2016) The On-Line Encyclopedia of Integer Sequences (entry a276862). https://oeis.org/A188037

Lindstrom SB (2016) Jon made us big. Jonathan Borwein Memorial Website. http://jonborwein.org/2016/09/jon-made-us-big/

Lindstrom SB (2019) Proximal point algorithms, dynamical systems, and associated operators: modern perspectives from experimental mathematics. PhD thesis, University of Newcastle, Newcastle upon Tyne

Lindstrom SB (2020) Computable centering methods for spiraling algorithms and their duals, with motivations from the theory of Lyapunov functions. (arXiv preprint arXiv: 200110784)

Lindstrom SB, Sims B (2018) Survey: sixty years of Douglas-Rachford. J AustMS (to appear). (arXiv preprint arXiv: 180907181)

Lindstrom SB, Vrbik P (2019) Phase portraits of hyperbolic geometry. Mathematical Intelligencer 41(3): 1 - 9

Lindstrom SB, Sims B, Skerritt MP (2017) Computing intersections of implicitly specified plane curves. Nonlinear Conv Anal 18(3): 347 - 359

Lindstrom SB, Lourenço B, Pong TK (2020) Error bounds, facial residual functions and applications to the exponential cone. arXiv: 2010.16391

Lions PL, Mercier B (1979) Splitting algorithms for the sum of two nonlinear operators. SIAM J Numer Anal 16(6): 964 - 979. https://doi.org/10.1137/0716071

Littlewood JE (1953) A mathematician's miscellany. Methuen, London

Needham T (1997) Visual complex analysis. Clarendon Press, Oxford

Straub A, Zudilin W (2017) Short walk adventures. In: Jonathan M. Borwein commemorative conference. Springer, Newcastle, pp 423 - 439

Wegert E (2012) Visual complex functions: an introduction with phase portraits. Springer, Basel Wegert E, Semmler G (2011) Phase plots of complex functions: a journey in illustration. Not AMS 58(6): 768 - 780

3

布拉施克积之美

乌尔里希·戴普、帕梅拉·戈尔金、
冈特·塞姆勒和埃利亚斯·韦格特

目录

摘要

本章旨在展示如何使用几何和颜色这些可视化工具来增强对复变函数的理解。特别是,将集中讨论一类有限布拉施克积,相关的几何是欧氏几何与双曲几何。将使用的几何工具包括对称、镶嵌和由根据布拉施克积的特殊性质构造的圆或逆圆所生成的曲线。然后,将转向布拉施克积是两个(非平凡)布拉施克积的复合时的可视化的可能性。颜色出现在构建的相位图中,然后使用这些可视化工具验证主要结果。

关键词

布拉施克积;相位图;椭圆;庞加莱圆盘模型;双曲几何;对称;函数的复合;复变函数

引言

几何学是历史上最早的数学学科之一,这不是偶然。几何思想是人类视觉体验到的常见物体的抽象,其定理最初是通过观察简单图形而发现的。在本章中,重点是所谓的双曲多项式几何,也称为(有限)布拉施克积(Blaschke product)。虽然有许多种几何,但我们将在欧几里得平面或者庞加莱圆盘模型这两种几何结构中考虑函数。

欧氏几何可以被认为是思想的演绎结构；这在欧几里得多达 13 卷的《几何原本》中首次得到体现。尽管欧几里得的教材塑造了现代数学的发展和教学方式，但他在希腊数学史中的形象仍然模糊不清。《几何原本》从定义、公理和公设开始，所有命题都是通过逻辑推理得出的（尽管并不总是完美的），并不依赖视觉感知。在这里，公理和公设是没有证明就被接受的基本陈述。

下面的公设是欧几里得的《几何原本》中的原文，是希思（Heath）的翻译，没有附加说明，引自欧几里得的著作（Euclid, 1956）。这些公设陈述如下：

(1) 由任意一点到任意一点可以画一条直线。

(2) 任意一条直线可以无限延伸。

(3) 以任意的圆心和任意的半径可以画一个圆。

(4) 所有直角彼此相等。

(5)（平行公设）：如果一条直线与两条直线相交，使得同一侧的内角之和小于两直角之和，那么如果无限延长这两条直线，在同旁内角和小于两直角之和的那一侧相交。

第五公设与其他公设不同——首先，它很难理解。普莱费尔公设（Playfair's postulate）等价于平行公设，更容易理解，陈述如下：

(P)在平面中，过直线外一点有且仅有一条直线与这条直线平行。

事实上，许多数学家认为第五公设可以从其他四个公设中推导出来。没能证明这个公设可以从其他公设中推导出来的结果导致了其他几何学的产生。其中一个被称为双曲几何的是基于以下“第五公设”：

(5’) 过给定直线外任何一点，可以画多条平行于这条直线的直线。

这些几何是截然不同的；例如，在欧氏几何中，三角形内角和是两个直角之和，而在双曲几何中，三角形内角和小于两个直角之和。（还有第三种几何，称为球面几何，其中三角形内角和大于两个直角之和。）本章将研究欧氏几何和双曲几何中为人熟知的函数和对称性。

非正式地讲，对称意味着当你以某种方式移动对象时，它不会改变。例如，在欧氏几何中，对称来自平移、反射和旋转（见图 1）。有关对称和相似性的更多详细信息将在稍后给出。

几何模型由其点和线所决定。虽然还有其他双曲几何模型，但这里聚焦于庞加莱圆盘模型，其中点是开单位圆盘（在边界圆内）的点，线是与边界圆垂直的

图 1 平移、反射和旋转

圆(或直径)。因此,在这个模型中,靠近边界圆的点可能彼此"很远",但在欧氏几何中彼此很近。例如,双曲几何对图形艺术家 M. C. 埃舍尔(M. C. Escher)很有吸引力,它仅限于一个圆盘,因此位于一个有界的区域内。它还保持角度不变;更准确地说,交线的夹角等于双曲线在交点处的切线之间的欧几里得角。这个模型是共形的,因此,粗略地讲,物体以一种重复的模式保持其形状。

在双曲空间中表现良好的函数是莫比乌斯映射(Möbius map)[或线性分式变换(linear fractional transformation)]。虽然这些将在题为"复算术与复几何"一节中得到进一步讨论,但在这里,需要说明的是将开单位圆盘 D 映射到自身并将单位圆 ∂D 映射到自身的莫比乌斯变换具有特殊形式:

$$M(z) = c\,\frac{z - z_0}{1 - \overline{z_0} z},$$

其中 z, $z_0 \in D$; c 是单位圆上的一个点。这些映射及其性质相对容易研究。下一步自然是研究此类映射的积的性质。本章目标之一是不但从形式数学的角度,而且从视觉的角度来考虑这些被称为布拉施克积映射的复合。这将在"布拉施克积"一节中完成。

虽然实变量的实值函数很容易通过二维图实现可视化,但布拉施克积是复变量的复值函数,它将单位圆盘映射到单位圆盘,将单位圆映射到单位圆。因此,可视化需要四个维度。虽然这听起来是不可能的,但有一种方法可以做到这一点。该方法依赖于复平面的特定着色以及对模恒定的线与辐角恒定的线的考虑。此过程将在"看见复变函数"一节中得到详细解释。目前,我们用图 2 中的一个特定例子来说明这一点。使用的莫比乌斯变换积的个数称为布拉施克积的幂次,已知布拉施克积绕其自身旋转的圈数与其次数相同。这可以在图 2 中看到,观察单位圆,可以看到每种颜色出现的次数与幂次相同:每种颜色出现 5 次,布拉施克积的次数为 5。在欧几里得平面中,当单位圆上相同颜色的点由线相连接时会发生什么?在庞加莱圆盘模型中又会发生什么?答案将分别出现在题为"布拉施克积和欧几里得平面中的椭圆"以及"布拉施克积和庞加莱圆盘模型中的椭圆"这两节中。

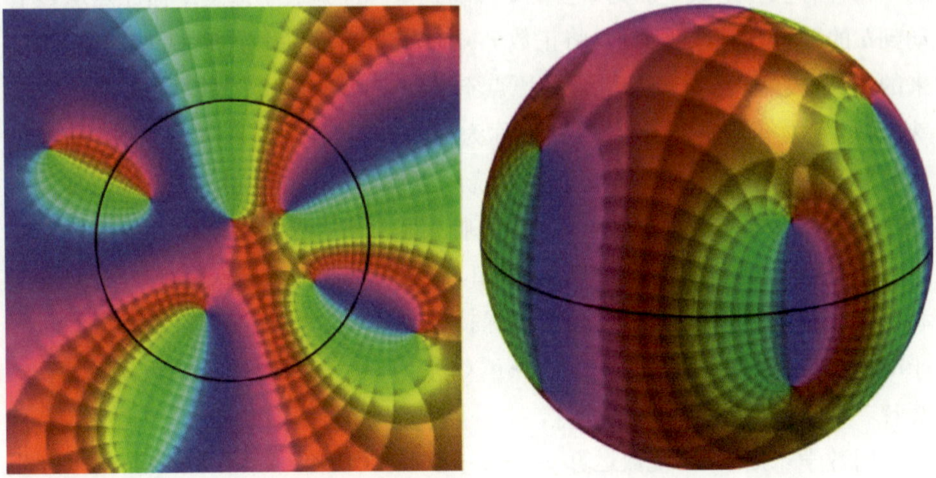

图 2　平面和黎曼球面上 5 次布拉施克积的表示

虽然从几何角度来看,这些结果当然很有趣,但是它们在函数理论中也有一个奇怪的应用。为此,需要更多的背景知识:给定两个多项式,很容易得到它们的乘积。但是给定一个多项式 p,通常很难判断 p 是否可以分解成两个多项式(幂次大于 1)的乘积。布拉施克积似乎也是如此,但事实证明,可以"看到"什么时候布拉施克积是另外两个幂次大于 1 的布拉施克积的复合。决定布拉施克积是否为复合的技术将在"布拉施克积的复合"一节中讨论。

布拉施克积的几何不仅提供了深刻而丰富的数学理论,而且还提供了一种通过可视化来进行理解的理论。本章作者希望这有助于让读者相信布拉施克积是优美的。

复算术与复几何

复数 $z=x+\mathrm{i}y$ 可以表示为复平面C 中的点z，这通常与韦塞尔(Wessel)、阿尔甘(Argand)或高斯的名字联系在一起。在这种情况下，基本算术运算可以用几何来解释。

在下文中，可以方便地将点 z 视为复平面中任何一点的代表，而不是固定的。将(固定的)复数 b 加到z 会使z 移动到$z+b$，这会引起复平面原点从 O 移动到b 的平行移动。类似地，将正数 r 乘以 z 相当于将平面扩张(或收缩)为原来的拉伸(收缩)因子 r 倍，并保持原点不动。乘以形式为 $\mathrm{e}^{\mathrm{i}\varphi}$ 的复数是另一种特殊变换，其中 φ 是一个实数[这些被称为幺模(unimodular)，由单位圆 ∂D 上的点来表示]；映射 $z\rightarrow \mathrm{e}^{\mathrm{i}\varphi}z$ 表示将平面绕原点旋转 φ 角度。因此，复数的加法和乘法代表了三个相似变换：平移、扩张/收缩和旋转。

这些运算可以彼此自由组合。例如，乘以任意复数 $a=r\mathrm{e}^{\mathrm{i}\varphi}(r>0)$ 是旋转和扩张(按任一顺序)的组合，两者都保持原点不动。这称为螺旋相似性(spiral similarity)。另一个例子是映射 $z\rightarrow \mathrm{e}^{\mathrm{i}\varphi}(z-c)+c$，它描述了以角度 φ 绕点c 的旋转。

用数学术语表示，复数运算 $z\longmapsto z+b(b\in C)$ 和 $z\rightarrow a\cdot z(a\in C\backslash\{0\})$ 生成一个关于复合运算的群。该群的任意元素是映射 $z\rightarrow az+b$，这也是复平面的双射全纯自映射的最一般形式。该群是保持欧几里得平面的定向(orientation)不变的相似变换群的算术典范。

第四种基本相似变换：反射，也可以表示为对复数的运算：映射 $z\rightarrow \bar{z}$ 将 $z=x+\mathrm{i}y$ 映射到其共轭复数 $\bar{z}=x-\mathrm{i}y$，它表示关于实数轴 R 的反射。这是一个相似变换，但与其他三个相比，它改变了定向，这就是将它排除在外的原因。

在曲面上反射一个对象也是可能的。在平面中，最简单的这种变换是关于单位圆的反射，也称为反演(inversion)。这种变换将点 z 映射到点 z^*，使得它们在从原点发出的同一射线上，且它们的模长 $|z|$ 和 $|z^*|$ 的积为1。这也可以看成通过映射 $z\rightarrow 1/\bar{z}$ 的复数算术。反演作为一种将定向反转的变换，是违反规则的。但是，当它与关于实数轴的反射相结合时，可以得到映射 $z\rightarrow 1/z$，这是可允许的。这种变换的作用如图 3 所示。

图 3 作用在花坛上的变换 $z \to 1/z$：原图、变换后、放大显示

事实上，这种新映射 $z \to 1/z$ 为考虑两种非欧几何铺平了道路，分别称为双曲几何和球面几何。要进入球面世界，复平面必须补充无穷远点 $z=\infty$。这种扩展复平面的模型 $\mathbb{C} \cup \infty$，是黎曼球面 $\mathbb{S}$。使用算术运算的适当定义，例如 $1/0=\infty$ 和 $1/\infty=0$，映射 $z \to z+a$，$z \to a \cdot z$，$z \to 1/z$ 可以扩展到黎曼球面。于是，这些映射可以任意复合，并且任何这样的复合都是莫比乌斯变换，

$$f(z)=\frac{az+b}{cz+d},\ a,\ b,\ c,\ d \in \mathbb{C},\ ad-bc \neq 0。$$

莫比乌斯变换形成一个群，它是黎曼球面的所有保持定向不变的、共形（保持角度）自同构（双射自映射）群的算术典型。

看见复变函数

可视化是理解数学对象的重要工具。在二维平面中，可以通过图像可视化实变量的实值函数：如果 x 是 f 定义域中的实数，则值 $f(x)$ 与 x 相关联，并绘制点 $(x, f(x))$。如果 f 的定义域与值域是复数的子集，则定义域中的点 z 可以写成 $z=x+\mathrm{i}y$。因此，定义域已经需要两个维度，值域也是如此。四维可视化是棘手的，这是本章的重点。

传统上，复变函数可以通过所谓的分析景观图（analytic landscape）可视化，这些分析图描绘了 f 的模 $|f|$ 的图形。图 4 左图显示的例子是扬克和埃姆德（Jahnke 和 Emde，1909）著作中欧拉伽马函数的插图。仔细观察这张图会发现

曲面上有额外的线条。这样的线有两类：沿着第一种类型的线，f 的模恒定不变，而在另一种类型的线上，f 的辐角(相位)恒定不变。

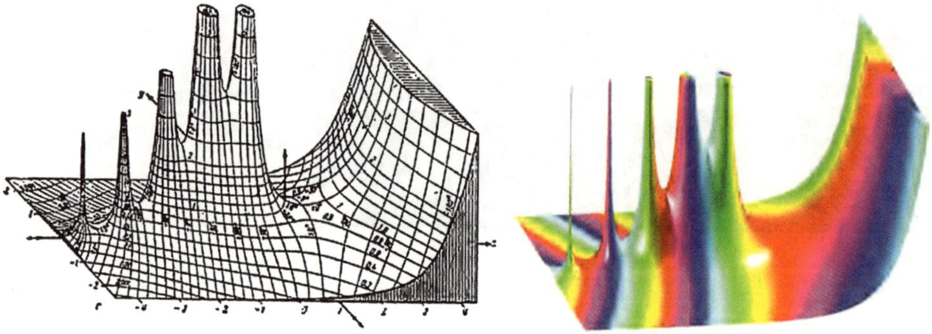

图 4　伽马函数的历史的和当代的分析景观图

现在有了计算机图形学，使用颜色对相位信息进行编码会更方便；在图 4 右图中，这种方法被应用于同一个函数。

另一种常见的可视化方法是将复变函数 $f: D \to G$ 视为将定义域 D 映射到值域 G 的变换。当 D 被赋予一些额外结构 S 时，可以通过 f 移植到值域平面，可以从像 $f(S)$ 的形状揭示函数 f 的映射属性。一个典型的应用是(单值)共形映射的可视化，其中 S 是由两类正交网格线族形成的网格(例如，参见 Arnold 和 Rogness, 2008)。映射的共形性或保角性反映在图像网格的正交性中。

然而，当 f 不是单值函数时，这种映射 S 的技术是受限的，因为像 $f(S)$ 是自重叠的(图 5)。幸运的是，有一个简单的方法可以克服这个困境：不是通过 $w=f(z)$ 将结构从 z 平面映射到 w 平面，而是可以通过另一种方式进行；也就是说，它们可以被拉回。

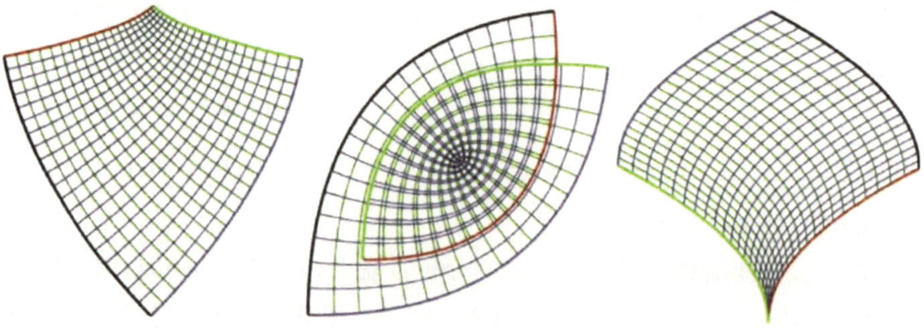

图 5　通过复变函数移植方形网格

图 6 描述了这一想法的非常规实现。在这里，右图的周期性“花坛”被函数 $f(z)=z^5$（左）和 $f(z)=\sin z$（中）拉回，揭示了这些映射的对称性。

图 6　通过 $f(z)=z^5$（左）和 $f(z)=\sin z$（中）拉回花坛（右）

对于严肃的研究，最好使用标准化结构。有理函数 $f(z)=(z-1)/(z^2+z+1)$ 的情形如图 7 所示。图形中间的图像是 w 平面中的标准极坐标网格。左图显示其通过 f 的拉回，右图描绘了 f 的彩色分析景观图。

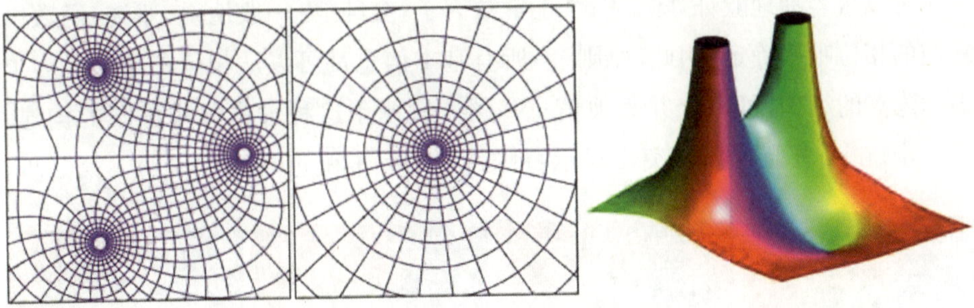

图 7　$f(z)=(z-1)/(z^2+z+1)$ 诱导的网格映射及其彩色分析景观图

彩色分析景观图仅使用饱和颜色来表示相位。那么，为什么不通过亮度来表示函数的模，并用颜色编码来完全表示 $f(z)$ 的值？这是定义域着色的基本思想。早期的例子出现在 20 世纪 80 年代，但弗兰克 · 法里斯(Frank Farris)在他的论文(Farris，1998)中推广了这种方法。图 8 中的例子显示了

$$f(z)=(z-1)/(z^2+z+1)、f(z)=\sin z \text{ 和 } f(z)=e^{1/z}$$

的定义域着色表示。

由于定义域着色的编码方式与 $f(z)$的值一一对应，因此这些图像使得所描述的函数的恢复成为可能——至少在理论上是这样的。然而，在实践中，通常很

图 8 $f(z)=(z-1)/(z^2+z+1)$、$f(z)=\sin z$ 和 $f(z)=e^{1/z}$ 的定义域着色

难清楚地看到细节。在某些情况下,完全丢弃函数模可能更好。这就引出了相位图(phase plot)的概念,它们是相位 $f/|f|$ 在 f 定义域上的颜色编码表示[有关更多详细信息,请参阅(Wegert, 2012; Wegert 和 Semmler, 2011)]。此外,还有一个名为《复数之美》的年历,提供每个月的相位图,可以从其主页 http://www.math calendar.net/上获得。

可以很容易地验证,除了一个正常数因子,全纯(更一般地说,亚纯)函数由它们的相位唯一确定,因此(原则上)所有基本信息都可以从相位图重建。为了揭示隐藏的结构,可以合并其他信息。图 9 说明了这种增强版相位图的构建。第一步,在 w 平面中定义突出显示特殊特征的标准配色方案(下行)。第二步,

图 9 不同版本的相位图(上行)作为下图的拉回

f 定义域中的每个点 z 都被分配了与 w 平面中的值 $f(z)$ 相同的颜色(上行)。最左边的列对应于普通相位图;第二列具有 $|f|$ 的阴影轮廓线,第三列突出了一些相位恒定不变线;最右边的相位图配有共形镶嵌。最后一种配色方案结合了传统定义域着色和网格表示的优点。

零点和极点的位置可以很容易地在相位图中看到:这些是所有颜色相交的点,每种颜色出现的次数表明了零点和极点的阶。零点和极点可以通过其邻域中颜色的排列方向来区分。图 10 显示了一些例子。

图 10 相位图中零点(上行)和极点(下行)的外观

除了零点和极点之外,至少还有第三类点对函数的结构分析有相同的重要性:驻点,即其导数 f' 为零的点。不是 f 的零点的驻点被称为鞍点,这个名称受到它们在解析景观图中出现的样子的启发。在普通相位图中,很难定位鞍点。由于函数值在这些点的邻域中几乎是常数,因此相位图在这里几乎是单色的,无法显示太多细节(图 18)。一种更清楚地描绘它们的方法是增强具有恒定相位的线条。事实上,如果 z_0 是 k 阶鞍点(即 z_0 是 f' 的 k 重根),则 z_0 正好是 $k+1$ 条此类等色线的交点。图 11 中描绘的函数从左向右依次具有 1、2、3 和 8 阶的鞍点。在这些图像中,一些突出显示的等色线穿过 z_0(这是例外而不是常规)。图 12 中的四张图片分别显示了在共形镶嵌的增强版相位图中阶数分别为 1、2、3 和 8 的鞍点的典型外观。虽然几乎不可能计算这些图片中有多少条等色线相交,但鞍点的阶数可以从大型特殊镶嵌图块的顶点数来确定：具有 $4k+4$ 个顶点的图块包含一个阶为 k 的鞍点(或几个阶数总和为 k 的鞍点)。

图 11　阶数为 1、2、3 和 8 的鞍点作为等色线的交点

图 12　位于特殊图块中的阶数为 1、2、3 和 8 的鞍点

设 T 是亚纯函数 f 的增强版相位图的镶嵌图块，该图由 w 平面的(标准)极性共形镶嵌构造而成[图 9(右)]。那么，如果 T 的闭包不包含 f 的零点、极点或鞍点，则称 T 是正则的。每个正则图块都是正方形的(单值)共形图像，其顶点对应于正方形的角。

虽然所有正则图块都共形等价于(单位正方形)，但对于特殊的图块来说并非如此。此外，这些图块具有一些内在对称性，这取决于鞍点 z_0 的位置。如图 13 所示。下行的正方形嵌入到(笛卡尔)棋盘格中。上行显示了由全纯函数生成的特殊图块 T 的一些原型，这些全纯函数在 T 内部或其边界上具有单个驻点 z_0。红点表示驻点 z_0(上行)和驻点函数值 $f(z_0)$(下行)的位置。请注意，第三列和第四列的构造涉及几个(两个或四个)正方形。

当正方形图块细分为四个三角形时，会显示出更微妙的对称性，这些三角形的颜色分别为红色、黄色、绿色和蓝色，如图 14 所示。如图 13 所示，通过 $w=f(z)$ 将下行图像拉回以构造上行图像。

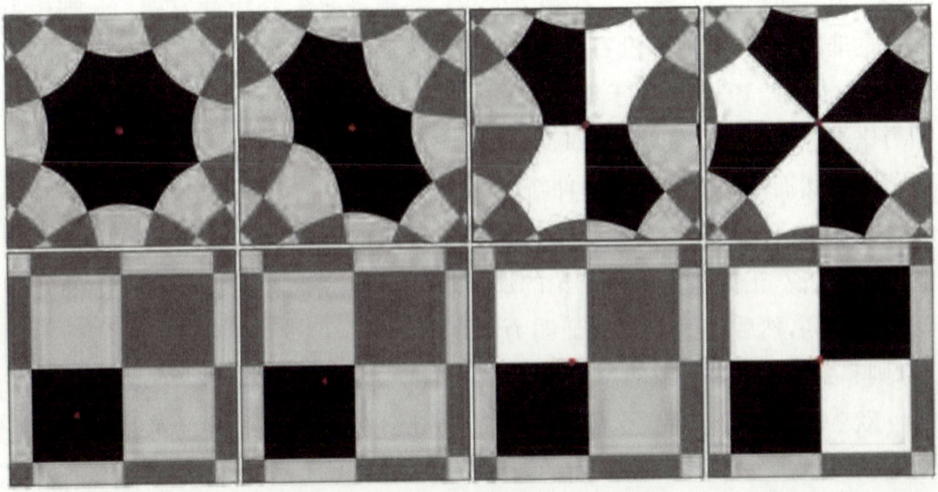

图 13　一些特殊图块的原型(以黑色显示)

图 14　驻点附近图块细分所产生的对称性

双曲几何

用来证明平行公设的一种策略是用它的否定来代替它，然后寻找矛盾。卡尔·弗里德里希·高斯首先意识到这种探索是徒劳的，事实上，有一种几何满足前四个欧几里得公设,并否定了第五公设。尽管高斯在 1816 年发展了一种相当先进的非欧几何,但他并没有发表这一理论,而是偶尔在私人信件中发表评论(详见 Stäckel, 1933)。关于现在被称为双曲几何的第一批出版物是由尼古拉·伊万诺维奇·罗巴切夫斯基(Lobachevsky, 1829)和亚诺斯·鲍耶(Bolyai, 1832)完成的。然而,即使在后来,这种新的、违反直觉的几何学是否包含矛盾,仍然是一个悬而未决的问题。这些疑虑可以通过提供双曲几何的欧几里得模型来消除;也就是说,正如引言中所讨论的那样,直线和点等术语与欧氏几何中的某些对象相关联,然后这些对象被证明为满足公理的。因此,如果欧氏几何是一致的,则非欧几何也是一致的。

欧亨尼奥·贝尔特拉米(Eugenio Beltrami)在 1868 年描述的第一个模型是伪球面模型,它只代表双曲平面的一部分,因此不再进一步讨论。同年,贝尔特拉米首次描述了庞加莱和克莱因模型,甚至是 n 维模型(Milnor, 1982)。在二维中,最方便的方法是使用球面投影来引入这些模型,如图 15 所示。

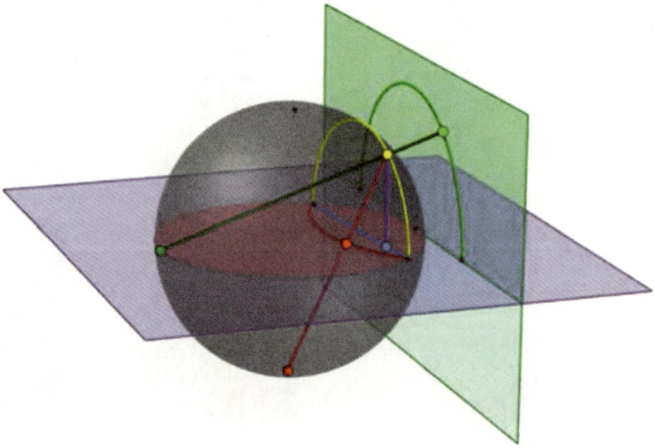

图 15　半球面模型、克莱因模型和庞加莱模型的同构

1. 半球面模型的点是严格位于 R^3 中单位球面上半部分的点;线是与赤道正交的半圆。在图 15 中,这样的一条线用黄色表示。可以很容易地验证每对不同的点恰好确定一条经过它们的线。此外,对于给定线 L 和不在 L 上的点 P,存在无穷多条通过 P 的线不与 L 相交,因此该几何形状不满足普莱费尔公理。

2. 庞加莱圆盘模型是由半球面模型通过从南极出发到赤道平面的球面投影而得到的。这里的点与开单位圆盘 D 中的点一致,线要么是与单位圆正交的开弧，要么是开直径。在图 15 中，庞加莱模型中的点和线用红色表示。

图 16(左)显示了庞加莱模型中的几条双曲线。同样，通过 D 中的两个不同的点，正好有一条(双曲线)线。单位圆上的端点(不是直线的一部分)称为理想点。因此，终止于同一理想点的两条不同的线是平行的，因为它们在 D 中没有公共点。这将它们与超平行线区分开来，超平行线甚至不会趋向共同的理想点。图 16 还说明了违反普莱费尔公理的事实。

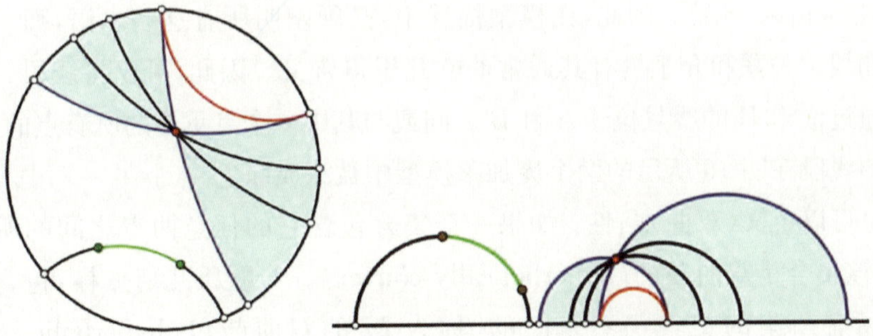

图 16 庞加莱圆盘模型和半平面模型中的线

3. 将半球正交投影到赤道平面中会产生克莱因模型(Klein model)、凯莱-克莱因模型(Cayley - Klein model)或贝尔特拉米-克莱因模型(Beltrami - Klein model)。它的点是开单位盘中的点，它的线是连接单位盘边界上的理想点的开线段。在图 15 中用蓝色表示了这样的一条(双曲)线。将刚刚引入的两个映射复合会产生庞加莱模型和克莱因模型之间的同构。它在复坐标系中的显式形式是

$$F(z)=\frac{2z}{1+|z|^2}。\tag{1}$$

有关克莱因模型的更多详细信息，读者可以参考文献(Baldus, 1944)和(Greenberg, 2007)。

4. 如图 15 所示，如果从黎曼球面赤道上的一点投影到在其对跖点处与球面相切的平面，该模型位于半平面中，通常与上半平面 $H=\{x+iy: y>0\}$ 一致。得到庞加莱半平面模型，其中的线要么是开半圆，要么是与实线正交的开射线；见图 16(右)。初步考虑还显示了将两个庞加莱模型直接关联起来的映射。这样的映射原来就是凯莱变换(Cayley transform)，一种特殊的莫比乌斯变换，它

将 D 映射到 H 上：

$$F(z)=\mathrm{i}\,\frac{1-z}{1+z}, \tag{2}$$

例如，文献(Anderson，2005)中的论述就是基于庞加莱半平面模型。

希尔伯特的平面几何公理只引入了五个未定义或原始的术语，假定了它们应该具有的属性。这些术语是“点”“线”“关联(incidence)”“介于(betweenness)”和“全等(congruence)”。因此，在模型描述中，必须阐明所有这些术语，而不仅仅是点和线。关联和介于具有其通常的欧几里得含义。因此，可以将线段 $\overline{AB}$ 定义为通过 A 和 B 的线且位于 A 和 B 之间或与其中一个点重合的所有点的集合。这样的线段在图 16 所示的两个庞加莱模型中被涂成绿色。

也可以定义(双曲)凸性：如果一个集合包含它的任意两点之间的所有线段，则该集合是双曲凸的(hyperbolically convex)。与欧氏几何一样，包含集合 M 的所有凸集的交集仍然是凸的，称为 M 的双曲凸包(hyperbolic convex hull)。

庞加莱模型中线段的长度和全等的概念更加微妙，因为它必须与希尔伯特公理相容。为此，我们定义 D 中 z 和 w 之间的双曲距离为

$$d(z,\ w)=\log\frac{1+\rho(z,\ w)}{1-\rho(z,\ w)},\quad \text{其中}\ \rho(z,\ w)=\left|\frac{z-w}{1-\bar{w}z}\right|。 \tag{3}$$

函数 ρ 被称为伪双曲距离(pseudo-hyperbolic distance)。

这个公式有一个有趣的结果：如果 z 是固定的，w 趋向于单位圆盘的边界，那么它们的距离将趋向于无穷大。换句话说，庞加莱圆盘是无界的，理想点与圆盘内点之间的距离是无限的。如果 z 和 w 的欧几里得距离保持不变，而它们都趋向于 ∂D，则它们的双曲距离趋向于无穷大。反过来也有效：双曲平面中一个固定大小的物体向单位圆盘的边界移动(不是双曲圆盘的边界)，对于欧几里得平面中的观察者来说变得越来越小。

庞加莱圆盘模型和莫比乌斯映射(2)的共形性意味着庞加莱半平面模型也是共形的。另一方面，转移映射(transition map)(1)不是共形的。因此，克莱因模型中两条线之间角度的双曲大小不等于其欧几里得大小。

最后一个相关的概念是等距(isometry)，即双曲平面的自映射，使线段的长度和角度不变。等距在复合运算下形成一个作用于双曲平面的群。在庞加莱圆

盘模型中，有两种类型的等距：单位圆盘的共形自映射，它们是特殊的莫比乌斯变换，可以写成如下形式

$$b(z)=c\,\frac{z-z_0}{1-\bar{z}_0 z}, \tag{4}$$

其中 $|c|=1$, $z_0\in D$, D 的反共形自映射可以写成复合映射 $b(\bar{z})$。回想一下，$z\to\bar{z}$ 是关于实数轴的反射变换，它改变了定向。形如(4)的函数称为布拉施克因子(Blaschke factor)。

在复平面中考虑时，b 在 $1/\overline{z_0}$ 处有一个极点，如图 17 左图所示。中间的图像显示了布拉施克因子。D 的自映射是一个双曲平移(hyperbolic translation)；也就是说，有一条线在 b 作用下不变(就是图的中间和右边图像中带有白点的黑线)。

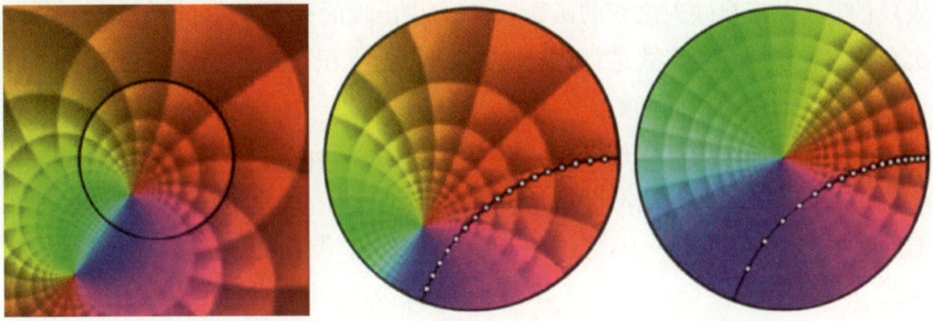

图 17 圆盘的共形自映射(左图和中间图是定义域，右图是像)

布拉施克积

n 次复多项式 p 的形式为 $p(z)=a_n z^n+\cdots+a_1 z+a_0$，复系数为 a_0, …, a_n，其中 $a_n\neq 0$。根据代数基本定理，对于任何 $w\in C$，方程 $p(z)=w$ 正好有 n 个解，重根按阶数计算。由于 p 也是全纯的，我们可以说多项式是 C 的自映射，它将 C 映射到自身的 n 重覆盖上。鉴于 $\lim_{|z|\to\infty}|p(z)|=\infty$，通过定义 $p(\infty):=\infty$ 多项式可以连续延拓到黎曼球面。回想一下映射 $z\longmapsto 1/z$ 将 0 和 ∞ 互换，甚至可以谈论 ∞ 的阶数，将其定义为解析函数 $z\longmapsto 1/p(1/z)$ 的零点

的阶数,并且很容易看出这个阶数等于 n。因此,多项式也是 n 阶黎曼球面的自映射。(应该注意的是,它们不是唯一的。)

n 阶单位圆盘的自映射是什么？答案是它们正是函数

$$B(z)=c\prod_{k=1}^{n}\frac{z-z_k}{1-\bar{z}_k z},\tag{5}$$

其中 $|c|=1$ 和 $z_1, \cdots, z_n\in D$。这些函数称为布拉施克积或 n 次双曲多项式。布拉施克积与多项式有许多共同的性质。根据代数基本定理,n 次多项式可以分解为:

$$p(z)=c(z-z_1)\cdots(z-z_n),$$

其中 $z_1, \cdots, z_n\in C$ 是它的零点,每个零点都根据其阶数重复计算。回想一下 C 的共形自映射是 $z\longmapsto az+b$ 这样的形式,因此,n 次多项式正是那些可以写成 C 的 n 个共形自映射之积的函数。将(4)中出现的 D 的共形自映射与(5)中 n 次布拉施克积的一般形式进行比较,发现布拉施克积正是那些可以写为 D 的 n 个共形自映射的乘积的函数。

n 次多项式 p 的导数是 $n-1$ 次多项式,因此有 $n-1$ 个根,称为 p 的驻点。n 次布拉施克积 B 的导数不再是布拉施克积,但它有 $n-1$ 个驻点(当然,包括可能的重根)。如果 $\zeta_1, \cdots\cdots, \zeta_{n-1}\in C$ 是给定的点,要构造以这些点为驻点的多项式 p ,很明显,$p'(z)=a(z-\zeta_1)\cdots(z-\zeta_{n-1})$,其中 $a\neq 0$ 且为任意的非零常数,因此

$$p(z)=\int p'(z)\mathrm{d}z=a\int(z-\zeta_1)\cdots(z-\zeta_{n-1})\mathrm{d}z+b;$$

也就是说,p 存在并且是唯一确定的,若与平面 C 的共形自映射 $z\rightarrow az+b$ 进行后复合(post-composition),得到的多项式与之等价。双曲多项式的类似性质是由海因斯首先证明的非平凡结论:给定 D 中的 $n-1$ 个点,存在一个 n 次布拉施克积 B 以这些点作为驻点,参见文献(Heins, 1962, 1986)。函数 B 在 D 的共形自映射的后复合的意义下是唯一的。塞姆莱尔和韦格特在文献(Semmler 和 Wegert, 2019)中使用电荷配置平衡给出了一个简单的证明。有关此主题的进一步的参考资料,请参阅文献(Kraus 和 Roth, 2008, 2013)和(Garcia et al., 2018,第 6 章)。

布拉施克积最自然地存在于庞加莱圆盘模型中,因为它们具有共形特性。

以下的沃尔什定理证明了这一点，它是著名的高斯-卢卡斯定理(Gauss - Lucas theorem)的双曲对应版本(Walsh, 1950, 1952)。高斯-卢卡斯定理指出，任何复多项式的驻点都位于其零点的凸包中。沃尔什定理说，双曲多项式(即布拉施克积)在 D 中的驻点位于其零点的双曲凸包中[有关另一种证明，请参阅(Wegert, 2011)]。

在图 18 左图中，给出了布拉施克积的 10 个零点(黑点)，以及它们的双曲凸包和 D 中布拉施克积的驻点(灰点)。

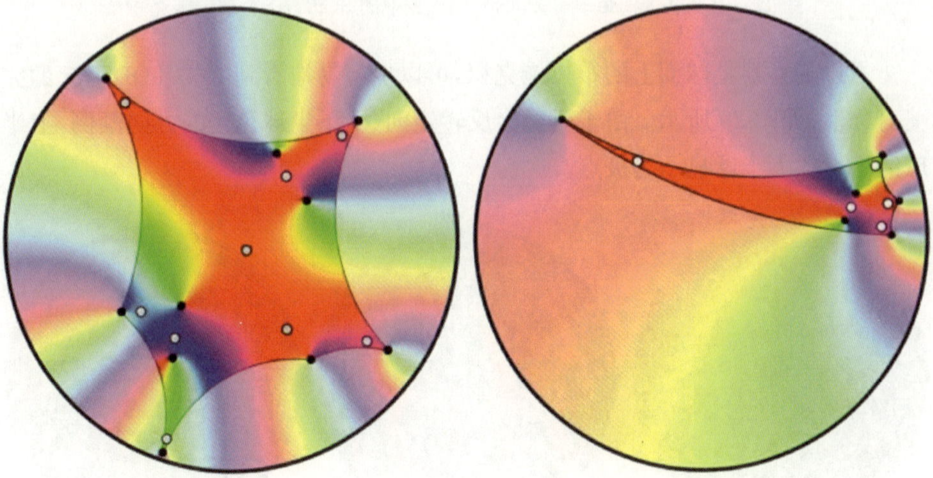

图 18 关于布拉施克积驻点位置的沃尔什定理

事实上，根据公式(5)，不仅可以在单位圆盘中，还可以在黎曼球面上定义布拉施克积 B。在这种情况下，B 是一个将黎曼球面映射到自身上的有理函数。更准确地说，上半球、下半球和赤道分别映射到自身的 n 重覆盖上。特别是 n 次布拉施克积将 D 映射到自身，映射了 n 次，它用严格单调的方式使单位圆围绕其自身，绕了 n 次。

布拉施克积 B 也显示出一些很好的对称性：点 $1/\bar{z}$ 是 z 关于单位圆的反射，在点 $1/\bar{z}$ 处的函数值 $B(1/\bar{z})$ 是 $B(z)$ 关于单位圆的反射

$$B(1/\bar{z}) = 1/\overline{B(z)},\ z \in C \tag{6}$$

其导致的结果就是 B 在单位圆内的零点 z_k 对应着 B 在单位圆盘外的反射点 $1/\overline{z_k}$ 处的极点。如图 19 所示。(并非所有极点都可以看到，因为 z 被限制在正方形 $|\operatorname{Re} z| \leqslant 2$, $|\operatorname{Im} z| \leqslant 2$ 中。)

图 19 在正方形 $|\mathrm{Re}\, z|\leqslant 2$, $|\mathrm{Im}\, z|\leqslant 2$ 中的 3、20、70 次布拉施克积

通过观察黎曼球面上的布拉施克积,可以更容易地看到由关系(6)引起的完美对称性,如图 20 所示。由于反射会反转定向,上下半球色谱的方向颠倒,上半球的零点在下半球显示为极点。

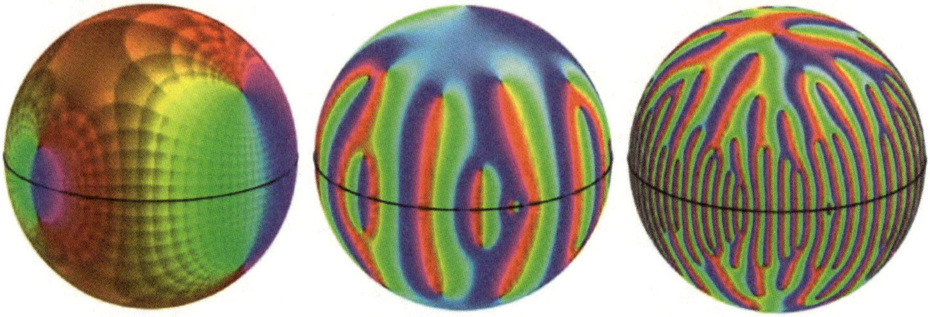

图 20 在黎曼球面上的 3、20、70 次布拉施克积

这个简短的讨论说明了布拉施克积和多项式之间的惊人的相似,证明了双曲多项式这个名字的合理性。有关这方面的更实质性的结果可以在文献(Ng 和 Tsang, 2013)中找到。

布拉施克积与欧几里得平面中的椭圆

回想一下,上一节中,n 次布拉施克积将单位圆 ∂D 绕其自身包裹 n 次。因此,给定任意一种颜色,相位图中的单位圆上正好有 n 个点具有这种颜色;换句话说,这些点被映射到相同的 $\lambda \in D$。现在用这些点作为顶点绘制凸 n 边形。

在图 21 中，此过程在左图中应用一次，然后在右图中重复应用，围绕单位圆移动 λ。当这种情况发生时，获得的 n 边形包络在单位圆盘中产生一条闭曲线。布拉施克积的相位图似乎没有明显的对称性，但曲线呢？曲线可以由一种很好的方式描述吗？它是否具有对称性？如果是，这些对称性说明了布拉施克积的某些性质吗？

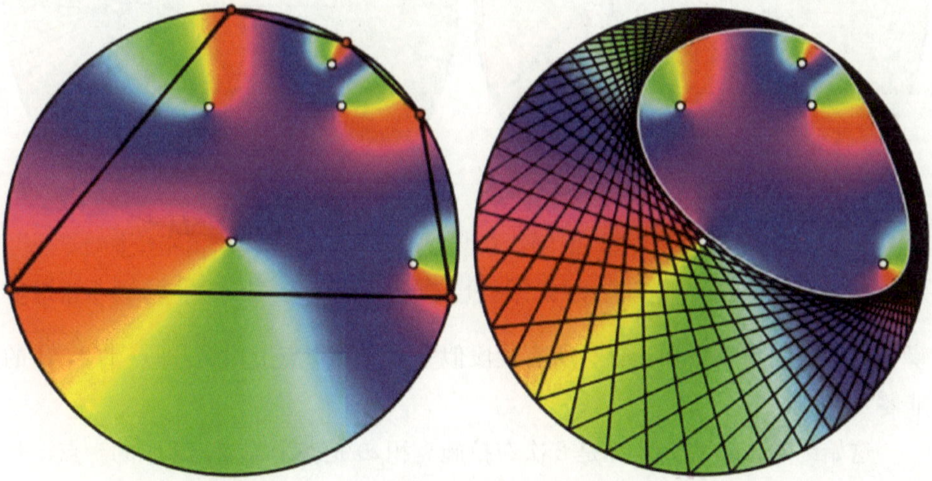

图 21　具有内接多边形的 5 次布拉施克积

为了形成布拉施克曲线，使用线段将单位圆上相邻的相同颜色的点连接起来。这些线段的包络线产生一条曲线。图 21 中显示的曲线是从 5 次布拉施克积得到的，也许正如预期的那样，它没有任何明显的对称性。这里假设 $B(0)=0$。如果不是这种情况，可以选择将 $B(0)$ 映射到 0 的布拉施克因子 M，然后考虑由 $B_1=M\circ B$ 定义的布拉施克积。现在 B_1 和 B 的幂次相同，$B_1(0)=0$，从 B_1 得到的曲线与从 B 得到的曲线相同。但有一件事情令人惊讶：布拉施克积的四个非零零点（不在中心的白点）位于曲线内。不难证明，如果 $B(0)=B(a)=0$ 且 $a\neq 0$，那么对于每个 $\lambda\in\partial D$，点 a 位于使得 $B(z)=\lambda$ 的点 z 的凸包中，参见（Gorkin et al.，1994，命题 4.8）。

考虑布拉施克积 $B(z)=\mathrm{i}z(z-1/2)/(1-z/2)$。在图 22 的图像中，单位圆上有两个红点，它们是满足 $B(z_1)=B(z_2)=1$ 的两个点 z_1 和 z_2。连接这两点的结果是左边的图像。

继续用线段连接圆上相同颜色的两个点；在这个过程中，会发生意想不到的

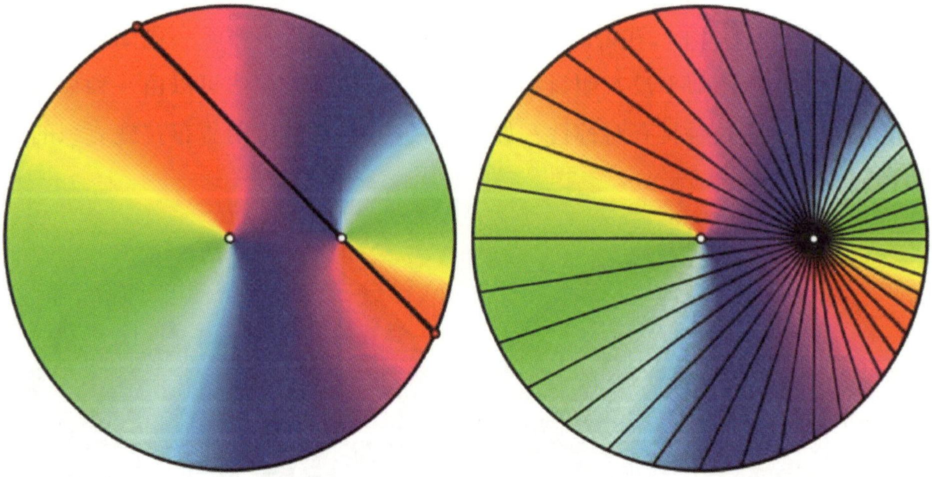

图 22　2 次布拉施克积的值相同的单位圆上的点之间的线段

事情。观察图 22 右边的图像,所有线段似乎都在一个点上相交,即点 1/2, B 的非零零点。

这始终是正确的:设 B 是 2 次布拉施克积,0 是一个零点,D 中的一点 a 是另外一个零点,考虑连接两点 $z_{1,\lambda}$ 和 $z_{2,\lambda}$ 的线段,其中 $B(z_{1,\lambda})=B(z_{2,\lambda})=\lambda$。则对于单位圆上的所有 λ,这些线段将通过点 a。在这种最简单的情况下,包络曲线将退化为一个点。虽然这可能被认为是一个对称的对象,但它并不是一个非常有趣的对象。现在一个显而易见的问题是:如果 B 有零点 0、a 和 b,并将单位圆上对应于相同的 B 值的点相连起来,会发生什么呢?

从最简单的 3 次布拉施克积开始,即 $B(z)=z^3$。如图 23 所示,B 值相等的点均匀地分布在单位圆上,相邻两点之间的距离是一样的,由此可知,从此过程得到的曲线是一个圆,一条完全对称的曲线。事实上,对 $|c|=1$ 且正整数 $n \geqslant 3$,任何形式的布拉施克积 cz^n 都将与以原点为中心的圆相关联。n 越大,圆的半径越大。图 23 右图对此进行了说明。

现在考虑 3 次布拉施克积具有非零零点的情况。例如,假设两个零点是 $a=0.8-0.1\mathrm{i}$ 和 $b=0.5+0.5\mathrm{i}$。

在图 24 中,把由 B 映射到点 1 的三个点连接起来,得到一个三角形,如左图所示。在右图中,形成了 20 个这样的三角形。和以前一样,a 和 b 位于所有三角形内。但这里似乎还有更多的规律。

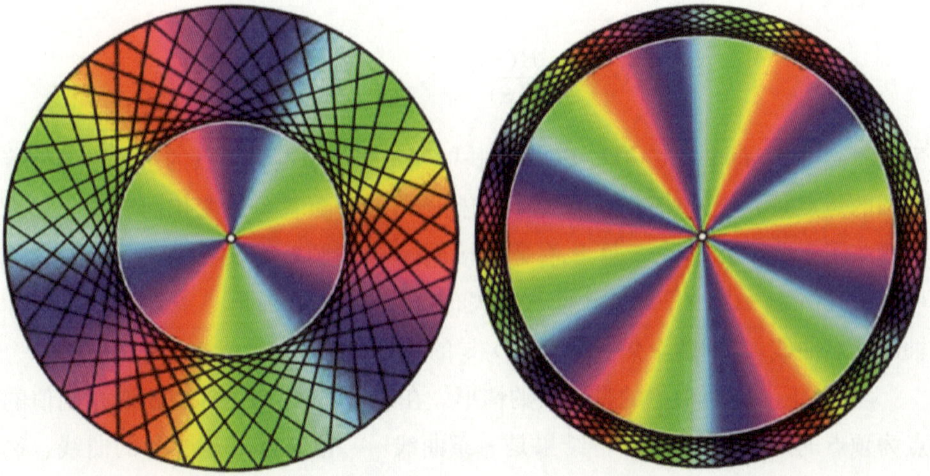

图 23 与 $B_1(z)=z^3$ 和 $B_2(z)=z^6$ 相关的圆

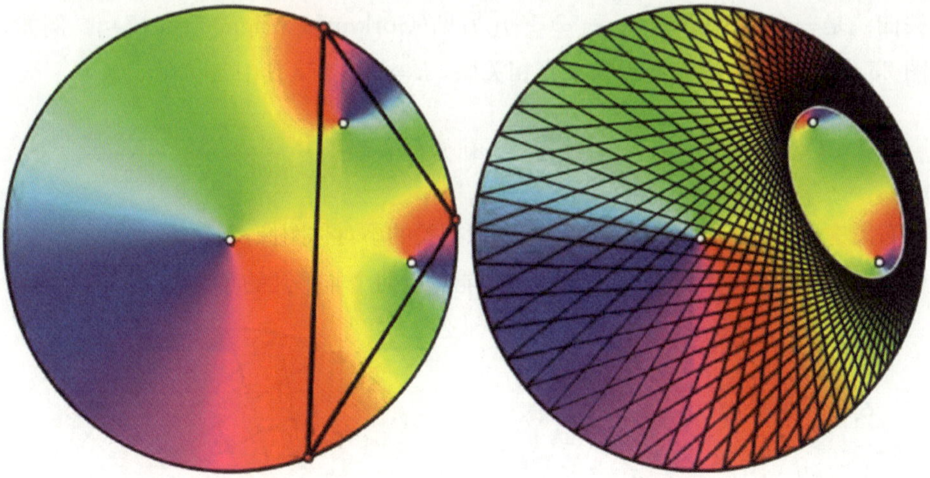

图 24 3 次布拉施克积

事实上，似乎每个三角形都外接一个椭圆，椭圆的焦点位于 B 的这两个零点上。一个经典定理解释了为什么会有这样的结果：西贝克定理(Siebeck's theorem)说，给定三个非共线点 z_1、z_2 和 z_3，函数

$$F(z)=\frac{m_1}{z-z_1}+\frac{m_2}{z-z_2}+\frac{m_3}{z-z_3}, \text{其中 } m_1, m_2, m_3>0$$

的零点是内切于由 z_1、z_2 和 z_3 形成的三角形的椭圆的焦点。将西贝克定理应

用于函数

$$F_{\lambda}(z)=\frac{B(z)/z}{B(z)-\lambda}, \quad \lambda \in \partial D,$$

可以看到,对于每个 $\lambda \in \partial D$,以由 B 映射到 λ 的三个点为顶点的三角形的外接椭圆的焦点是 $B(z)/z$ 的零点。但这些椭圆可能会随着 λ 的变化而变化。那么问题来了:为什么这些三角形总是外接同一个椭圆?有关答案,请参阅文献(Daepp et al., 2002, 2018)。对于 3 次布拉施克积,结果是一条具有两个对称轴的著名曲线,它的两个焦点是 $B(z)/z$ 的零点。

当然,下一个要考虑的是 4 次的情形。在这里,当以布拉施克积取相同值的点为顶点的凸四边形形成时,结果是一条曲线——但通常不是熟悉的曲线。然而,有一个非常特殊的情况,会出现一些对称性:根据藤村(Fujimura)的一个定理,当且仅当布拉施克积是两个 2 次布拉施克积的复合时,4 次布拉施克积的相关曲线是一个椭圆(Fujimura, 2013)[另见(Gorkin 和 Wagner, 2017)]。例如,图 25 的左图与布拉施克积的复合相关联,$B=D\circ C$,其中

$$C(z)=z\,\frac{z-(0.2-0.5\mathrm{i})}{1-(0.2+0.5\mathrm{i})z} \text{ 和 } D(z)=z\,\frac{z-(0.5+0.3\mathrm{i})}{1-(0.5-0.3\mathrm{i})z}$$

在右图中,出现了一张与 4 次布拉施克积相关的不对称图像,勾勒出一个明显的非椭圆形,藤村的结果表明,布拉施克积不能写成两个非平凡的布拉施克积的复合。

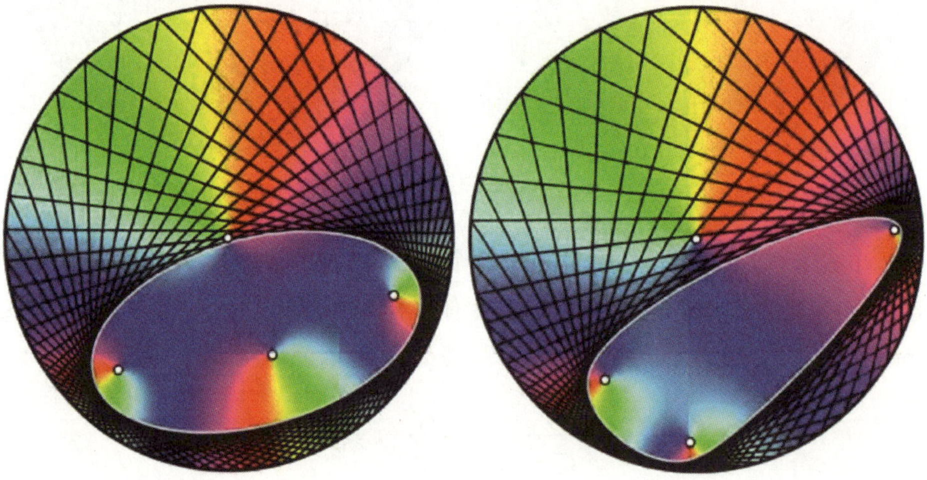

图 25 与 4 次布拉施克积相关的曲线

布拉施克积与庞加莱圆盘模型中的椭圆

到目前为止，重点一直放在连接布拉施克积 B 取相同的值所对应的点的线段的包络上。但是布拉施克积是双曲多项式，因此从双曲几何的角度来看待它是很自然的。特别是，当上一节的欧几里得线被庞加莱圆盘模型中的双曲线替代时，会发生什么？

我们再次从最简单的情况开始，即 2 次布拉施克积 B。单位圆上 B 值相同的理想点现在由庞加莱圆盘模型的双曲线相连接。这些线都相交于一点，但这次它们在 B 的驻点相交（图 26）。在欧几里得模型中，当 $B(0)=0$ 时，可以使用布拉施克因子来移动点，以便将零映射到零。在双曲情况下，不必要求 $B(0)=0$，因为驻点在布拉施克因子的复合下是不变的。

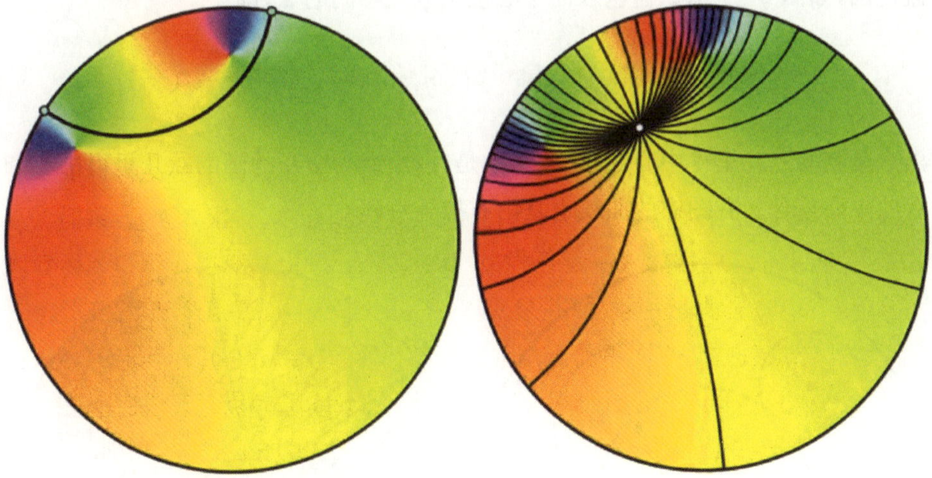

图 26　由 2 次布拉施克积确定的理想点的双曲线

在题为“双曲几何”一节中引入了庞加莱圆盘模型的距离公式(3)。鉴于这个公式，有理由问中心为 $a \in D$ 的双曲圆是什么样的。答案是它是满足 $d(z, a)=r$ 的点 z 的集合，对于 $r>0$ 的常数——这与欧几里得的情形是一样的，但使用不同的距离函数。由于 $d(z, a)=r$ 当且仅当 $\rho(z, a)=s$ 对于某个满足 $0<s<1$ 的 s 成立，因此中心为 a 和 ρ-半径为 s 的双曲圆是

$$D_\rho(a, s) := \{z : \rho(z, a) = s\}。$$

如果 $a = 0$，那么(读者应该检验)以零点为中心且半径为 r 的双曲圆也是一个以零点为中心且欧几里得半径为 s 的欧几里得圆，其中 $s = (e^r - 1)/(e^r + 1)$。一般来说，这样的事情是正确的：考虑 $D_\rho(a, s)$ 和由下式定义的布拉施克因子

$$M_a(z) = \frac{z - a}{1 - \bar{a}z},$$

它将 A 映射到 0。由于 M_a 保留双曲圆和距离，因此 M_a 将圆 $C_\rho(a, s)$ 映射到圆 $C_\rho(0, s)$。但是 M_a 也保留了欧几里得圆，M_a^{-1} 也是如此。于是，$C_\rho(a, s) = M_a^{-1}(C_\rho(0, s))$ 也是一个欧几里得圆。因此，双曲圆也是欧几里得圆(反之亦然)，尽管中心和半径通常不同。中心和半径的公式可以在文献(Garnett，1981)中找到。以黑色单位圆为界的庞加莱圆盘模型，带有五个双曲半径为 1 的蓝色圆，如图 27 所示。蓝色双曲中心位于五个不同的点，即

$$\left(1 - \frac{1}{2^n}\right) e^{(2n-1)\pi i/4}, \; n = 0, \cdots, 4。$$

黑点是圆的欧几里得中心，应该注意的是，以原点为中心的圆的欧几里得中心和双曲中心重合。右图中的曲线也是由布拉施克积

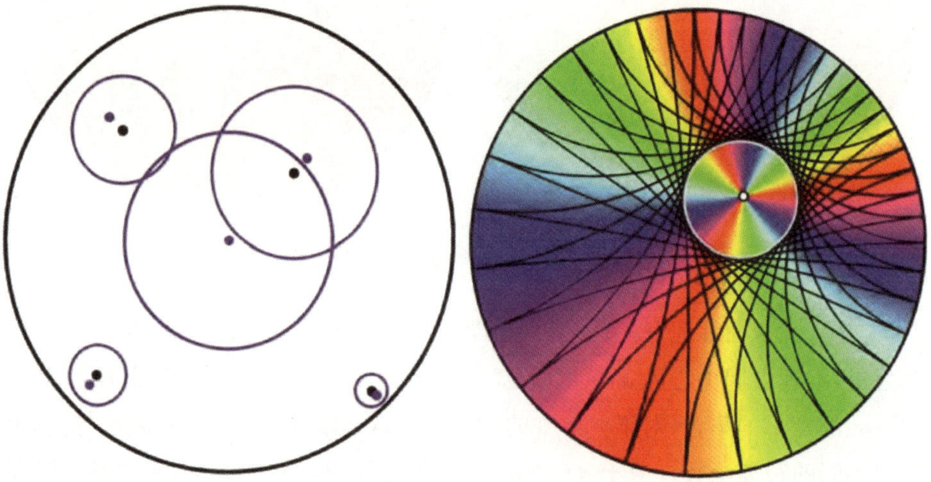

图 27　庞加莱圆盘模型中的圆

$$B(z)=\left[\frac{z-(1+\mathrm{i})/5}{1-z(1-\mathrm{i})/5}\right]^3$$

产生的双曲圆。

在上一节中，重点是椭圆(欧几里得椭圆)。是时候再次考虑椭圆了，不过这次是双曲情形。双曲椭圆是到两个固定点 a_1 和 a_2 的距离之和等于常数的点的集合。虽然这听起来很熟悉，但现在关键在于这距离是指双曲距离。

回想一下，庞加莱圆盘模型中的线由单位圆内的圆弧(测地线)表示，这些圆弧在其交点处与圆正交。在欧几里得模型中，从在零点处为 0 的 3 次布拉施克积开始，连接使其取值相等的点，得到的三角形外接一个椭圆。现在考虑它的双曲版本：将使 3 次布拉施克积(不一定在 0 处为 0)取值相同的三个点与测地线连接起来，形成三条平行线。结果有趣吗？确实如此。在图 28 的左图中，使 3 次布拉施克积取值相同的理想点由三条平行线相连接。在右图中，当对单位圆上的其他点重复该过程时，这些线会形成一条包络曲线。

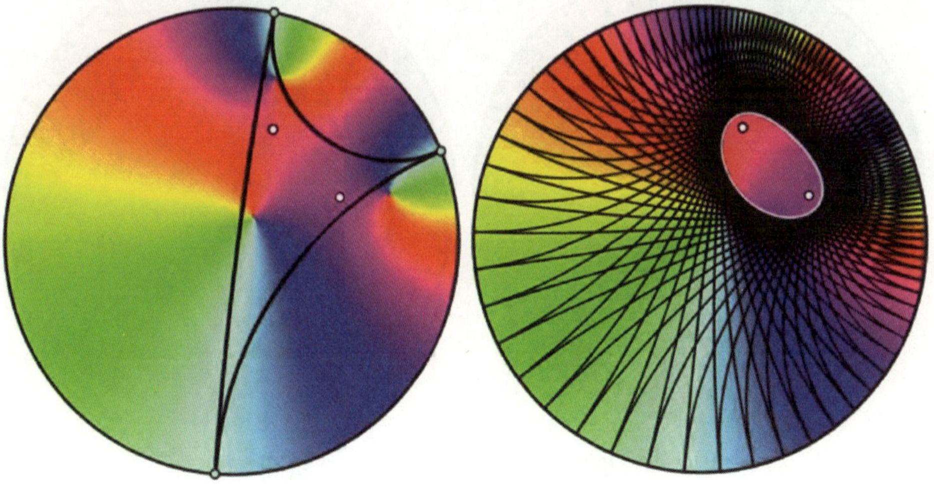

图 28 庞加莱圆盘模型中 3 次布拉施克积

事实上，辛格(Singer)证明了，如果 γ 表示的是将 D 中 n 次布拉施克积 B 取值相同的点连接起来的非欧几里得测地线的包络线，那么 γ 是代数曲线的一部分，其中 D 中的实焦点是 B 在 D 中的驻点(包括它们相对于 D 的逆)，参考文献(Singer，2006)。如果布拉施克积是 3 次，则曲线 γ 为非欧几里得椭圆，几何焦点为 D 中的两个代数焦点，它是 B 在 D 中的两个驻点。

因此,图 28 中右图的曲线是一个双曲椭圆,图中标记了焦点。我们的眼睛经过欧氏几何的训练,不再能够识别这条曲线的对称性,因为距离函数似乎"扭曲"了;因此,要理解这一点,有必要扩展对于椭圆的传统视角(即欧几里得视角)。

我们现在对图 27 右图的圆有了更好的理解。与这个布拉施克积相关的曲线是一个双曲椭圆,但两个驻点重合,因此椭圆成为双曲圆。然而,如上所述,这也是一个欧几里得圆。在图中可能很难看到,但布拉施克积的零点也是驻点,并不在这个圆的欧几里得中心。它是就庞加莱圆盘模型而言的圆的中心。

图 29 显示了分别对应于 4 次和 7 次布拉施克积的曲线。这些不再是椭圆,但是位于庞加莱圆盘中的布拉施克积的驻点是这些曲线的实焦点。圆盘外还有另一条曲线和其他驻点;这些点之间的关系是,外面的点是内部点关于单位圆的对称点。

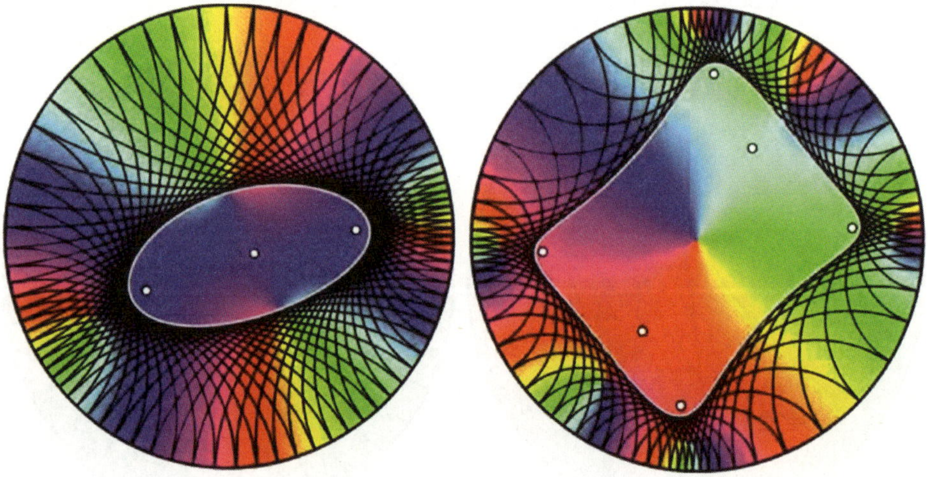

图 29 庞加莱模型中与 4 次和 7 次布拉施克积相关的曲线

布拉施克积的复合

本节将演示可视化如何为数学对象的代数结构提供新的洞见。例如,这种结构产生于自然数的因式分解,它是内容丰富的数论领域的源泉。与此相反,通常意义上的布拉施克积的分解是微不足道的。然而,还有另一种代数运算引起了许多具有挑战性的问题——这是两个函数 f 和 g 的复合 $g \circ f$，由 $(g \circ f)(z) := g(f(z))$ 定义。可以很容易地验证，次数分别是 m 和 n 的布拉施克积 f 和 g 的复合 $B = g \circ f$ 是 mn 次布拉施克积，因此复合是对(有限)布拉施克积的类的运算。

与整数乘法类似，计算复合很容易——但要确定给定函数是否为复合，并将其分解为其“因子”却是一项不平凡的任务。人们对这个问题非常感兴趣：多项式方面的突破出现在文献(Ritt，1922)中。有关布拉施克积复合问题的历史的简要说明，读者可以参考文献(Cowen，2012)。下面将详细描述解决这个问题的一种方法。另外一种不同但相关的方法，请参阅文献(Chalendar et al.，2018)。

图 30 显示了两种布拉施克积的增强版相位图。知道一个是复合，另一个不是，就不难猜出哪个是哪个：复合应该比任意函数具有更复杂的结构——耐心地查看相位图，会发现左图是更好的选择。

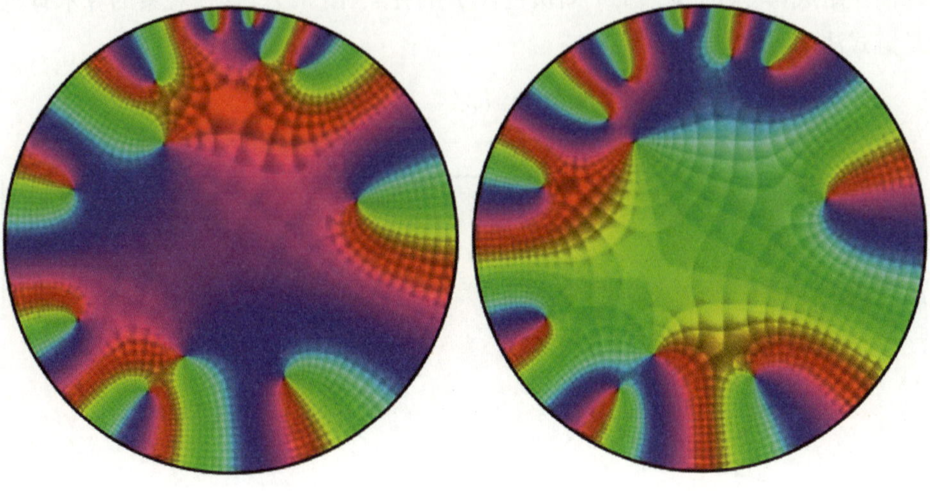

图 30　这两个相位图中的哪一个代表布拉施克积的复合?

事实上，相关结构被编码在具有多于 4 个角的特殊镶嵌图块中(参见“看见复变函数”一节)。原因在图 31 中进行了解释，它说明了两个布拉施克积的复合。从右侧的标准极坐标模式开始，中间 g 的相位图是通过映射 g 的拉回。g 的 $n-1$ 个驻点位于异常图块中。左侧 $g \circ f$ 的相位图是中间图像通过 f 的拉回。它的特殊图块有不同的来源：第一种类型的图块包含 f 的驻点——它们是中间相位图规则图块的原像——而第二种类型的图块是作为 g 的相位图中特殊图块的拉回而生成的。由于 f 的图像是圆盘的 m 重覆盖,因此后面的每个图块都被复制 m 次。

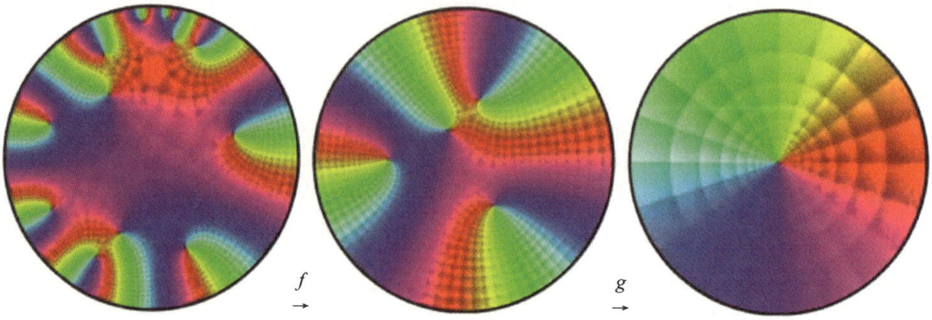

图 31 复合 $g \circ f$ 相位图的构造,从右到左读取

因此,$g \circ f$ 相位图中的特殊图块形成 $n-1$ 个群,每个群由 m 个共形等价的图块组成,其余的 $m-1$ 个图块包含 f 的驻点(图 32)。这一观察的算术背景是链式法则

$$(g \circ f)' = (g' \circ f) \cdot f'。$$

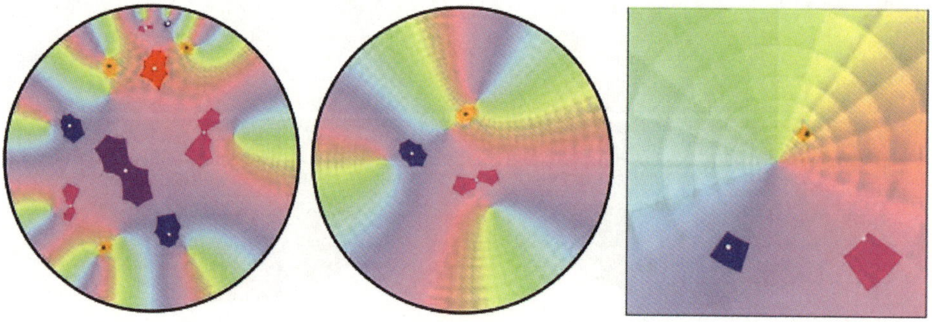

图 32 从 z 平面的图块生成 g 和 $g \circ f$ 相位图中的关键图块

上面的解释有些简化,如果 f 或 g 有多个驻点,或者它们的驻点和驻点的函数值位于特殊位置,则必须修改。计算细节会产生以下分解结果。

有限布拉施克积 B 可分解为次数分别为 $m \geqslant 2$ 和 $n \geqslant 2$ 的布拉施克积 f 和 g 的复合 $B = g \circ f$,当且仅当 B 的驻点可以划分为多重集①A_0, A_1, …, A_{n-1}

① 与集合相比,多重集可以包含重复的元素。

使得：

（ⅰ）集合 A_0 包含 $m-1$ 个元素，每个集合 A_1，…，A_{n-1} 包含 m 个元素。

（ⅱ）B 的两个驻点具有相同的阶数，只要它们属于同一集合 A_k，其中 $k=1$，…，$n-1$。

（ⅲ）设 f_0 是(一个，然后是任意的) m 次布拉施克积，具有驻点集合 A_0。则 f_0 在每个 A_k 上是常数，对于 $k=1$，…，$n-1$。

如果满足这些条件，则 B 可以分解为 $B=g_0 \circ f_0$，并且这种分解的一般形式为

$$B=(g_0 \circ h^{-1}) \circ (h \circ f_0)$$

对于某个共形圆盘自同构 h，参考文献(Daepp et al.，2015)。

在许多情况下，确定集合 A_1，…，A_{n-1} 的候选者相当容易：如果 $B=g_0 \circ f_0$ 且 f_0 满足条件(iii)，则 B 在每个集合上也一定是常数，例如 $B(z)=c_k$，其中所有 $z \in A_k$。通常，B 的这些 $n-1$ 个驻点 c_k 是不同的，并且 B 在 f_0 的驻点处所取的驻点值也是不同的。因此，将驻点拆分为集合 A_k 的方法依据的是这些点处的 B 所取的值。然而，人们应该意识到，这种拆分的存在是一个必要条件，它本身并不能保证 B 是可分解的。此外，还存在(例外)情况，B 在不属于 A_k 的驻点也达到驻点值 c_k，例如，在 $A_j \neq A_k$ 中的点或 f_0 的驻点。例如，如果 g 本身是一个复合，就会发生这种情况。

对第三个关键条件的检验依赖于海因斯定理，即 m 次布拉施克积 f_0——其规定集合 A_0 在 D 中有 $m-1$ 个(不一定是不同的)驻点——的存在性和唯一性(参见“布拉施克积”一节)。这个结果的算法非常具有挑战性，但在目前的情况下，可以通过以下方式规避：由于(任何固定幂次的)布拉施克积的集合(任何不变的幂次都可)在圆盘共形自同构 h 的前复合和后复合的操作下是不变的，因此可以假设 $B(0)=0$，然后用 $B=(g \circ h^{-1}) \circ (h \circ f)=g_0 \circ f_0$ 替换(可能的)复合 $B=g \circ f$，同样有 $f_0(0)=0$。这意味着 $g_0(0)=0$。因此，如果在点 $z_0 \in D$ 处 $f_0(z_0)=0$，则 $B(z_0)=0$。因此，f_0 必须是 B 的部分积，只需要针对此类所有 f_0 检验第三个准则(iii)。

这些观察背后的主导性原理是一种隐藏的对称性，这种对称性是布拉施克积复合所固有的，可以从其增强版的相位图中读出。这种对称性在图 33 中可以得到可视化。这说明了属于同一集合 A_k 的 $B=g \circ f$ 的驻点(参见分解结果)在

某种意义上是关于 f 的驻点对称的。这些对称性出现的原因在图 34 中变得合理,显示了 $g \circ f$ (左)和 g (右)的"极坐标棋盘图"。黄色和紫色的特殊图块包含 f 的 $m-1=2$ 个驻点。其中每一个都属于一条彩色链,该链将该图块的对边与圆盘的边界连接起来。这两个链将磁盘分成 $m=3$ 个子域 S_1, S_2, S_3, f 将每个子域都映射到 D (一个副本)上(如右图所示)。这些映射是单射,但边界链的(彩色)图块除外,两个对称图块具有相同的像。特殊(黄色和紫色)图块被映射到右图中(黄色和紫色)链的相应终端图块(双重覆盖物)上。

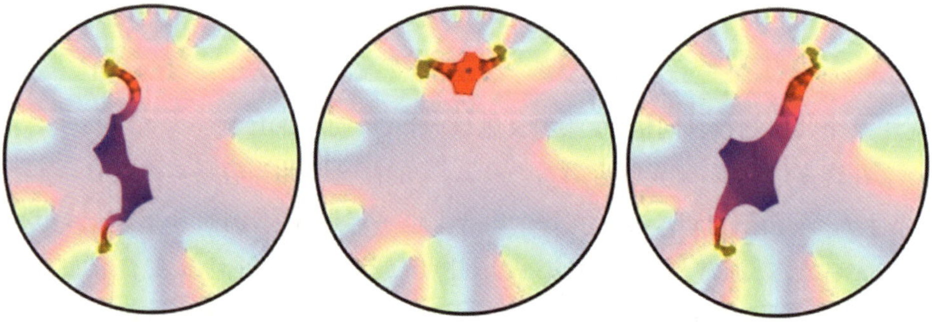

图 33　复合相位图中一些隐藏的对称性

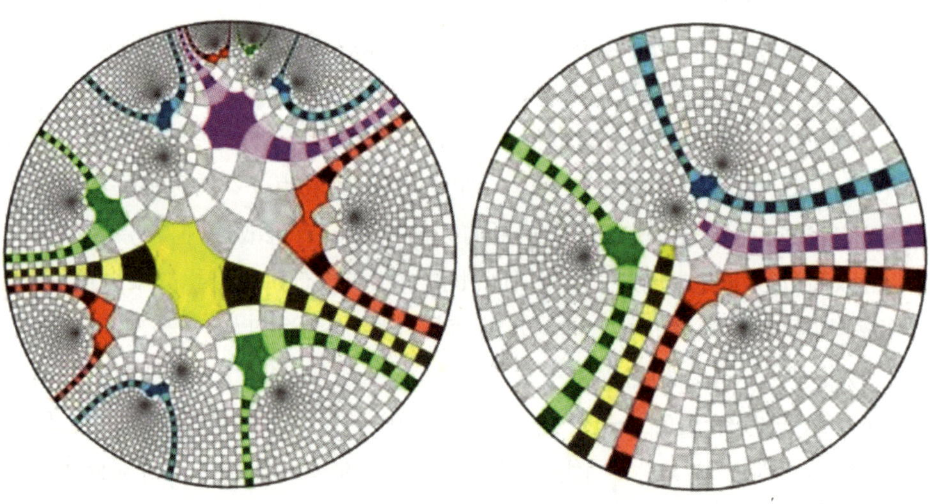

图 34　布拉施克积的离散共形分析揭示的对称性

每个子域 S_j 都包含 $n-1=2$ 个特殊图块(红色、绿色、蓝色),它们是映射 f 下的棋盘图 g 中(相应颜色的)驻点图块的原像。最后,驻点的每个集合 A_1, …,

A_{n-1} 在分解结果中都恰好由每个子域 S_j 中的一个成员表示。相应特殊图块的颜色表示其驻点所属的集合。

极坐标棋盘图也有利于找到相关的对称性，如图 35 所示。该图显示了几条关于 f 驻点对称的图块链(包含在黄色和紫色特殊图块中)，并分别连接与同一集合 A_1，A_2，A_3 相关联的特殊图块(红色、绿色和蓝色)。如果在某种程度的离散化中不存在这种对称性，那么布拉施克积就是不可分解的。从理论上讲，只要能够准确地检验这些对称性，它也可以反过来起作用。这需要两个方面：其一是找到连接特殊图块的适当对称路径，其二是检验相连的驻点图块是否共形等价。第一步基本上是计数练习，但第二步是不切实际的。另一方面，如果布拉施克积不是复合的，则始终可以通过选择足够精细的离散棋盘图来进行检测。

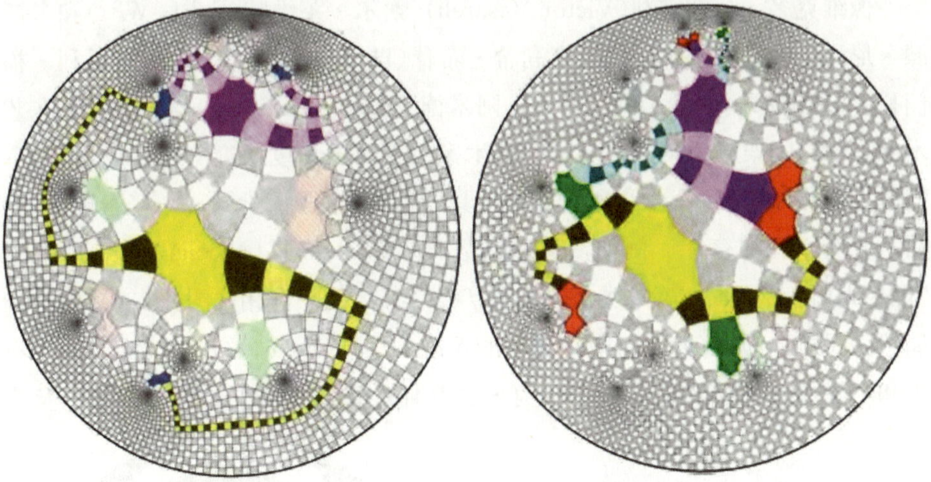

图 35　连接与集合 A_1（左)和 A_2（右)相关联的图块的对称路径

结论

本章的目标是展示如何在不依赖于公式的情况下，通过可视化来理解数学理论的概念和结果。事实上，许多数学家认为他们的研究是一种发现，他们的研究对象的可视化可能成为灵感的源泉。美和对称性往往是这类探索的指导原则。虽然美关乎个人品味、经验和惯例，但对称的概念具有精确的数学含义，得到了群论语言的正式表达,并远远超越了对这一概念的普遍解释。

几个世纪以来,在视觉艺术中,美是接受艺术品的主要标准。特别是在文艺复兴时期,强大的构图规则往往基于的是对称性和数学原理,像莱昂纳多·达·芬奇或阿尔布雷希特·丢勒这样的天才艺术家对数学做出了重要贡献。

在 20 世纪,艺术必须是美的这一基本范式被抛弃了,艺术被赋予了新的角色,成为探索自然、现实和社会的人类项目的一部分。在卡斯滕·尼科莱(Carsten Nicolai)的展览"统一展示(unidisplay)"的目录的序言中,伊娃·赫滕劳赫(Eva Huttenlauch)写道:"艺术已成为一种思维范畴而不是观赏范畴……"参考文献(Huttenlauch, 2013: 13)。随着艺术家的目标的扩大,数学和艺术之间的界限开始变得模糊。

像维克多·瓦萨雷利(Victor Vasareli)、索尔·莱维特(Sol LeWitt)和卡斯滕·尼科莱这样的艺术家以及亨利希·希什(Heinrich Heesch)、阿纳托利·福门科(Anatoly Fomenko)和艾萨克·阿米德罗(Isaac Amidror)等科学家正在艺术和数学之间架起桥梁。数学家和艺术家从相反的角度研究一个主题,强调不同的方面,并使用每个学科所特有的工具,有时似乎会探索同一个普遍现象,表明了普遍原理的存在。例如,"莫尔指数(moiré index)"(Nicolai, 2010b)中的"恒星光栅 MI-RG-090"类似于函数 $f(z)=e^{1/z}$ 的黑白相位图(图 36),这绝非偶然。同样,对尼科莱的网格和镶嵌的系统列表(Nicolai, 2010a)(特别是半规则和不规则的网格和镶嵌)与弗兰克·法里斯的壁纸图案(Farris, 2015)以及艾

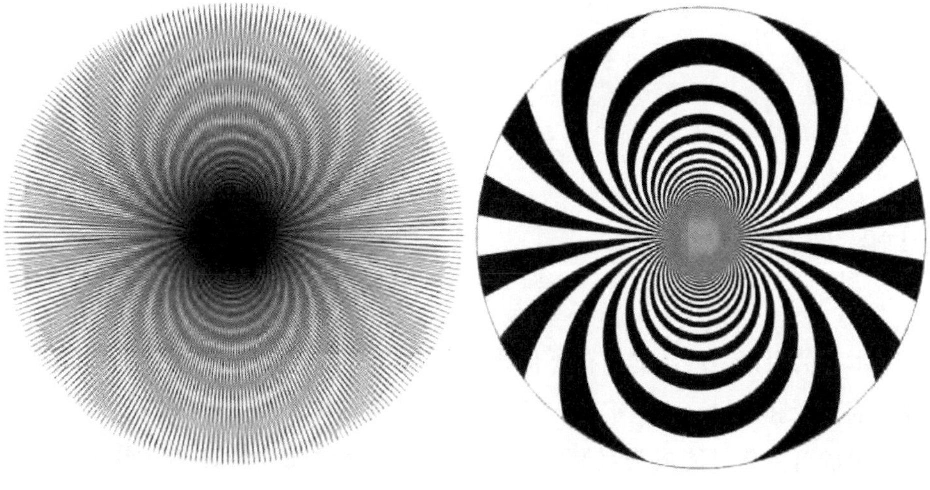

图 36 卡斯滕·尼科莱的恒星光栅 MI-RG-090 和 $f(z)=e^{1/z}$ 的图

萨克・阿米德罗的摩尔纹图案理论基础(Amidror，2007，2009)进行比较研究也是很有意思的。

可视化对艺术和数学来说都是很重要的。对于前者来说,这是由来已久的传统。对于后者来说,这一传统集中出现在几何学的子领域。然而,计算机图形学的进步也为数学的其他分支开辟了新的可能性。在本章中,正是复分析领域受益于它的对象的可视化表示。在许多数学学科中,可视化传统才刚刚开始。

致谢　自2018年8月以来,帕梅拉・戈尔金一直担任美国国家科学基金会(NSF)数学科学部的项目主任,作为该职位的一部分,她得到了美国国家科学基金会的研究支持,本文的工作也包括在该项目中。本文所表达的任何意见、结果、结论或建议均为作者的观点,并不代表美国国家科学基金会的观点。

参考文献

Amidror I (2007) The theory of the Moiré Phenomenon: Volume Ⅱ: Aperiodic Layers. Springer, Dordrecht

Amidror I (2009) The theory of the Moiré Phenomenon: Volume Ⅰ: Periodic Layers. Springer, London

Anderson JW (2005) Hyperbolic geometry. Springer undergraduate mathematics series, 2nd edn. Springer, London

Arnold DN, Rogness J (2008) Möbius transformations revealed. Notices Am Math Soc 55(10): 1226 - 1231

Baldus R (1944) Nichteuklidische Geometrie: hyperbolische Geometrie der Ebene, 2nd edn. Sammlung Göschen, De Gruyter

Chalendar I, Gorkin P, Partington JR, Ross WT (2018) Clark measures and a theorem of Ritt. Math Scand 122(2): 277 - 298. https://doi.org/10.7146/math.scand.a-104444

Cowen CC (2012) Finite Blaschke products as compositions of other finite Blaschke products. arXiv: 1207.4010

Daepp U, Gorkin P, Mortini R (2002) Ellipses and finite Blaschke products. Am Math Mon 109(9): 785 - 795. https://doi.org/10.2307/3072367

Daepp U, Gorkin P, Shaffer A, Sokolowsky B, Voss K (2015) Decomposing finite Blaschke products. J Math Anal Appl 426(2): 1201 - 1216. https://doi.org/10.1016/j.jmaa.2015.01.039

Daepp U, Gorkin P, Shaffer A, Voss K (2018) Finding Ellipses: What Blaschke Products, Poncelet's Theorem, and the Numerical Range Know about Each Other.

The Carus mathematical monographs, No. 34. The Mathematical Association of America/American Mathematical Association, Providence Euclid (1956) The thirteen books of Euclid's Elements translated from the text of Heiberg. Vol.
Ⅰ: Introduction and Books Ⅰ, Ⅱ. Vol. Ⅱ: Books Ⅲ-Ⅸ. Vol. Ⅲ: Books Ⅹ-ⅩⅢ and Appendix.
Dover Publications, Inc., New York, translated with introduction and commentary by Thomas L. Heath, 2nd edn
Farris FA (1998) Reviews: Visual Complex Analysis. Am Math Mont 105(6): 570-576. https://doi. org/10.2307/2589427
Farris FA (2015) Creating symmetry: The Artful Mathematics of Wallpaper Patterns. Princeton University Press, Princeton. https://doi.org/10.1515/9781400865673
Fujimura M (2013) Inscribed ellipses and Blaschke products. Comput Methods Funct Theory 13(4): 557-573. https://doi.org/10.1007/s40315-013-0037-8 78 U. Daepp et al.
Garcia SR, Mashreghi J, Ross WT (2018) Finite Blaschke products and their connections. Springer, Cham. https://doi.org/10.1007/978-3-319-78247-8
Garnett JB (1981) Bounded analytic functions, Pure and Applied Mathematics, vol 96. Academic Press, Inc. [Harcourt Brace Jovanovich, Publishers], New York/London
Gorkin P, Wagner N (2017) Ellipses and compositions of finite Blaschke products. J Math Anal Appl 445(2): 1354-1366. https://doi.org/10.1016/j.jmaa.2016.01.067
Gorkin P, Laroco L, Mortini R, Rupp R (1994) Composition of inner functions. Results Math 25(3-4): 252-269. https://doi.org/10.1007/BF03323410
Greenberg MJ (2007) Euclidean and non-euclidean geometries: development and history, 4th edn. W. H. Freeman, New York
Heins M (1962) On a class of conformal metrics. Nagoya Math J 21: 1-60
Heins M (1986) Some characterizations of finite Blaschke products of positive degree. J Analyse Math 46: 162-166. https://doi.org/10.1007/BF02796581
Huttenlauch E (2013) Art as an explanatory model of universal complexity: on Carsten Nicolai's unidisplay, in: Carsten Nicolai, unidisplay, pp 9-13 (80), Gestalten, Berlin
Jahnke E, Emde F (1909) Funktionentafeln mit Formeln und Kurven. Mathematisch-physikalische Schriften für Ingenieure und Studierende, B.G. Teubner, Leipzig und Berlin
Kraus D, Roth O (2008) Critical points of inner functions, nonlinear partial differential equations, and an extension of Liouville's theorem. J Lond Math Soc (2) 77(1): 183-202. https://doi.org/10.1112/jlms/jdm095
Kraus D, Roth O (2013) Critical points, the Gauss curvature equation and Blaschke products. In: Blaschke products and their applications. Fields institute communications, vol 65,

Springer, New York, pp 133 – 157. https://doi.org/10.1007/978 – 1 – 4614 – 5341 – 3_7

Milnor J (1982) Hyperbolic geometry: the first 150 years. Bull Am Math Soc 6(1): 9 – 24

Ng TW, Tsang CY (2013) Polynomials versus finite Blaschke products. In: Blaschke products and their applications. Fields institute communications, vol 65. Springer, New York, pp 249 – 273.https://doi.org/10.1007/978-1-4614-5341-3_14

Nicolai C (2010a) Grid Index. Die Gestalten Verlag, Berlin

Nicolai C (2010b) Moiré Index. Die Gestalten Verlag, Berlin

Ritt JF (1922) Prime and composite polynomials. Trans Am Math Soc 23(1): 51 – 66. https://doi.org/10.2307/1988911

Semmler G, Wegert E (2019) Finite Blaschke products with prescribed critical points, Stieltjes polynomials, and moment problems. Anal Math Phys 9(1): 221 – 249. https://doi.org/10.1007/s13324-017-0193-5

Singer DA (2006) The location of critical points of finite Blaschke products. Conform Geom Dyn 10: 117 – 124. https://doi.org/10.1090/S1088-4173-06-00145-7

Stäckel P (1933) Gauß als Geometer. In: Carl Friedrich Gauß Werke Band X. 2 Abhandlungen über Gauss' wissenschaftliche Tätigkeit auf den Gebieten der reinen Mathematik und Mechanik. Springer Berlin

Walsh JL (1950) The location of critical points of analytic and harmonic functions. Colloquium Publications, vol 34. American Mathematical Society

Walsh JL (1952) Note on the location of zeros of extremal polynomials in the non-euclidean plane. Acad Serbe Sci, Publ Inst Math 4: 157 – 160

Wegert E (2011) Phase diagrams of meromorphic functions. Comput Methods Funct Theory 10(2): 639 – 661

Wegert E (2012) Visual complex functions: An Introduction with Phase Portraits. Birkhäuser/Springer Basel AG, Basel. https://doi.org/10.1007/978-3-0348-0180-5

Wegert E, Semmler G (2011) Phase plots of complex functions: a journey in illustration. Notices Am Math Soc 58(6): 768 – 780

4

透过玻璃看

安娜丽莎·克兰内尔

目录

摘要

顾名思义，射影几何允许我们将三维世界投射到二维画布上。透视射影通常包括被称为消失点(vanishing point)的对象，它们是射影理想点(ideal point)的图像；这些点的几何形状通常允许我们创建图像或者从现有图像重建场景。我们举一个特别的例子，说明如何用一对消失点来定位艺术家卡纳莱托在圣马可广场描绘钟楼时身处的位置。然而，因为从三维空间到二维平面的映射是不可逆的，我们还可以使用透视和射影技术来创造并分析错觉(例如，变形艺术、不可能的图形、推拉变焦和艾姆斯房间)。通过齐次坐标，可以从构造性(例如，直尺和圆规)射影几何过渡到分析性射影几何，允许我们创建和分析数字透视图像。当今数字图像的普遍存在不禁让我们追问，我们是否可以使用同一物体的两个(或多个)图像来部分或全部重建该物体。这个问题将我们带入到多视图几何(multiple view geometry)、跨射影几何、代数几何和计算机视觉等新兴领域中。

关键词
线性透视；多视图几何；射影几何；变形

引言

本章关注透视艺术，尤其关注射影几何在透视艺术中的作用。大多数人知道透视技术在文艺复兴时期开始蓬勃发展，那个时代的绘画明显变得比以前的艺术更加“现实”或“逼真”。现在我们正经历着一场类似的文艺复兴，尤其是在科技领域（包括动画电影、视频游戏、医学成像等等）。几个世纪前改变我们世界的数学仍然在我们周围蓬勃发展；它在我们看待当今世界的方式上仍然具有相关性和影响力。

“透视”一词来源于中世纪拉丁语词根 per（“穿过”）和 specere（“看”，与“眼镜”一词有相同的词根）。所以这一章的标题是一个有意为之的双关语：就像数学家查尔斯・道奇森（Charles Dodgson）在 1871 年以笔名刘易斯・卡罗尔（Lewis Carroll，1871）所写的书一样，透视艺术实际上是让我们透过窗户看到它所描绘的另外一边的物体。正如卡罗尔的书所暗示的那样，有时我们透过玻璃看到的景象会让我们看到令人惊讶的世界——甚至是奇妙的幻想和魔法。

简史

有一种说法是，射影几何一直是一门与透视艺术发展密切相关，并由此产生的学科。这种说法并不完全符合历史事实。[有关透视艺术历史的比本章更全面的描述，请参阅安德森的优秀著作（Andersen，2006）。]

线性透视的正式引入通常要归功于菲利波・布鲁内莱斯基（Filippo Brunelleschi），他是意大利设计师、建筑师和工程师，生活于 1377—1446 年（参见第 44 章“文艺复兴建筑”）。他的透视演示在很大程度上依赖于几何学，但也依赖于物理设备——他在画布和图片场景之间插入镜子，以验证图像的准确性。布鲁内莱斯基的作品对意大利博学家（建筑师、牧师、艺术家和作家）莱昂・巴蒂斯塔・阿尔贝蒂（Leon Battista Alberti，1404—1472）几乎产生了直接影响。1435 年，阿尔贝蒂出版了他的关于透视的开创性著作《德拉・皮图拉》（*Della pittura*），其影响深远。

两个世纪以来，透视艺术的用场与布鲁内莱斯基和阿尔贝蒂当时给它规定的没什么区别：作为欧氏几何与工程的练习。德国数学家和天文学家约翰·开普勒(Johannes Kepler, 1571—1630)可能是第一个引入“无限远点”射影概念的人。然而，开普勒的动机并非来自透视艺术，而是为了发展统一的二次曲线理论(例如“闭合”抛物线)。

17世纪初期至中期，吉拉德·德萨格(Girard Desargues, 1591—1661)发表了一系列短篇论文，其中一些是关于透视艺术[值得注意的是文献(Desargues, 1987)]的，另一些是关于射影几何的。与布鲁内莱斯基和阿尔贝蒂一样，德萨格也是一位数学家和工程师。一个以他的名字命名至今的定理出现在与他同时代的亚伯拉罕·博斯向其致敬的一部著作(Abraham Bosse, 1648)中。德萨格定理指出：“若一对三角形的对应顶点连线共点，则其对应边之交点必共线。”这个定理确实有着透视艺术方面的解释：图1描绘了一盏灯投射的阴影。在图1中，两个三角形对应的顶点与灯泡(一个点)共线。三角形对应边的交点落在玻璃与地面相交的线上。但尚不清楚该定理是否直接受到类似情况的影响；在博斯的手稿中，德萨格定理的表述与他对德萨格作品的透视描述是分开的；图表和证明都是高度抽象的。

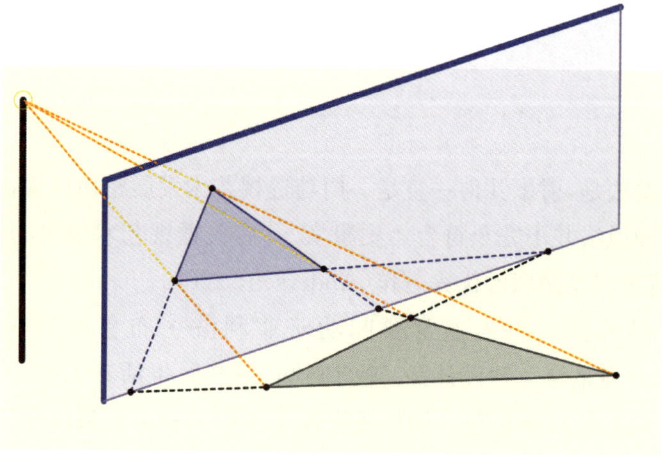

图1 德萨格定理的透视解释

德萨格的工作在随后一段时间里似乎被忽视了，这可能是因为与他同时代的勒内·笛卡尔提出的几何代数方法被证明为是更有效的。例如，一个世纪后，艺术家卡纳莱托(我们将在“相机在哪里?”一节中再次谈到它)用暗箱相机而不是用几何学来进行创作。在海峡对岸,英国数学家布鲁克·泰勒(Brook Taylor,因泰勒级数而闻名)将发表他的著作《线性透视新原理:又名用比以前更通用和更简单的方法在平面上设计各种物体的表现艺术》(*New Principles of Linear Perspective: or the Art of Designing on a Plane the Representations of all sorts of Objects, in a more General and Simple Method than has been done before*)(Taylor,1719)。但是并不像这个英语标题的第一个单词所希望的那样,这本书几乎不是"新的";它几乎完全依赖于欧氏几何(此外,那些常常被描述的内容阅读起来也远非"简单")。

在德萨格引入射影几何两个世纪后,另一个法国工程师和数学家让·维克托·彭赛列(Jean-Victor Poncelet,1788—1867)让射影几何重新焕发生机。最著名的是,彭赛列在两年监禁期间写下了《论图形的射影性质》(*Traité des propriétés projectives des figures*);他在拿破仑对抗俄罗斯帝国的战役中被俘。彭赛列的几何学是公理化和理论化的,没有明确的动机,也没有应用于透视艺术。

在随后的几个世纪里,射影几何呈现出多种形式。离透视艺术最远的也许是有限射影几何这一分支,具有抽象的点和线(如法诺平面,图2)。

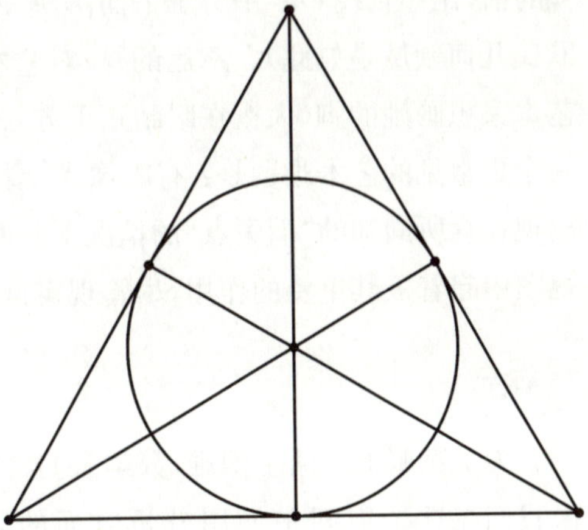

图2　法诺平面包含7个点和7条线,每个点有3条线,每条线有3个点

但事实上,考虑到德萨格和笛卡尔对几何的共同贡献,也就是在解析射影几何领域,最近我们看到了透视图像以及重建那些生成了这些图像的对象的令人兴奋的应用。在接下来的小节中,我们将从"传统"(直尺和圆规)射影几何的透视应用出发,构建这些分析应用。

一个新的数学对象:射影几何点

传统透视艺术假设艺术家用一只眼睛透过窗户或画布看世界。我们称观察者眼睛的位置为射影中心，并用点 O 表示；我们将用希腊字母 ρ 表示图片所在的平面，用符号 X' 表示真实世界的点 X 在画布 ρ 上的像。

还有其他物理设备可以在平面上形成类似的投影。例如，相机有一个镜头或针孔，可以将现实世界中的物体投射到胶片或一组像素上；同样，我们将镜头称为射影中心 O，胶片所在的平面为 ρ，物体及其像分别用 X 和 X' 表示。或者我们可以想象光源在地面上投下阴影；在这种情况下，光源将扮演中心 O 的角色；地面成为像平面 ρ，物体及其阴影为 X 和 X'。

所有这些情况的共同点是点 O、X 和 X' 是共线的，并且 X' 是通过 O 和 X 的直线与平面 ρ 的交点。[用数学符号简单记作 $X'=(OX)\cdot\rho$。]

然而，有时候这个简单的概念会遇到困难。如果点 X 位于一个“尴尬”的地方的话，比如直线 OX 平行于平面 ρ，那么交点 $X'=(OX)\cdot\rho$ 就是空的(至少在欧氏几何领域是如此)。幸运的是，对艺术家来说，这种情况似乎不常出现；如果艺术家想画她的脚(大概在眼睛正下方)，她会倾斜画布而不是让画布保持竖直。一个更常见的艺术难题是：有时像 X' 看起来存在，但物体 X 不存在：这种情况出现在众所周知的“消失点”的情况下。两条铁轨在地平线上相遇的消失点在透视图中起着极其重要的作用，尽管现实世界中没有这样的点。

理想点

为了克服上述两个困难，数学家们将欧氏空间的概念扩展到更大的空间；如果我们在这个空间中使用分析方面的属性，比如坐标，我们称之为“射影空间”[$P^3(R)$]，或者如果我们使用纯几何方面的属性，我们称之为“扩展欧氏空间”(E^3)。这个更大的空间不仅包括 R^3 中所有熟悉的点，还包括称为理想点(有时称为无穷远点)的集。在空间 $P^3(R)$ 和 E^3 上，我们必须改变我们固有的对平行线的观念；尤其是 R^3 中的平行线在 E^3 相交于理想点。我们将在“齐次坐标”一节中进一步探讨 $P^3(R)$；在此之前，本文只需要 E^3 的几何方面的属性。

理想点出自我们所谓的形式定义，这意味着定义本身“形成”一个对象。这种定义不同于仅仅标识存在的对象的定义：我们可以定义 $\sqrt{2}$ 是“具有性质 $x^2=2$ 的正实数 x”。$\sqrt{2}$ 不是形式定义，因为这样的数在 R 中存在。但是理想点的定义创造了新的东西，就像定义虚数 i 是“具有性质 $z^2=-1$ 的数 z”创造了不在 R 中的数一样，从而形成了复平面 C。同样空间 E^3 比 R^3 大，并且具有与 R^3 不同的属性。

特别地，在 E^3 中，每条线和每个平面交于一个点(除非直线在平面上，在这种情况下，它们交于一条线)。这意味着如果中心 O 不在像平面 ρ 上，且 $O \neq X$，则像点 $X' = (OX) \cdot \rho$ 总可以得到明确的定义。

类似地，当且仅当 E^3 中两条线正好相交于一点，它们共面。从这个意义上讲，正如我们上面提到的，"平行"线是共面的，并且相交于理想点。从艺术上讲，作为平行线交点的理想点的存在让我们可以说，如果 X' 是我们的图片中的消失点，那么它所描绘的物体 X 存在，并且是无穷远点。

因为消失点在理解透视图方面起着至关重要的作用，所以这些对象值得更仔细的观察。

消失点

就像当某人是某个孩子或一群孩子的父母时，我们说这个人是"父母"一样，"消失点"总是某条线或一组线的消失点。对图 3 的检查表明，当艺术家在点 O 处以平行于直线 l 的目光进行观察时，它似乎消失了；因此，当且仅当 $OV \parallel l$，点 $V \in \rho$ 是直线 l 的消失点。如上所述，消失点 V 是 l 上的理想点(无穷远点)的像。

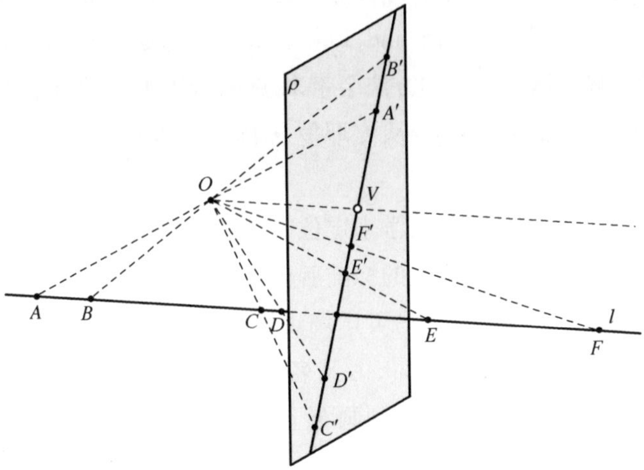

图 3　直线 l 上的点从中心 O 投影到平面 ρ。点 A 和 B 投影到 A' 和 B'，就像镜头在 O 点的照相机一样；点 C 和 D 投影到 C' 和 D'，就像光源在 O 点的阴影一样；点 E 和 F 投影到 E' 和 F'，就像在窗口上绘图一样，O 点像艺术家的眼睛。线 OV 平行 l；我们说 V 是 l 的消失点

因此,如果几条线 l_1, l_2, l_3, …彼此平行,则当且仅当 OV 与它们中的任何一条平行,OV 平行于所有这些直线,因此,线 l_1、l_2、l_3 等都具有相同的消失点。如果线 l_1、l_2、l_3 等彼此平行但不平行于像平面,则 V 是真实(而不是理想)点,因此,它们的像 l'_1、l'_2、l'_3 等不是平行的,而是都在点 V 处相交(例如,就像给我们画出了在地平线上某一点相交的铁轨)。如果这些线彼此平行并且也平行于图像平面,则 OV 同样平行于图像平面,这意味着 V 是理想点,因此像 l'_1、l'_2、l'_3 等都将彼此平行(也平行于原始线)。

注意,消失点的定义意味着对一件艺术品的解读有重要意义。如果我们对一组线有所了解(例如,我们可以推断道路上的线条垂直于画布),并且我们可以在画布上找到这些线的消失点,那么这意味着我们对艺术家的位置 O 有所了解,而我们将在下一节中进一步探讨这个位置。

相机在哪里?

在上一节中,我们说消失点的位置有助于我们确定创作图片的艺术家或相机的位置。在这一部分中,我们探讨这一说法的含义。确定艺术家或相机的位置是大量数学研究的来源[例如,参见文献(Byers and Henle, 2004),(Crannell, 2006),(Futamura and Lehr, 2017),(Robin, 1978)和(Tripp, 1987)]。此外,解决这个问题的方法会带来多种应用,我们将在后面的小节中看到(另见第 26 章,“光影几何学,从皮耶罗·德拉·弗朗西斯卡到詹姆斯·图雷尔”)。

这里我们给出一个使用几何学来定位艺术家原始位置的简单例子:一种使用两个消失点来确定原始观测点的标准后包络计算方法。图 4 显示了一幅画于大约 1730 年的著名旅游景点圣马可广场钟楼的绘画。艺术家乔瓦尼·安东尼奥·卡纳尔(Giovanni Antonio Canal,又名“卡纳莱托”)以其逼真的城市景观而闻名;他经常使用暗箱将图像投射到画布上,用颜料捕捉图像。因此,他的作品为我们提供了透视射影的优秀典范。

在图 4 中,我们可以看到广场上竖直线条的像在卡纳莱托的画布上也是竖直的。同样,钟楼建筑正面的水平线也有水平的像。这告诉我们,卡纳莱托的画布与建筑物的正面平行。我们可以推断,图片中描绘的第三组线条垂直于画布。

图 5 显示,这些线条的像相交于建筑二楼的 V 点,靠近主门口,在画中时钟的下方。

图 4 《圣马可广场钟楼》(卡纳莱托,约 1730 年)

因为这第三组真实世界的线垂直于画布,所以可以看出,卡纳莱托的视线垂直穿过图片中所描绘的点 V ——换句话说,他不是站在地面上,而是站在另一栋建筑的二楼。

但我们可以更具体一些。这张照片还包含一些线索,可以帮助我们推断出他与钟楼的水平距离。广场右侧是一座半圆形拱门建筑。在其中一个拱门周围,我们可以画出一个矩形的像,该矩形的长度是高的两倍。我们通过这个矩形画出对角线的像,其消失点 D 位于 V 的正上方(图 5 和图 6)。因为真实世界的对角线的斜率是 1/2,所以类似三角形的几何属性允许我们推断出观察距离(卡纳莱托到画布的距离)是线段 $\overline{VD}$ 的长度的两倍。假设钟楼高约 70 英尺(基于其相对于图中人物的高度),我们得出钟楼的高度似乎是 $\overline{VD}$ 长度的 35%,因此卡纳莱托距离钟楼大约 200 英尺。

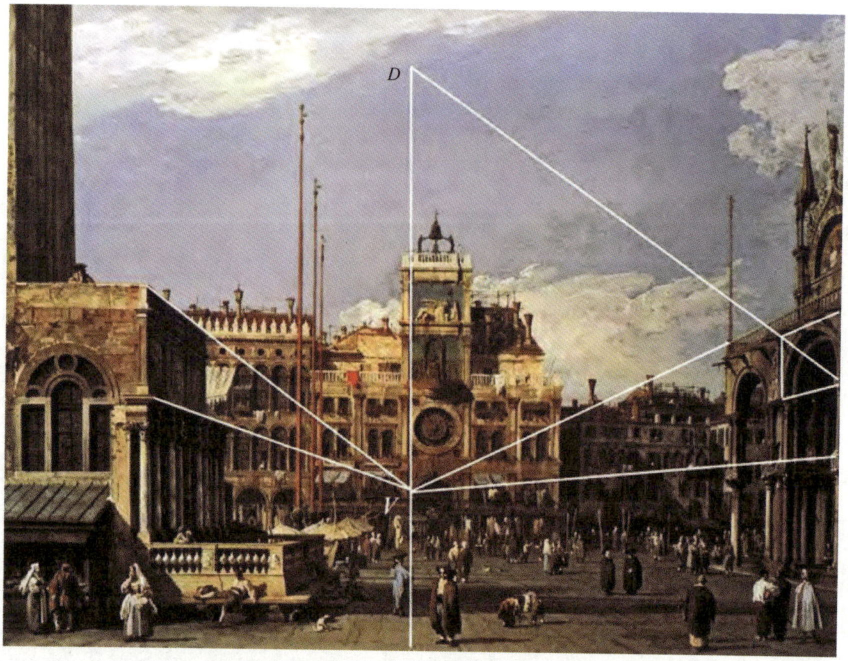

图 5 那些垂直于画布的线的消失点 V 说明卡纳莱托从第二层的位置绘制了这幅画。竖直矩形对角线的消失点 D 位于 V 的正上方

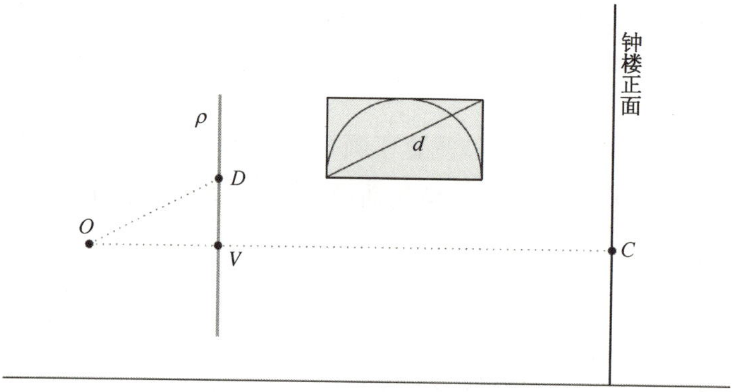

图 6 显示艺术家位置 O 和图片平面 ρ 的侧视图。点 $V\in\rho$ 既是钟楼二楼 C 点的像，也是垂直于图片平面 ρ 的直线的消失点。直线 d 有消失点 $D\in\rho$，因此 $OD/\!/d$；因此，OD 的斜率为 1/2

总之，关于卡纳莱托的世界的一些标准假设(建筑是以直角建造的，拱门是半圆形的，人的高度与现在差不多)使我们能够重建这位艺术家 300 年前创作这幅画时所在的位置。

视距的后果：错觉、失真和变形

了解艺术家的位置不仅仅是一次考察历史的练习；它还可以影响我们看待照片以及照片中明显的失真的方式。几乎每个人都有见到令人惊叹的景色并试图用相机捕捉美景的经历，只是后来才感觉到这张照片没有拍出原始景色的震撼感。通常，问题不在于照片或摄影师的技术，而是图像的尺寸过小，加上观看照片的人距离太远。如果照片更大，或者观看者距离更近，对远景的敬畏感可能会再次出现。

图 7 是一个能说明为什么照片、电影屏幕或透视画的复制品的大小很重要的例子。优秀的透视艺术家通常会将他们的消失点放在远离画面的地方，因为这样做会“减少失真”。在图 7 中，我们调整图片的大小，使消失点在页面上很容易被看到（比如将壮丽的风景合并到一张只有手机或笔记本电脑那么大的照片

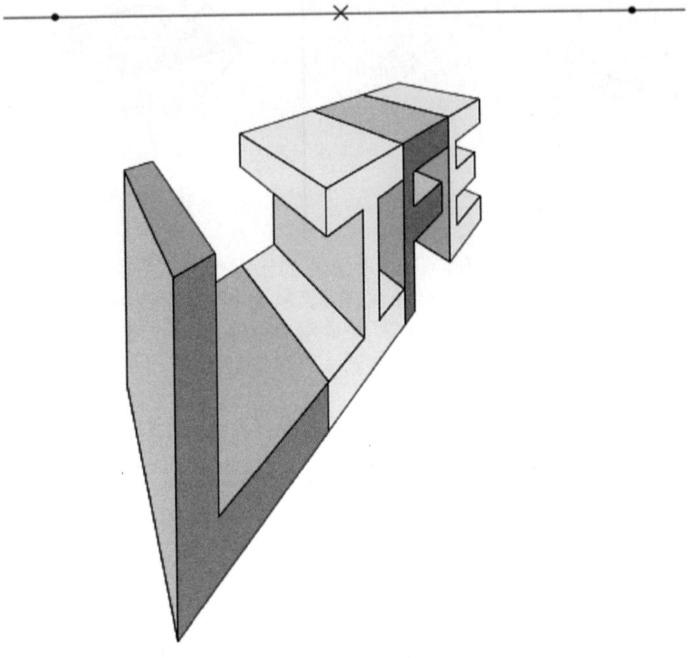

图 7　两点透视图中的“LIFE”，消失点在地平线上。“L”的底角为 48°，但如果你用一只眼睛从水平线上非常接近×的地方看照片，角度看起来是“正确的”；也就是说，它看起来是 90°

中)。请注意,“LIFE”一词似乎高度失真。特别是“L”的底角在图片中的角度是48°,即使这个角应该表示直角。我们可以通过将消失点放得更远,使这个角看起来更像直角。但令人惊讶的是,我们还可以通过使自己移动到更靠近图片的位置,使这个角看起来更像直角。如果观察者靠近这张照片感觉不舒服(特别是,如果一个人用一只眼睛从非常接近地平线上×的位置观看),这个词的角度看起来是正确的,就是90°角。

图 8 解释了当我们的眼睛靠近图片时,它看起来更真实的原因。O_1 处的观察者远离图像——正如本章大多数读者将从舒适的距离观看图 7 中的“LIFE”一样。O_1 处的观察者指向两个消失点的视线构成一个锐角 θ。回想一下,当艺术家通过窗口绘画时,画面中的消失点将位于那些与她绘制的在“真实世界”中的线相平行的视线上。因此,对于 O_1 处的观察者来说,这幅画似乎描绘了一个同样由锐角 θ 构成的物体。

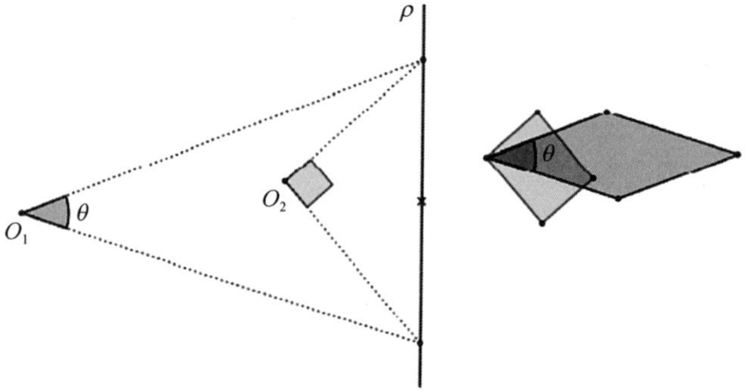

图 8　两名观察者观看图片平面 ρ 的俯视图。从观看者到两个消失点的视线与他们在“真实世界”中看到的物体的直线相平行;因此,O_1 处的观察者看到一个菱形物体,而 O_2 处的观察者则看到一个矩形物体

另一方面,O_2 处的观察者更靠近画面,从 O_2 处到消失点的两条视线是互相垂直的。因此,对于这位观察者来说,这幅画似乎描绘了现实世界中的一个物体,它由同样相互垂直的线所构成。换句话说,假设这幅画描绘的是一个直角物体,较近的观察者看到的是一张“未失真”的图片,然而较远的观察者看到的是失真的图片。

我们的照片之所以没有捕捉到我们在记忆中所看到的东西,不是因为相机搞砸了,而是因为我们从很远的地方观看很小的照片。放大照片或靠近照片去观察将恢复深度错觉。

推拉变焦

电影摄影师通过改变观看距离，有效营造独特的氛围。图 9 显示了其中最有效和最常见的一种：一种叫作推拉变焦的电影摄像机技术。[推拉变焦还有许多其他名字——包括希区柯克变焦(Hitchcock zoom)，因为它首次出现在由导演希区柯克执导的电影《迷魂记》(*Vertigo*)中，由摄影师伊敏 · 罗伯茨(Irmin Roberts)所开创]。在变焦过程中，相机沿着轨道向后拉，并同时在图像中放大眼前的景色。

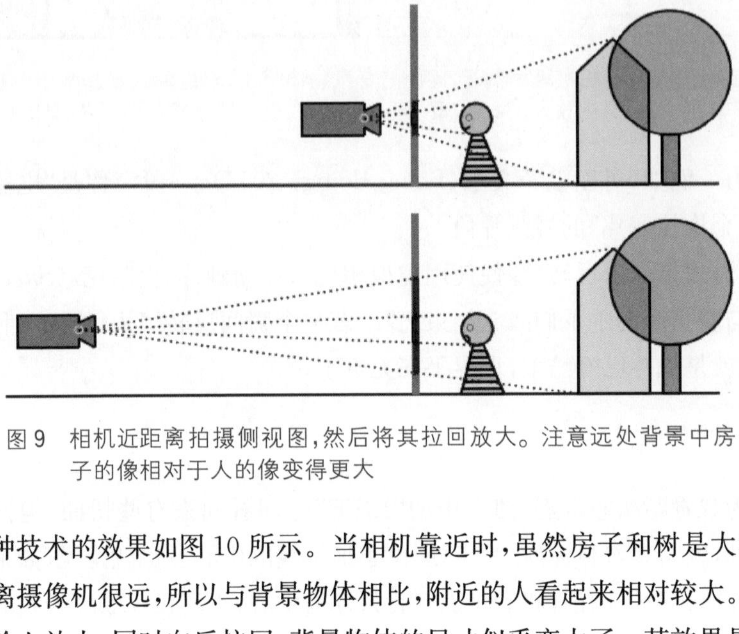

图 9　相机近距离拍摄侧视图，然后将其拉回放大。注意远处背景中房子的像相对于人的像变得更大

这种技术的效果如图 10 所示。当相机靠近时，虽然房子和树是大型物体，但它们离摄像机很远，所以与背景物体相比，附近的人看起来相对较大。但当相机在人脸上放大，同时向后拉回，背景物体的尺寸似乎变大了。其效果是让世界显得越来越大，给这幕短暂的场景赋予一种令人不安的感觉。

如果镜头慢慢后退[就像《好家伙》(*Goodfellas*)中的一个用餐场景]，心理影响就是一种逐渐蔓延的不安。观众意识到有些事情不太对劲，但无法确定问题的根源。然而，通常情况下，镜头会快速向后拉：像在《指环王：护戒使者》(*The Lord of the Rings: Fellowship of the Rings*)中，当弗罗多站在路边，相机瞬间变焦，引发一种恐怖感。因此，迈克尔 · 杰克逊(Michael Jackson)的《战栗》(*Thriller*)视频以类似的快速变焦结束，也不足为奇了！这些突然变焦的镜头在技术上很困难，成本也很高，但很显然，这些镜头值得电影导演为之付出代

图 10 在第一张图中,相机距离很近,因此与背景物体相比,附近的人看起来相对较大;在第二幅图中,相机在放大人物面部的同时向后拉,这样背景物体似乎不祥地变大起来

价和努力。例如,可以参考文献(Boing Boing, 2015),一段声称是“电影史上最好的 23 个推拉变焦”的视频片段。

当然,效果可以反转(即使使用虚拟相机);在动画片《史莱克》(*Shrek*)中,在费奥纳与罗宾汉的手下们战斗结束之际,有一个瞬间反转镜头,给人一种突然的印象,那就是战斗已经结束,世界平安无事了。

变形艺术

因为观看距离非常近,图 7 中的“LIFE”一词看起来有些扭曲,但该词仍然可以识别,因为观看目标(在“×”处)位于地平线的中心。也就是说,如果我们把这张照片放在我们面前,我们将以观看目标为中心;失真仅仅取决于我们的眼睛和目标之间的距离。

透视技术允许艺术家通过将观察目标定位在画布边缘附近,甚至在画布边缘的位置,来创造更显著的错觉。这种技术的最著名的例子叫作变形,出现在德国艺术家小汉斯・霍尔拜因 1533 年的画作中。《外交官们》(*The Ambassadors*)(图 11)似乎描绘了一位富有的地主和一位主教被世俗和宗教的物体包围的场景。靠近画的底部的是奇怪的黑灰色涂鸦;事实上,这种涂鸦意味着要从画作的最右边的边缘观看。站在这个极端角度的观众不能清楚地看到这些人和他们的物品,但可以清楚地看到一个隐藏在画中的头骨(图 12)。

变形艺术并不仅限于 16 世纪;如今,它大量充斥于精心策划的博物馆展览、

图 11　小汉斯 · 霍尔拜因(Hans Holbein，1533)的《外交官们》

图 12　靠近画布，从最右边看，《外交官们》上的涂鸦似乎是一个头骨

公共领域(如纽约地铁系统)和网红艺术[只需在网上搜索人行道粉笔艺术家朱利安·比弗(Julian Beever)的人行道艺术(Beever, 2019)]之中。参见第10章,"变形:透视与反射之间",可以更全面地了解这个主题。变形也有其现实意义:画在道路上的转向箭头从正上方看时是高度扭曲的,但在沿着道路而来的驾驶员眼里是正确的。有些停车场会竖立变形的出口标志,这对需要离开大楼的汽车来说是清晰明了的,但在其他方面却显得很糟糕。

不可能的图形

上面的例子展示了透视艺术如何在二维画布中"隐藏"或扭曲真实世界的三维对象的像。但是透视艺术也可以使不真实的物体看起来像是真实的。这样一个著名的例子是与作者同名的彭罗斯三角形(Penrose triangle)(图13),在20世纪50年代,它由心理学家兼数学家莱昂内尔(Lionel)和罗杰·彭罗斯(Roger Penrose)爵士这对父子组所推广。

图13 彭罗斯三角形是"不可能的图形"

这个三角形是我们称之为"不可能的图形"的最简单、最具标志性的例子。就局部而言,这个图形的每个角是由以线为边缘的平面构成的三维立体物体的像。但该图形作为一个整体与局部分析相矛盾。例如,当我们逆时针旋转这个图形时,每个紧跟着的角似乎都比前一个角更接近观察者——这在闭环中是不可能的!

许多艺术家在作品中创作了"不可能的图形",包括瑞典艺术家奥斯卡·罗伊特斯瓦尔德(Oscar Reutersvard)——人们认为他在20世纪30年代发现了以彭罗斯的名字命名的三角形——还有M.C.埃舍尔(M.C. Escher),他的《瀑布》(*Waterfall*)、《升与降》(*Ascending and Descending*)、《观景楼》(*Belvedere*)等作品吸引了一代又一代好奇的观众,并让他们感到困惑不解。

因此,艺术家们创作了描绘不可能图形的三维雕像,这一点特别有趣——例如图14。这些雕像,甚至比它们的二维雕像更需要特定的观察位置,才能使得错觉有效。

图 14　2008 年 2 月，柏林，德国技术博物馆彭罗斯三角雕塑的两个视图（Deutsches-Technikmuseum，2008）

从两个不同的位置观察同一物体（如上图中的彭罗斯三角雕塑），其外观可能非常不同，这也是从二维照片重建三维物体如此具有挑战性的原因之一。这一挑战是下一节的重点。

由图片还原三维世界

在笛卡尔、卡纳莱托和彭赛列生活的几个世纪里，绘制精确的图像和地图是一项重大的技术挑战。但在当今世界——手机内置了摄像头——精确的图像随处可见。数字图像无处不在，使我们得以尝试当今的新技术挑战：从一组照片中重建三维世界。

例如图 15 是阿加瓦尔等人（Agarwal et al.，2011）的一篇高被引论文中的主要图片，标题为《一天建成罗马》（*Building Rome in a Day*）。在这幅斗兽场的渲染图中，图片中的每个三角形都标志着将照片上传到 Flickr 的 2 000 多台相机中的一台的位置。

作者这样描述他们的工作：

> 在 Flickr 上输入搜索词“罗马”会收到逾 200 万张照片。这些照片代表了这座城市越来越完整的摄影记录，捕捉了一个个受欢迎的场所，建筑、内室、喷泉、雕塑、绘画、咖啡馆等等。这也为我们提供了一个前所未有的机会来捕捉、探索和研究这个城市的三维立体。

图 15 从上传到 Flickr(雅虎旗下图片分享网站)的照片重建斗兽场(Agarwal et al., 2011)

我们都熟悉那种允许我们在虚拟三维世界中进行移动的电脑游戏,也熟悉那些允许我们坐在电脑前虚拟"移动"城市街道的在线网站(如谷歌地图)。这些新近为我们所熟悉的经历有赖于对空间结构的了解。虚拟游戏世界具有一个已被编码到软件中的三维结构;谷歌地图从卫星或流动校准相机中获取图像,并将 GPS 坐标编码到图像中。

阿加瓦尔等人的工作之所以成为几何上的挑战,是因为几乎完全缺乏先验的地理或空间信息。从一组随机的照片中拼凑出一个世界,就像把一百万块拼图拼在一起,其中一些是缺失的,一些却是多余的。(几乎没有人拍摄杂货店后面的垃圾箱,却有上百万人为同一座著名的雕像拍照。)

从一组照片中重建三维物体需要经历以下三个步骤:

1. 识别跨图像匹配的特征点或线;
2. 由两张或者也许可由三张图像进行重建;以及
3. 使用优化方法将这些重建拼接在一起并进行细化。

第一步需要仔细地使用计算机集群,其中一台被指定为"主节点",它以均衡的方式将图像分发到各个计算机(节点)。每个节点都通过验证图像是否可读并提取可用的相机信息(如果有的话)来努力对图像进行预处理。匹配图像的过程并非完全随机;与大多数人在一开始通过寻找边缘片段来解决拼图问题一样,匹配算法使用 SIFT(尺度不变特征变换)特征库来完成工作。

第二步是应用射影几何;此步骤需要"使用"笛卡尔和卡纳莱托很久以前就

掌握的透视映射法。这一步是多视图几何领域的基础，它是理论和应用数学家在其中取得了日益丰富的成果的研究领域。事实上，2016 年夏，美国数学研究所主办了一次代数视觉会议，大学教授和谷歌工程师在这次为期一周的充满活力的聚会上向笔者介绍了这一主题。

同样地，第三(最后一)步使用大量的计算机算法，这超出了本章的讨论范围。

为了用计算机算法的方式描述真实世界点的位置及其摄影图像，我们需要理解空间齐次坐标；这将是下一节的主题。

齐次坐标

为了使用齐次坐标(与笛卡尔坐标不同)，我们考虑观察者在原点 $0=(0, 0, 0)\in \mathrm{R}^3$ 的情形，通过像平面观察世界。对于这位观察员而言，给定视线上的每一个点都将被映射到像平面上的同一点。特别地，当 $\lambda \neq 0$ 时，点 (x, y, z) 和 $(\lambda x, \lambda y, \lambda z)$ 具有相同的像。例如，像平面是 $z=1$，那么这些点都被映射到点 $\left(\frac{x}{z}, \frac{y}{z}, 1\right)$。

在这种情况下，我们得到射影平面 $P^2(\mathrm{R})$，它是 $\mathrm{R}^3\backslash\{0\}$ 中的点的等价类。点 $(x, y, z)\in \mathrm{R}^3\backslash\{0\}$ 在 $P^2(\mathrm{R})$ 平面的像可以用齐次坐标表示成 $[x: y: z]^{\mathrm{T}}$；我们说

$$\begin{bmatrix} x \\ y \\ z \end{bmatrix} = \begin{bmatrix} \lambda x \\ \lambda y \\ \lambda z \end{bmatrix},$$

这里 $\lambda \neq 0$。正如 $P^2(\mathrm{R})$ 中的点对应着通过原点的实线；$P^2(\mathrm{R})$ 中的线对应着通过原点的实平面。换句话说，仅当实点 (x_1, y_1, z_1)、(x_2, y_2, z_2) 和 (x_3, y_3, z_3) 在 R^3 中共面时，射影点 $[x_1: y_1: z_1]^{\mathrm{T}}$、$[x_2: y_2: z_2]^{\mathrm{T}}$ 和 $[x_3: y_3: z_3]^{\mathrm{T}}$ 才在 $P^2(\mathrm{R})$ 中共线。

射影平面 $P^2(\mathrm{R})$ 和扩展欧氏平面 E^2(参见“一个新的数学对象：射影几何点”一节)之间有一个自然的对应关系。如果我们认为 E^2 是特定平面 $z=1$ 的扩

展平面,那么我们可以将射影点 $[a : b : c]^{\mathrm{T}}$ 与普通点 $\left(\frac{a}{c}, \frac{b}{c}, 1\right)$ 等同起来,这里 $c \neq 0$;形如 $[a : b : 0]^{\mathrm{T}}$ 的射影点对应着 E^2 中的理想点。这有一些直观的意义,因为它们对应着观察者平行于图像平面的视线,因此与平面 $z=1$"相交"于"无穷远点"。

类似地我们定义 $P^3(\mathrm{R})$:射影点的形式如下

$$[x : y : z : w]^{\mathrm{T}} = [\lambda x : \lambda y : \lambda z : \lambda w]^{\mathrm{T}} \in P^3(\mathrm{R}),$$

其中 $(x, y, z, w) \in \mathrm{R}^4 \backslash \{0\}$, $\lambda \neq 0$。如前所述,我们可以发现 $P^3(\mathrm{R})$ 和 E^3 之间的对应关系(例如,通过令 $w=1$ 来确定)。这些齐次坐标构成了解析射影几何的基础。

为了搞清楚齐次坐标的使用如何有助于我们理解相机中的射影,考虑观察者站在 $[0, 0, 0, 1]^{\mathrm{T}}$ 的位置,通过位于 $z=d$, $w=0$ 的平面窗口观察的情形,我们认为 $P^2(\mathrm{R})$ 嵌入于 $P^3(\mathrm{R})$:$P^2(\mathrm{R}) \subset P^3(\mathrm{R})$。对于这个观察者,点 $[x : y : z : w]^{\mathrm{T}}$ 在平面窗口中有像

$$\left[\frac{dx}{z} : \frac{dy}{z} : d\right]^{\mathrm{T}} = [dx : dy : z]^{\mathrm{T}}$$

也就是说,我们可以通过矩阵乘法计算上面的变换 $P^3(\mathrm{R}) \to P^2(\mathrm{R})$

$$P\begin{bmatrix} x \\ y \\ z \\ w \end{bmatrix} = \begin{pmatrix} d & 0 & 0 & 0 \\ 0 & d & 0 & 0 \\ 0 & 0 & 1 & 0 \end{pmatrix} \begin{bmatrix} x \\ y \\ z \\ w \end{bmatrix} = \begin{bmatrix} dx \\ dy \\ z \end{bmatrix}。$$

上面的计算说明了为什么代数几何学家将相机定义为 3×4 的矩阵。移动观察者的位置、移动胶片、旋转像平面或使用非正方形像素的相机都会改变相机矩阵 P 的值[参见(Hartley 和 Zisserman, 2003, 第 6 章)以获得更详细的描述。]

图 16 演示了如何在一个相当简单的电子表格中实现这一点。在这个表格中,我们绘制立方体的单点透视图;视距是 4,观看目标是(2,7)。

多视图几何

我们如何从二维图像中恢复三维世界的信息?

这是矩阵

4	0	2	0
0	4	7	0
0	0	1	0

这是立方体，顶点被反复使用

X	Y	Z	W	x	y	z	x/z	y/z
1	-1	8	1	20	52	8	2.5	6.5
3	-1	8	1	28	52	8	3.5	6.5
3	-3	8	1	28	44	8	3.5	5.5
1	-3	8	1	20	44	8	2.5	5.5
1	-1	8	1	20	52	8	2.5	6.5
1	-1	6	1	16	38	6	2.667	6.333
3	-1	6	1	24	38	6	4	6.333
3	-3	6	1	24	30	6	4	5
1	-3	6	1	16	30	6	2.667	5
1	-1	6	1	16	38	6	2.667	6.333
3	-1	6	1	24	38	6	4	6.333
3	-1	8	1	28	52	8	3.5	6.5
3	-3	8	1	28	44	8	3.5	5.5
3	-3	6	1	24	30	6	4	5
1	-3	6	1	16	30	6	2.667	5
1	-3	8	1	20	44	8	2.5	5.5

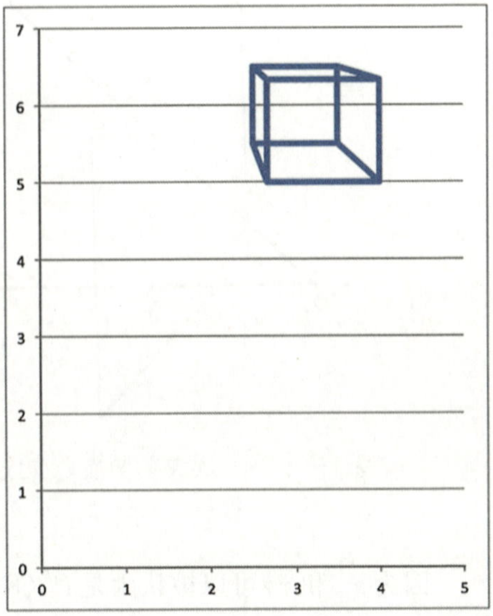

图 16　使用电子表格绘制视距为 4、观看目标为(2,7)的立方体透视图

假设同一个真实世界中的物体有两幅图像。通常重建 3 维场景的第一步是确定第一幅图像 α 中的点到第二幅图像 β 的一组线的基本映射。下面的描述解释了如何以及为什么会出现这种映射。

如果 $x_\alpha \in \alpha$ 和 $x_\beta \in \beta$ 是公共点 $X \in P^3(\mathrm{R})$ 在适当映射下的像，我们说它们互为对应点。也就是说，从点 O_α 将 X 映射到 $x_\alpha \in \alpha$，从点 O_β 将 X 映射到 $x_\beta \in \beta$。于是，五个点 X、x_α、O_α、x_β 和 O_β 必须共面。注意，直线 $(O_\alpha O_\beta)$ 被称为对极线(epipolar line)，位于每个由对应点所决定的平面上。在这条线上特别令人感兴趣的是对极点(epipolar point) $e_\alpha = \alpha \cdot (O_\alpha O_\beta)$ 和 $e_\beta = \beta \cdot (O_\alpha O_\beta)$。我们可以将 e_α 视为 O_β 处的相机呈在 α 上的像，将 e_β 视为 O_α 处的相机呈在 β 上的像。

点 x_α 可能在平面 β 中有几个不同的对应点。例如，O_α 处的相机可能会显示一棵树从一个人的头上长出来：点 x_α 可能既来自人的帽子也来自树的躯干。帽子和树干在另一张照片 β 中的像则可能不重合。但由于前段描述的共面关系，如图 17 所示，它们一定与对极点 e_β 共线。因此，从两个不同的位置拍摄的同一场景的两张照片，描述了从 α 中的点 x_α 到 β 中的线 $(e_\beta x_\beta)$ 的函数。这个函数被称为基本映射(fundamental mapping)。

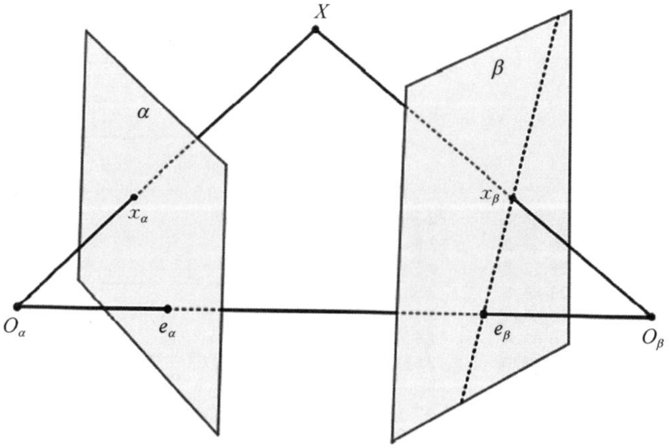

图 17 点 X 及其图像 x_α 和 x_β 位于同一个平面上,该平面上的线包含中心(O_α 和 O_β)和对极点(e_α 和 e_β)

因为 x_α 和 x_β 可以被认为是 $P^2(\mathrm{R})$ 中的点,我们可以用 3×3 矩阵 F 表示基本映射,称为基本矩阵(fundamental matrix)。通常,我们可以从一般位置上的 7 对对应点来确定 F(该矩阵是秩为 2 的矩阵,因此自由度为 7)。对于每个对应点对,映射满足 $Fx_\alpha=(e_\beta x_\beta)$;也就是说,$x_\beta^{\mathrm{T}}Fx_\alpha=0$。

在上一节中,我们将相机描述为 3×4 的矩阵。如果我们有两个像 α 和 β,则我们可以用基本矩阵描述创建这两幅图像的相机 P_α 和 P_β 之间的关系。这是为什么呢? 对于任何点 $X\in P^3(\mathrm{R})$,我们有

$$(X^{\mathrm{T}}P_\beta^{\mathrm{T}})F(P_\alpha X)=(x_\beta^{\mathrm{T}})Fx_\alpha=(x_\beta^{\mathrm{T}})(e_\beta x_\beta)=0。$$

因此,$P_\beta^{\mathrm{T}}FP_\alpha$ 是一个反对称矩阵。这一事实为开发重建算法铺平了道路。

那么,我们如何使用基本矩阵来重建真实世界的场景呢? 答案并不简单,正如下一节中的艾姆斯房间的图片所展示的那样。

艾姆斯房间

由感知心理学家小阿德尔伯特·艾姆斯(Adelbert Ames, Jr.)设计的艾姆斯房间是一个幻觉室。从墙上的窥视孔窥视房间,当物体从一侧移动到另一侧时,可以看到物体变大和变小。这种错觉之所以有效,是因为从正确的有利位置来看,房间似乎是一个"正常"的矩形房间。但事实上,墙壁、天花板和地板是梯形,短边靠近有利位置,长边远离有利位置。房间是矩形而不是梯形的错觉很难

克服,即使观众已经进入房间或看到他们认识的人走过,他们走路时也会变高或变矮(图 18)。

图 18 艾姆斯房间:"在巴西里约热内卢市建造的一间房间,根据视角的不同可以让一个人看起来忽大忽小。"(Andrevruas, 2011)

换句话说,艾姆斯房间在射影上相当于普通房间;有一个共线变换(将点映射到点,线映射到线的函数) $P^3(\mathrm{R}) \to P^3(\mathrm{R})$ 将艾姆斯房间映射到正常的矩形房间。因此,上述方法仅仅凭着射影上的等价即可确定两台摄像机之间的关系,从而可以重建三维场景。基本映射本身可以帮助我们区分艾姆斯房间和 A 型框架房间,但它无法区分艾姆斯房间与普通矩形房间。如果没有关于场景或相机的先验信息,我们无法提取真实世界中的物体的距离或角度的测量值。

由图像重建物体

对于真实世界的信息的了解极大地提高了我们由图像重建物体的可能性。"校准相机"使重建过程变得更加简单。例如,许多现代数码相机能够将 GPS 信息编码到图像中。为了获得更高的精度,许多 3D 扫描仪使用已知的相机,与以已知角度进行旋转的转台保持固定距离。了解相机的焦距可以让我们解释诸如推拉变焦等现象;了解观看目标使我们得以解释变形效果(参见“视距的后果:错觉、失真和变形”一节)。

真实世界的信息也很有用。注意到,在“相机在哪里?”一节中分析卡纳莱托绘画时,我们使用了真实世界的平行线与垂直线的标准观察值,以获得有关卡纳莱托的观察位置的信息。一般来说(意思是指不是艾姆斯房间这样的场景),这种假设意味着重建具有建筑特征的场景比重建风景更简单。我们可以看到了解这些几何信息对于理解像“LIFE”(图 7)这样的绘画或彭罗斯雕塑(图 13)的重要性。

在对卡纳莱托绘画的分析中,我们还使用了关于比例(假设拱门是半圆)和实际尺寸(例如,照片中的人的高度)的信息。这种揣测性的工作是重建的另一部分;没有它的话,举个例子,我们就无法区分照片是一个家庭的房子还是一个玩偶的房子。

在实践中,重建任务因“噪声”和误差而变得更加复杂:点是无穷小的,但像素是离散的和有限的。所以优化和错误分析也进入到重建算法中。

然而,任何重建的核心都是齐次坐标和解析射影几何语言。

结论

射影几何的悠久历史贯穿了最近这五百年的数学;这是一个被数学家发现、遗忘又重新发现的学科,被用以寻找超越欧氏几何的答案。它在彭赛列(Poncelet)的影响下再次出现,凸显了其公理结构优雅的美学价值;该学科还导致了对二次曲线[例如,在施泰纳(Steiner)的影响下]和拓扑(例如,在莫比乌斯的影响下)的更深入的理解。

但它在透视图和照片中的用途是射影几何应用得最多的地方,最为直接地影响到我们的生活体验。随着时间的流逝,这一工具变得比德萨格第一次引入它时更有意义、更为强大。我们生活在一个越来越视觉化的世界,一个技术能不断创造、重视并改变景象的世界;解析射影几何是让我们得以创建、解释并分析这些数字化图像的体系。

除了分析数字图像的技术方面之外，构造射影几何为我们提供了一种观察周围环境和其中物体的方法：使我们得以更好地理解看待绘画或度假照片的方式，创造或消除错觉，并对我们看待这个美好的三维世界的方式作出阐释。

交叉引用

变形：透视与反射之间

光影几何学，从皮耶罗・德拉・弗朗西斯卡到詹姆斯・图雷尔

文艺复兴建筑

参考文献

Agarwal S, Furukawa Y, Snavely N, Simon I, Curless B, Seitz SM, Szeliski R (2011) Building Rome in a day. Commun ACM 54(10): 105 - 112. With a Technical Perspective by Prof. Carlo Tomasi

Andersen K (2006) The geometry of art: the history of the mathematical theory of perspective from Alberti to Monge. Springer, New York

Andrevruas (2011) Português: Casa construída de forma a fazer a pessoa parecer grande oupequena dependendo da perspectiva, na cidade do Rio de Janeiro, 24 Jan 2011. https://commons. wikimedia.org/wiki/File: Casaperspectiva.jpg, from Wikimedia Commons Beever J (2019) Julian Beever's website. http://www.julianbeever.net/

Boing Boing (2015) Watch 23 of the best dolly zooms in cinematic history, 26 Jan 2015. https://boingboing.net/2015/01/26/watch-23-of-the-best-dolly-zoo.html

Bosse A (1648) Manière universelle de Mr. Desargues, pour pratiquer la perspective parpetitpied, comme le Geometral, Paris

Byers K, Henle J (2004) Where the camera was. Math Mag 77: 4: 251 - 259 Canaletto GA (circa 1730) The Clock Tower in the Piazza San Marco. https://commons. wikimedia.org, oil on canvas, 69.22 × 86.36 cm, current location at the Nelson-Atkins Museum of Art

Carroll L (1871) Through the looking-glass. Macmillan & Co, London

Crannell A (2006) Where the camera was, take two. Math Mag 79: 4: 306 - 308

Desargues G (1987) Exemple de l'une des manieres universelles du s.g.d.l. touchant la pratique de la perspective sans emploier aucun tiers point, de distance ny d'autre nature, qui soit hors du champ de l'ouvrage. In: The geometrical work of Girard Desargues. Springer, New York, p 1636

Deutsches-Technikmuseum (2008) Penrose triangle sculpture. https://commons.wikimedia.org/w/index.php? curid=3597501, images from Wikimedia Commons

Futamura F, Lehr R (2017) A new perspective on finding the viewpoint. Math Mag 90(4): 267 - 277

Hartley R, Zisserman A (2003) Multiple view geometry in computer vision, 2nd edn. Cambridge University Press, New York

Holbein H (1533) The Ambassadors. https://commons.wikimedia.org, oil on oak, 209.5 cm×207 cm

Robin AC (1978) Photomeasurement. Math Gaz 62: 77 - 85

Taylor B (1719) New principles of linear perspective: or the art of designing on a plane the representations of all sorts of objects, in a more general and simple method than has been done before, London

Tripp C (1987) Where is the camera? The use of a theorem in projective geometry to find from a photograph the location of a camera. Math Gaz 71: 8 - 14

5

设计二叉树

文森特·J.马斯科

目录

摘要

二叉树通常被定义为其左右分支由缩放旋转所决定的树形结构。但是，当任意仿射变换都成为可能之时，则可以产生各种各样的二叉树。通过更改变换中的参数，可以生成具有有趣的几何性质的树。本文探讨的是其逆问题：如果希望二叉树具有特定的几何性质，就要找出哪些左/右分支变换对可以产生具有这一性质的二叉树。

关键词

二叉树；分形二叉树；线性变换的应用

引言

遇到被用于创作数字艺术的几何新形式时——如本章讨论的二叉树——人们通常编写一个程序，允许在创作形式的过程中使用几个不同的参数。通过对这些参数进行试验，可能会偶然发现有趣的图像。一旦发现其几何结构将产生有趣的艺术品，可能会逐步调整颜色、线条宽度、纹理等，直到成品出现。

这个过程可能需要得到多次重复,会产生各种各样的图像。每个图像都有其特定的几何形状。数学家可能想知道为什么一个特定的图像看起来像它所呈现的样子,从而更深入地研究几何形状,试图更全面地理解它。

然而,一旦观察到特别吸引人的特性时,就可能需要创作出表现这一相同特性的其他作品。换句话说,特性不是创作过程的意外,而是设计过程使得特定特性显而易见。因此,数字作品的有趣特征不是偶然的,其存在是可以保证的。

图 1 谢尔宾斯基

例如,考虑图 1 中的图像。请注意重叠的磁盘。所发生的情况是,随着二叉树的生成并于越来越深的地方添加节点,节点有时会被重新访问——而另一个较小的磁盘会覆盖在一个或多个现有的较大磁盘之上。内部三角形之所以产生,是因为发生此现象时,需要三次迭代才能重新访问同一节点。

可以利用这个性质——三次迭代后重新访问节点——生成任意数量的树,并选择那些美观的树。本文的内容是预先指定二叉树的特定属性,并研究具有该属性的树族的设计背后的数学。这造成了一种意向性的感觉,而不止依赖于随机分配参数值的偶然性。

生成二叉树

定义二叉树的最简单的方法是指定左右分支操作,L 和 R。在曼德尔布罗和弗雷姆的经典论文(Mandelbrot and Frame, 1999)中,左右分支操作是缩放旋转(scaled rotation),当向左或向右分支时,旋转角度相同,每一侧的缩放因子也相同。泰勒(Taylor, 2007)对左右分支的定义与之相似;尽管他允许每侧有多个分支,埃斯皮古莱(Espigulé, 2013)也考虑了类似的对称性。奥汉隆等人(O'Hanlon et al., 2004)考虑了不对称树,但仅限于允许每侧的缩放因子不同。

在这里，L 和 R 可以是任意的仿射变换，允许生成各种各样的树。这大大增加了用于生成二叉树参数空间的维数。

除了指定分支变换外，树的树干 $\boldsymbol{t}$ 也必须得到指定。正如稍后将看到的那样，允许更一般的变换意味着树干的选择将影响树的几何结构。

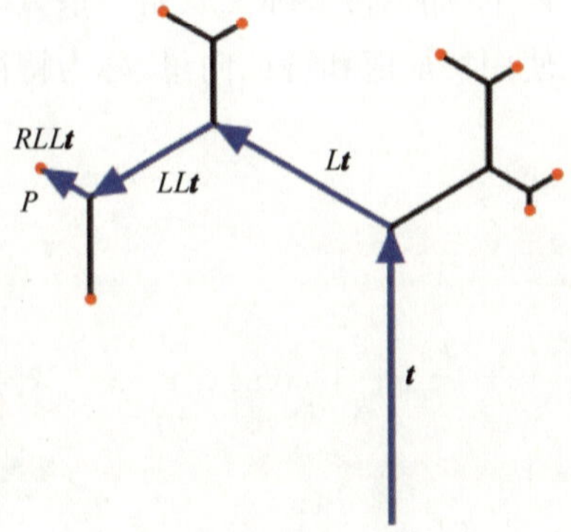

图 2　创建二叉树

树的节点由一串指令来决定。在这里没有必要给出正式的定义，因为这将涉及大量的符号。本文的目标不是证明定理，而是说明研究二叉树时出现的有趣现象。

为了说明这一点，考虑指令串 LLR，如图 2 所示。首先绘制树干 $\boldsymbol{t}$。以 $\boldsymbol{t}$ 的尖端为起点，添加向量 $L\boldsymbol{t}$，创建新节点。然后依次添加 $LL\boldsymbol{t}$ 和 $RLL\boldsymbol{t}$，如图所示。这将产生节点

$$\mathrm{P}=\boldsymbol{t}+L\boldsymbol{t}+LL\boldsymbol{t}+RLL\boldsymbol{t}=(I+L+LL+RLL)\boldsymbol{t}, \tag{1}$$

其中 I 是恒等变换，它被分配了标签 LLR。请注意，指令串使用了不同的字体，以免将指令串与矩阵乘积相混淆，如式(1)所示。其他节点也以类似方式生成。为了完整起见，通常约定空指令串生成节点 $\boldsymbol{t}$。

最后应指出，对 $L=R$ 或其中一个变换为零变换的情况不予考虑。在这两种情况下，树是一维的。

数学方法

我们将在不同的细节层面上说明几个例子，这是因为典型的数学方法似乎并不存在——没有“一码通吃”的技术可解决矩阵方程。我们的目的是展示不同的技术，让读者了解相关的数学原理。

解矩阵方程的大量工作表明，形如 $\begin{bmatrix} a & b \\ c & d \end{bmatrix}$ 的矩阵表示并不是特别有用。一个原因是线性变换的几何结构被这种形式掩盖住了。但是变换的几何结构对

于确定二叉树的形状来说至关重要。

另外一个原因是变换的几何结构本身并不决定二叉树的形状。暂且看一下图 3,事实证明,其中明显使用了主干 $t=(0, 1)$。但是如果选择 $Lt=0$ 这样的树干,那么树实际上就是一条直线。这种特性表明,更有用的表示矩阵的方法是使用特征值和特征向量,称为特征分解或谱分解。

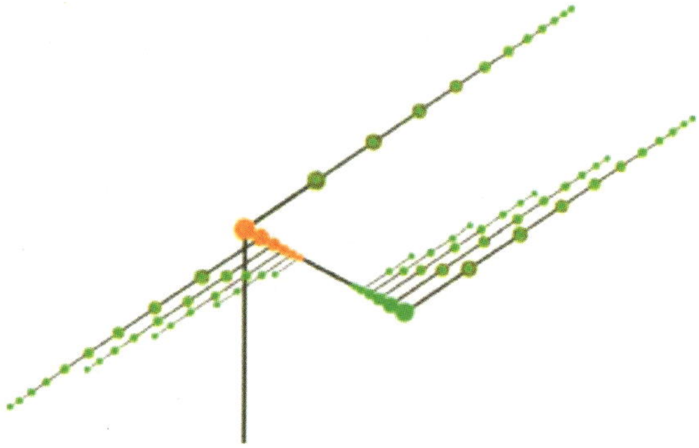

图 3　$L\sim LR$ 的二叉树

以这种方式枚举二阶矩阵的类型并不困难;这只是考虑 2×2 矩阵的约当标准型的问题。回想一下,如果一个矩阵特征值的几何重数小于其代数重数,那么就称它为退化矩阵(defective matrix)。在这里,用 Ker$A$ 表示 A 的核,并且用 Rng$A$ 表示 A 的值域。

非零矩阵可以是奇异的或非奇异的,也可以是退化的或非退化的,给出以下四种可能性:

1. 非奇异且非退化。在这种情况下,矩阵可对角化,并且具有形式:

$$[\boldsymbol{v}_1 : \boldsymbol{v}_2]\begin{bmatrix}\lambda_1 & 0 \\ 0 & \lambda_2\end{bmatrix}[\boldsymbol{v}_1 : \boldsymbol{v}_2]^{-1},\ \lambda_1\lambda_2 \neq 0, \tag{2}$$

其中特征值 λ_1 具有特征向量 $\boldsymbol{v}_1$,λ_2 具有特征向量 $\boldsymbol{v}_2$。记号"$[\boldsymbol{v}_1 : \boldsymbol{v}_2]$"表示列为向量 $\boldsymbol{v}_1$ 和 $\boldsymbol{v}_2$ 的矩阵。在这种情况下(以及所有后续情况下),将假定 $\boldsymbol{v}_1$ 和 $\boldsymbol{v}_2$ 是线性无关的,因为矩阵 $[\boldsymbol{v}_1 : \boldsymbol{v}_2]$ 是可逆的。

请注意,λ_1 有可能等于 λ_2;在这种情况下,生成的变换是 $\lambda_1 I$。λ_1 和 λ_2 也有可能互为共轭复数;这里不考虑这些情况,因为它们已经在文献(Espigulé, 2013; Mandelbrot and Frame, 1999; Taylor, 2007)中得到了广泛的研究。

2. 非奇异且退化。在这种情况下，矩阵的形式为：

$$[\boldsymbol{v}_1 : \boldsymbol{v}_2]\begin{bmatrix}\lambda & 1\\0 & \lambda\end{bmatrix}[\boldsymbol{v}_1 : \boldsymbol{v}_2]^{-1},\ \lambda \neq 0, \tag{3}$$

这是一个剪切(shear)的例子。大多数表示剪切的矩阵都不是退化矩阵；这是一个特例。

3. 奇异且非退化。这只是式(2)中 $\lambda_2 = 0$ 的情形：

$$[\boldsymbol{v}_1 : \boldsymbol{v}_2]\begin{bmatrix}\lambda & 0\\0 & 0\end{bmatrix}[\boldsymbol{v}_1 : \boldsymbol{v}_2]^{-1},\ \lambda \neq 0, \tag{4}$$

之所以挑出这种情况，是因为通常需要求解具有以下形式的矩阵方程：

$$AB = \begin{bmatrix}0 & 0\\0 & 0\end{bmatrix} = [0],$$

其中符号 $[0]$ 表示零矩阵。如果 A 和 B 中有一个是可逆的，则另一个必须是 $[0]$，这会产生一维树，因此需要避免。于是，在求解矩阵方程时，通常需要单独考虑奇异矩阵的情况。

4. 奇异且退化。在这种情况下，矩阵是式(3)中 $\lambda = 0$ 的情形：

$$[\boldsymbol{v}_1 : \boldsymbol{v}_2]\begin{bmatrix}0 & 1\\0 & 0\end{bmatrix}[\boldsymbol{v}_1 : \boldsymbol{v}_2]^{-1}, \tag{5}$$

这是一个特别有趣的情形。这样的矩阵 M 满足 $M^2 = [0]$，但是 $M \neq [0]$。这些矩阵也可以根据变换的核与其值域相同这一条件加以分类；两者都是 $R\boldsymbol{v}_1$。它们意义重大，因为它们“剪断”了树，如果连续两次应用这样的变换，分支将结束(因为 $M^2 = [0]$)。

第一个例子：$L \sim LR$

在第一个例子中，我们将研究 $L \sim LR$ 的情形，这个记号表示指令 L 产生的节点与指令串 LR 产生的节点相同。具有此性质的树的例子如图 3 所示。

这种树看起来不像典型的二叉树，因为似乎少有分支。欲知原因，且看生成了这棵树的前几次迭代,如图 4 所示。在这里,每次迭代节点都会稍微变小,以凸显重叠。

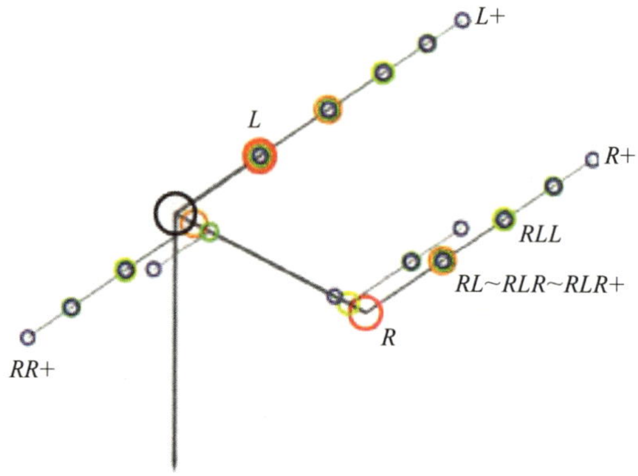

图 4　图 3 所示的二叉树的前 5 次迭代

变换 L 在最左边,从树干向右上方生长,而 R 最初向右下方生长。注意,标记为 RL 的节点也可能由 RLR 来实现,因为 $L \sim LR$。事实上,任何以 RLR 开头的指令集都将在同一节点上结束。

用代数来证明这一点并不困难。至于如何得到式(1),是因为 $L \sim LR$ 可以写成:

$$(I+L)\boldsymbol{t}=(I+L+RL)\boldsymbol{t}。$$

请注意,这个等式依赖于树干 $\boldsymbol{t}$。如果选择任何主干都有 $L \sim LR$,则 L 和 R 满足:

$$I+L=I+L+RL,$$

得到

$$RL=[0]。\tag{6}$$

现在考虑一组以 RLR 开头的指令集,实现的节点是:

$$(I+R+LR+RLR+\cdots)\boldsymbol{t}=(I+R+LR)\boldsymbol{t}。$$

这是因为项“ RLR ”和之后的所有项都包含“ RL ”,并且 $RL=[0]$ [见式(6)]。该计算表明二叉树的几何性质可以由代数方法验证。一般说来,这种验证对于研究二叉树的性质极其有用。

图 4 中的符号还解释了所生成的二叉树的各种特征。标记为 $R+$ 的分支表示此分支中的节点恰好以一个 R 开头的指令串而实现，对于 $RR+$ 也是如此。标记为 $L+$ 的分支表示所有以 L 开头的指令串都会在此分支上生成节点。

注意由 R、RR、RRR 等得出的节点似乎沿着向右下方延伸的直线呈锯齿状排列。这是因为这里选择的 R 是

$$R=\begin{bmatrix}2&3\\-1&2\end{bmatrix}\begin{bmatrix}-0.9&0\\0&0\end{bmatrix}\begin{bmatrix}2&3\\-1&2\end{bmatrix}^{-1} \tag{7}$$

因此 R 的特征值为 -0.9，相应的特征向量是 $(2,\ -1)$。这个特征向量描述了直线朝右下延伸的方向，而负特征值导致了锯齿形。这说明形如式(7)的 R 在几何上非常重要。

要产生其他具有相似性质的树，需要解方程(6)。在这个例子和其他例子中，只考虑 L 和 R 是线性解的情形；允许仿射解会给解带来额外的复杂性，因此不予考虑。

这个等式看似简单，但也有微妙之处。显然 L 和 R 都是不可逆的，因为如若不然，会迫使另一个变换成为 $[0]$，需要避免这种情形。所以 L 和 R 都必须是奇异的。

除了奇异性之外，L 和 R 中的一个或两个可能是退化矩阵。这就需要考虑 4 种情形——而且必须考虑所有四种情形，因为不同的情形会生成具有不同几何性质的二叉树。

情形 1：L 和 R 都非退化。

由于 L 是奇异的，因此首先选择满足 $L\boldsymbol{u}=0$ 的 $\boldsymbol{u}$。因为 L 是非退化的，可以通过 $L\boldsymbol{v}=\lambda_1\boldsymbol{v}$ 来找到非零的 λ_1 和 $\boldsymbol{v}$。于是

$$0=RL\boldsymbol{v}=R(\lambda_1\boldsymbol{v})=\lambda_1R\boldsymbol{v}。$$

这意味着 $\boldsymbol{v}$ 是 R 的特征值 0 所对应的特征向量，并且由于 R 是非退化的，因此 $\lambda_2\neq 0$，存在 $\boldsymbol{w}$ 满足 $R\boldsymbol{w}=\lambda_2\boldsymbol{w}$。这给出了 L 和 R 的表示形式：

$$L=[\boldsymbol{v}:\boldsymbol{u}]\begin{bmatrix}\lambda_1&0\\0&0\end{bmatrix}[\boldsymbol{v}:\boldsymbol{u}]^{-1},\ R=[\boldsymbol{w}:\boldsymbol{v}]\begin{bmatrix}\lambda_2&0\\0&0\end{bmatrix}[\boldsymbol{w}:\boldsymbol{v}]^{-1}。$$

图 3 中的树就是这种情况的一个例子；使用的 R 由式(7)给出，并且 L 是：

$$L=\begin{bmatrix}3 & -1.2\\ 2 & 2\end{bmatrix}\begin{bmatrix}0.8 & 0\\ 0 & 0\end{bmatrix}\begin{bmatrix}3 & -1.2\\ 2 & 2\end{bmatrix}^{-1}。$$

情形 2：L 非退化，R 退化。

因为 $L^2=[0]$［参见(5)式下面的讨论］，所以很容易看出 $L\sim LL$。结果它会将树剪断，这样就不会有两个连续的左分支，但连续的右分支是可能的。其结果是如图 5 所示的树。在这里，变换 L 将树干向左移动，而 R 将树干向右移动。

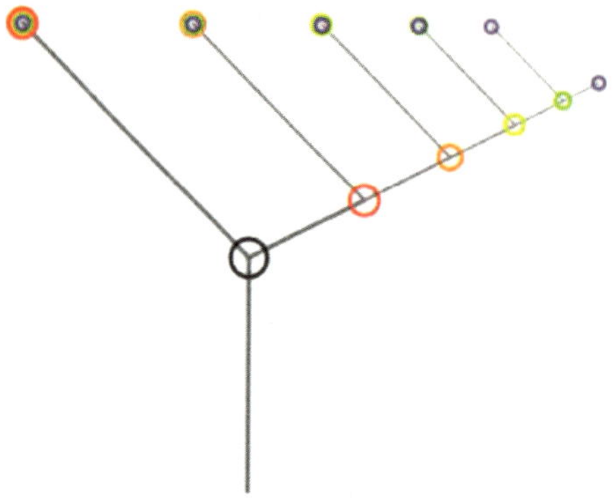

图 5　L 退化，R 正常的二叉树

生成此树的变换由下式给出：

$$L=\begin{bmatrix}-1 & 0\\ 0 & 1\end{bmatrix}\begin{bmatrix}0 & 1\\ 0 & 0\end{bmatrix}\begin{bmatrix}-1 & 0\\ 1 & 1\end{bmatrix}^{-1},\ R=\begin{bmatrix}2 & -1\\ 1 & 1\end{bmatrix}\begin{bmatrix}0.75 & 0\\ 0 & 0\end{bmatrix}\begin{bmatrix}2 & -1\\ 1 & 1\end{bmatrix}^{-1}。$$

同样，以这种形式表示的变换给出了对于这种树的本质的几何洞见。L 的值域是 $R(-1, 1)$；向量 $(-1, 1)$ 显然是左分支的方向。R 的非零特征值对应的特征向量为 $(2, 1)$，这是右分支的方向。结果，这棵树的形状是由艺术家所决定的，而不是偶然产生的。最后，直接(但无启发性)的计算表明，左分支末端的节点位于同一条水平线上，3/4 是这些位于水平线上的节点的唯一特征值［给定特征向量和树干 $\boldsymbol{t}=(0, 1)$］。

情形 3：L 非退化，R 退化。

由于 L 是奇异且非退化的，因此 $\lambda\neq 0$，且可以由 $L\boldsymbol{v}=\lambda\boldsymbol{v}$ 得到 $\boldsymbol{v}$，因此 L 的值域为 $R\boldsymbol{v}$。但是由于 $RL=[0]$，于是 $0=RL\boldsymbol{v}=R(\lambda\boldsymbol{v})=\lambda R\boldsymbol{v}$，这样 R 的核就是 $R\boldsymbol{v}$。但由于 R 是退化矩阵，R 的值域也是 $R\boldsymbol{v}$。既然 L 和 R 的值域都是 $R\boldsymbol{v}$，因此树的所有节点都必须位于线 $\boldsymbol{t}+R\boldsymbol{v}$ 上。

情形 4：L 和 R 都是退化矩阵。

在这种情况下，确定 $\boldsymbol{u}$ 和 $\boldsymbol{v}$，使得 $\mathrm{Ker}L=\mathrm{Rng}L=R\boldsymbol{u}$，$\mathrm{Ker}R=\mathrm{Rng}R=R\boldsymbol{v}$。因为 $RL=[0]$，所以对于所有 $\boldsymbol{w}$，$RL\boldsymbol{w}=0$。这意味着 R 作用在 $\mathrm{Rng}L$ 上总会得到 0，即意味着 $\mathrm{Ker}R=\mathrm{Rng}L$。因此，$\boldsymbol{u}$ 平行于 $\boldsymbol{v}$。

但请注意，这也意味着 $\mathrm{Ker}L=\mathrm{Rng}R$，因此 $LR=[0]$。由于 $RL=LR=[0]$，任何以 L 开头的指令串都会与指令串 L 生成相同的节点，并且任何以 R 开头的指令串都会与 R 生成相同的节点——以 L 或 R 开头的任何指令都会剪断树。这意味着除了树干之外，只有两个节点，是由指令串 L 和 R 生成的。

最后两种情况不会产生具有有趣结构的树，因此不适于创作艺术品。研究这四种情况旨在说明奇异及退化变换是如何影响二叉树的几何结构的。在处理特征值和特征向量的大多数时候，很少提到退化的变换。然而，它们在对于二叉树的几何结构的研究中起着重要作用。

第二个例子：$LR\sim RL$

下一个例子涉及指令 LR 和 RL，它们生成同一节点。其具有创建四边形的效果，如图 6 中所示的树。请注意先左后右如何与先右后左产生相同的节点。

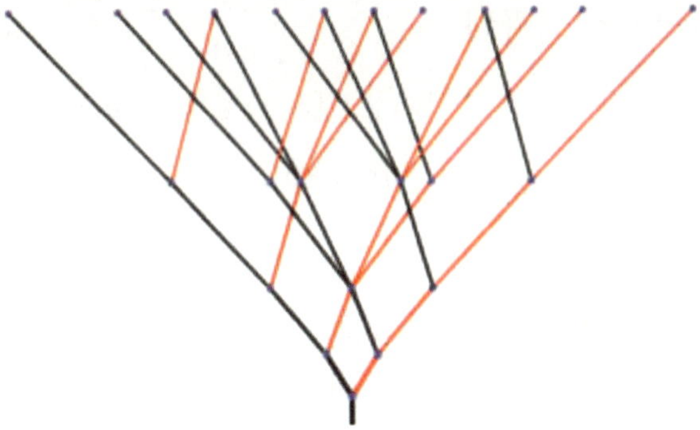

图 6 $LR\sim RL$ 的二叉树

再次考虑(1)，得出矩阵方程

$$I+L+RL=I+R+LR,$$

它等价于

$$(I+R)L=(I+L)R。\tag{8}$$

现在 $I+R$、L、$I+L$ 和 R 中的每一个都可能是奇异的、可逆的,退化的或非退化的。这显然给了 256 种需要考虑的不同情形——这是一个令人望而生畏的数字。但有几种情形是不可能的;例如,若这四个中有三个是可逆的,而另外一个是奇异的,这是不可能的。或者如果恰好这四个中有两个是奇异的,那么它们必须是 $I+R$ 和 L 中的一个,同时是 $I+L$ 和 R 中的一个。

在这类情形下,为了创作出有趣的艺术品,通常只需找到无限解集就足够了。即使没有找到式(8)所有的解,仍然会生成种类众多的树。

特别地,这里考虑 L 和 R 非退化的情况,使得它们具有式(2)或(4)的形式。由于 L 是非退化的,因此可以从

$$L\boldsymbol{v}_1=\lambda_1\boldsymbol{v}_1、L\boldsymbol{v}_2=\lambda_2\boldsymbol{v}_2\tag{9}$$

中找到 λ_1、λ_2、$\boldsymbol{v}_1$ 和 $\boldsymbol{v}_2$ 的值。由于 $\boldsymbol{v}_1$ 和 $\boldsymbol{v}_2$ 是线性无关的,因此可以找到 α、β、γ 和 δ 满足

$$R\boldsymbol{v}_1=\alpha\boldsymbol{v}_1+\beta\boldsymbol{v}_2,\ R\boldsymbol{v}_2=\gamma\boldsymbol{v}_1+\delta\boldsymbol{v}_2。\tag{10}$$

现在将式(8)应用于 $\boldsymbol{v}_1$,并用式(9)和(10)反复代换会得到

$$(\lambda_1-\alpha)\boldsymbol{v}_1+\beta(\lambda_1-\lambda_2-1)\boldsymbol{v}_2=\boldsymbol{0}。\tag{11}$$

同样,将式(8)应用于 $\boldsymbol{v}_2$ 会得到

$$\gamma(\lambda_2-\lambda_1-1)\boldsymbol{v}_1+(\lambda_2-\delta)\boldsymbol{v}_2=\boldsymbol{0}。\tag{12}$$

由于 $\boldsymbol{v}_1$ 和 $\boldsymbol{v}_2$ 是线性无关的,因此上述方程中的所有系数都必须为 0,得到

$$\lambda_1=\alpha,\ \lambda_2=\delta,\ \beta(\lambda_1-\lambda_2-1)=0,\ \gamma(\lambda_2-\lambda_1-1)=0。$$

值得一提的是,这是求解矩阵方程的一般策略。无论式(8)的形式如何,此过程将始终产生一组关于 λ_1、λ_2、α、β、γ 和 δ 的四个方程。一般说来,式(8)的形式越复杂,这些方程越难求解。这通常是“最后的手段”;上一节中的例子表明,可能还有更直接的方法。

方程(11)和(12)很容易求解。一定是 $\beta=0$ 或 $\lambda_1=\lambda_2+1$(或两者同时成立)和 $\gamma=0$ 或 $\lambda_2=\lambda_1+1$(或两者同时成立)。请注意,$\beta=0$ 和 $\gamma=0$ 不可能同时成

立，因为这会导致 $L=R$，这是需要避免的。当然 $\lambda_1=\lambda_2+1$ 和 $\lambda_2=\lambda_1+1$ 也是不可能同时成立的。其余两种情况在形式上是对称的，故假设 $\beta=0$ 且 $\lambda_2=\lambda_1+1$，这也不失一般性。

由于 $\alpha=\lambda_1$ 且 $\beta=0$，所以 L 和 R 具有相同的特征值 λ_1 和特征向量 $\boldsymbol{v}_1$［见式(10)］。此外，现在只有一个自由参数 γ，因为 α、β 和 δ 已被确定。可以直接证明

$$R(\gamma\boldsymbol{v}_1+\boldsymbol{v}_2)=\lambda_2(\gamma\boldsymbol{v}_1+\boldsymbol{v}_2)。$$

因此，现在可以知道 R 的另一个特征值和特征向量。请注意，$\gamma\neq 0$，因为需要避免 $L=R$。用 $\boldsymbol{v}_1$ 和 $\boldsymbol{v}_2$ 表示 L 和 R，可以得到

$$L=[\boldsymbol{v}_1:\boldsymbol{v}_2]\begin{bmatrix}\lambda_1 & 0\\ 0 & \lambda_2\end{bmatrix}[\boldsymbol{v}_1:\boldsymbol{v}_2]^{-1},\ R=[\boldsymbol{v}_1:\boldsymbol{v}_2]\begin{bmatrix}\lambda_1 & \gamma\\ 0 & \lambda_2\end{bmatrix}[\boldsymbol{v}_1:\boldsymbol{v}_2]^{-1},\tag{13}$$

其中 $\lambda_2=\lambda_1+1$ 和 $\gamma\neq 0$。请注意，这是一个四维参数空间：两个维度表示 $\boldsymbol{v}_1$ 和 $\boldsymbol{v}_2$ 的方向，一个维度表示 λ_1，另一个维度表示 γ。这使得各种各样的树的生成成为可能。回想一下，这只是式(8)的无穷多个解的其中一个；对所考虑的矩阵的可逆性或退化性做出不同的假设，将导致不同的解集。

图 6 所示的树由下式给出：

$$L=\begin{bmatrix}1 & -1\\ 0 & 1\end{bmatrix}\begin{bmatrix}0.6 & 0\\ 0 & 1.6\end{bmatrix}\begin{bmatrix}1 & -1\\ 0 & 1\end{bmatrix}^{-1},\ R=\begin{bmatrix}1 & -1\\ 0 & 1\end{bmatrix}\begin{bmatrix}0.6 & 2\\ 0 & 1.6\end{bmatrix}\begin{bmatrix}1 & -1\\ 0 & 1\end{bmatrix}^{-1}$$

观察到式(13)给出的解的形式仅取决于以下事实：L 和 R 是非退化的。特别是，考虑 $\lambda_1=0$(因此 $\lambda_2=1$)的情况，如图 7 所示，因此 L 和 R 都是奇异的，并且有如下形式：

$$L=[\boldsymbol{v}_1:\boldsymbol{v}_2]\begin{bmatrix}0 & 0\\ 0 & 1\end{bmatrix}[\boldsymbol{v}_1:\boldsymbol{v}_2]^{-1},\ R=[\boldsymbol{v}_1:\boldsymbol{v}_2]\begin{bmatrix}0 & \gamma\\ 0 & 1\end{bmatrix}[\boldsymbol{v}_1:\boldsymbol{v}_2]^{-1}。$$

经过简单矩阵乘法得到 $L=LL=LR$ 和 $R=RL=RR$。这意味着可以简化 L 和 R 的任何乘积；例如

$$RLRR=(RL)RR=RRR=(RR)R=RR=R。$$

通常，L 和 R 的任何乘积都等于乘积中最左边的矩阵。因此，指令串 $RRLR$ 产

生节点

$$(I+R+RR+LRR+RLRR)t=(I+R+R+L+R)t。$$

很明显,指令串产生的节点仅取决于指令串中有多少个 L 和 R ,而不是它们的顺序。因此,若指令串的长度为 n,则仅生成 $n+1$ 个新节点。这在图 7 中显而易见。

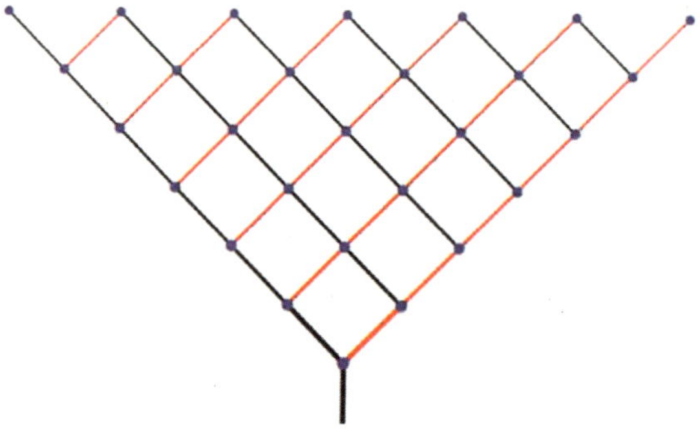

图 7　$LR \sim RL$ 以及 L 和 R 奇异的二叉树

第三个例子：$LR^{\infty} \sim (RL)^{\infty}$

第三个例子解决了无限指令串的等价问题。曼德尔布罗和弗雷姆(Mandelbrot 和 Frame, 1999)在研究“仅仅接触(just-touching)”二叉树时考虑了这样的指令串。他们只研究了几个特定的无限指令串,但当然可以推广到任意无限指令串。

在图 8 中,观察到指令 LR^{∞}(即 $LRRRR\cdots$)和$(RL)^{\infty}$(即 $RLRLRL\cdots$)导向树中的同一节点(这两条路径以较粗的线绘制)。考虑寻找无限变换对的过程,这将产生具有这种特殊性质的二叉树。

困难在于矩阵方程涉及无限和:

$$I+L+RL+R^2L+R^3L+\cdots=I+R+LR+RLR+LRLR+RLRLR+\cdots。\tag{14}$$

要解这个方程,假设这两个和是绝对收敛的。这不仅可以保证这些和确实存在,而且还将允许右边的项的重新排列以得到:

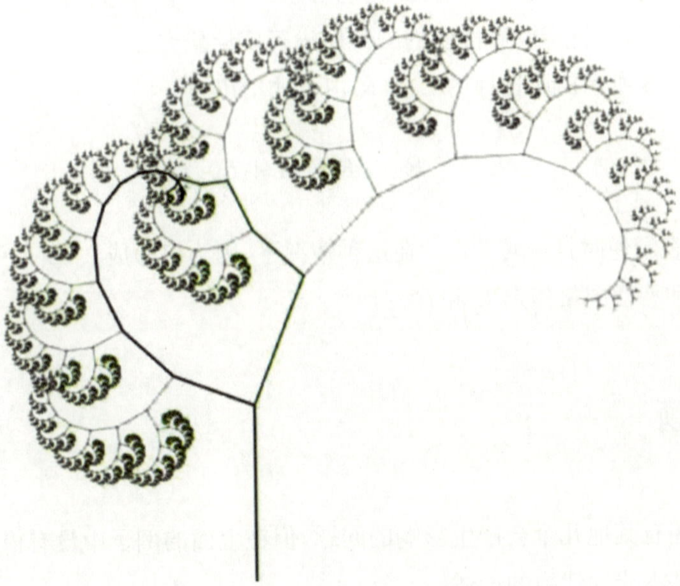

图 8 $LR^{\infty} \sim (RL)^{\infty}$ 的二叉树

$$I+\left(\sum_{j=0}^{\infty} R^{j}\right) L=(I+R) \sum_{J=0}^{\infty}(LR)^{j}。$$

这些方程中的和是几何级数,因此可以使用常用公式求和,并适用于矩阵:

$$I+(I-R)^{-1} L=(I+R)(I-LR)^{-1}。$$

现在左乘 $I-R$,右乘 $I-LR$,展开,移项得到:

$$R^{2}-LR-R+L+RLR-L^{2} R=[0]。$$

由于 $L=R$ 一定是方程的解(因为两个无限指令串实际上是同一组指令),从左边提取因式 $(R-L)$ 是合理的。这样得到:

$$(R-L)(R-I+LR)=[0]。$$

假设 $R-L$ 可逆,则得到 $R-I+LR=(I+L)R-I=[0]$。如果 $I+L$ 可逆,则得到:

$$R=(I+L)^{-1}。\tag{15}$$

在此过程中已经做出了几个假设。尽管如此,仍然有一个四维无限集变换对可供选择。只选择 L,并像式(15)那样定义 R,假设如上所述的选择保证了逆的存在以及和的收敛。同样,没有必要找到式(14)的所有解,只需一个足够大的解集,就可以对具有特定收敛性质的二叉树进行广泛研究。

生成图 8 所示树所选择的 L 和 R 由下式给出:

$$L=\frac{1}{2}R_{70^\circ},\ R=(I+L)^{-1}, \tag{16}$$

其中 R_{70° 表示逆时针旋转 70°。在这种情况下,因为(15)成立,所以没有必要根据特征值和特征向量指定 L 和 R。

其他问题

这里还有其他几个会产生影响的问题,但在上面的例子中没有得到讨论,以免妨碍对基本线性代数的论述。

1. “左”和“右”这两个词是任意的;选择在视觉上易于理解的例子。通常,对于任意变换 L 和 R,分支在视觉上不会显得一致向左或一致向右。

2. 树干的选择也会影响二叉树的几何形状。例如,如果选择 $\boldsymbol{v}_1$ 为图 7 所示的树干——特征值 0 对应的特征向量——树将退化,只有一个节点。这没什么艺术感,但在完整描述具有特定属性的二叉树时却是一个重要的问题。

3. 在许多例子中,当 L 和 R 是仿射的但不是线性的时候,矩阵方程存在解。考虑此类解会增加参数空间的维度,从而会产生更多种类的树。但是,在这些情况下,求解的过程将更加复杂。

4. 文献中的左右分支总是收缩的。若希望无限指令串收敛,则这一点通常是必要的。但是,例如,当寻找具有 $LR\sim RL$ 性质的树时,迭代到有限深度,收敛性不成问题了。这为我们带来了更多的可能性。

艺术考量

如上所述,对于像 $L\sim LR$ 这等明显简单的约束条件的完整分析可能相当复杂。然而,使用这个约束条件所生成的树,如图 4 和图 5 所示,无法与图 1 所示的树的复杂程度相匹敌。因此，满足 $L \sim LR$ 的树的艺术方面可能性相当有限。

本节介绍了几个更具艺术感的树的例子。它们都将表现出一个特征，如图1所示：将选择适当的 L 和 R，使得树中的节点以非平凡的方式发生重叠。在此图中，选择 L 为逆时针 120°旋转，R 为缩放旋转。当遍历节点和分支时，节点的大小和分支的宽度会逐渐变小，这有助于创造质感。但因为 L 不是缩放旋转，所以连续应用 L 会在图形中造出等边三角形。

由于 $L^3 = I$，因此不管选择什么样的 R，都将造出以节点为端点的等边三角形。有必要尝试 R 的各种选择，看看哪个会产生有趣的几何形状。没有一种启发式方法可以作为万能指南——只有大量工作、反复试验以及成千上万棵树的渲染，才能为艺术家提供某种直觉，这种直觉说明了什么样的选择才是好的选择。

图 9 是以类似的方式创建的。在这里，L 是逆时针旋转 90°的旋转，因此 $L^4 = I$；很明显是正方形。原点在正方形的右下角，连续应用 L 变换时，会重复绘制此图。变换 R 也是逆时针旋转 90°，但比例是 1/2。这将在内部生成较小的

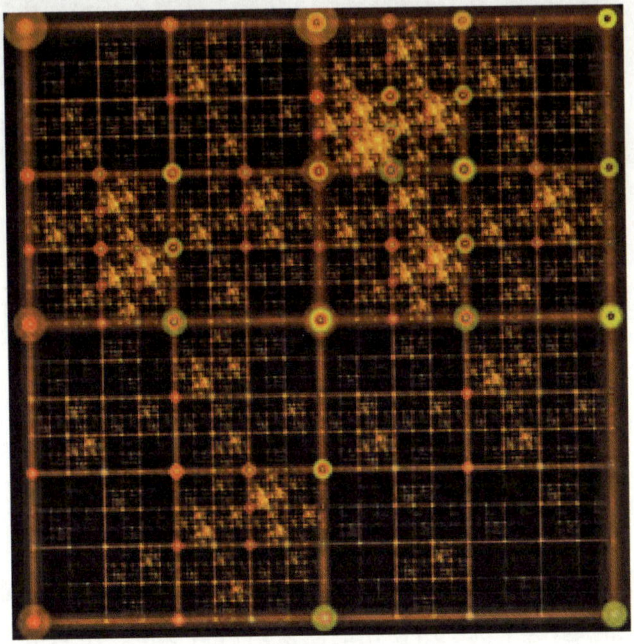

图 9　无题

正方形和对角线图案。其他缩放因子不会产生如此有趣的结果;当缩放因子小于 1/2 时,较小的正方形之间不会相交,当缩放因子大于 1/2 时,则有相当大的重叠,但并未形成任何有规律的模式。

在下一个例子银河系(图 10)中,选择变换,使得对于任何指令串 σ,都有 $\sigma LLR \sim \sigma$。可以通过选择 L 和 R,使得 $I+L+RL=[0]$ 而达到这个目的。假设 L 是可逆的,不难看出对于给定的 L,令 $R=-I-L^{-1}$ 可以达到这个目的。

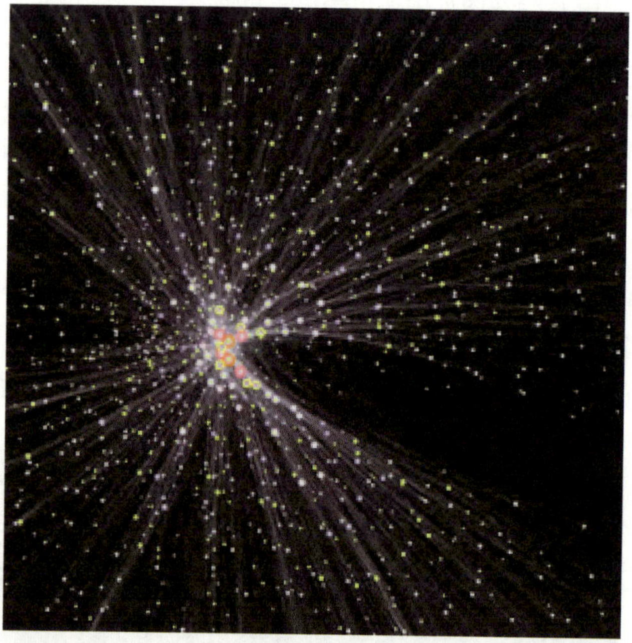

图 10 银河系

考虑 $\sigma=R$。参考(1)并利用 $I+L+RL=[0]$ 的性质,指令串 $RLLR$ 将树干 $\boldsymbol{t}$ 变为

$$\begin{aligned}(I+R+LR+LLR+RLLR)\boldsymbol{t} &= [I+R+(I+L+RL)LR]\boldsymbol{t} \\ &= (I+R+[0]\cdot LR)\boldsymbol{t} \\ &= (I+R)\boldsymbol{t},\end{aligned}$$

这正是指令串 R 作用于 $\boldsymbol{t}$ 上的结果。很容易将这种计算推广到任意指令串 σ。

值得注意的是,这个例子所使用的变换是仿射变换。使用仿射变换会得到更大的参数空间,但是求解像(6)这样的方程则会变得更加复杂。通常只需求出某个涉及仿射变换的特定方程的一系列解就够了,不需要完整的解。请注意,如果 L 是可逆的,则 R 是很容易确定的——但如果 L 是奇异的,则需要更多的工作才能求出完整的解。

有时,想要达成的重合又会招致复杂的矩阵方程。图 11 所示的二叉树 S 满足 $RR \sim LRL$,但生成这个二叉树所必需的一个变换是由计算机代数系统(CAS)所生成的。所选的 L 是可逆的且退化的,因此 $\boldsymbol{v}_1$、$\boldsymbol{v}_2$ 和 λ 如(3)所示。然后使用 CAS 找出 R,使得对于树干 $\boldsymbol{t}$ 的所有选项,都有 $RR \sim LRL$,也就是:

$$I + R + R^2 = I + L + RL + LRL。$$

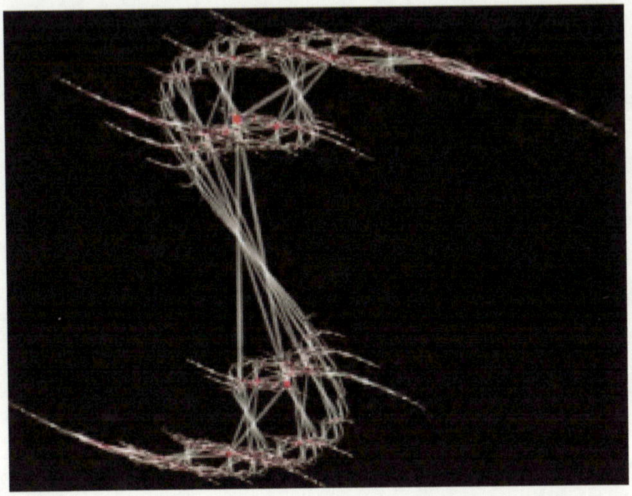

图 11 S

多项式矩阵方程比代数多项式更难求解,因为即使 $A \neq [0]$, $B \neq [0]$, $AB = [0]$ 的情况通常也有可能出现,就像求解(6)时所看到的那样。尽管求解这样的方程确实让艺术家对参数空间有了更好的掌控,但仍可通过使用 CAS 来寻找相关矩阵方程的特定解,从而产生有趣的结果。

结论

若允许生成二叉树的常用算法中的左右分支是任意的仿射变换,二叉树的参数空间就会变得相当大。可能会产生种类极其丰富并且具有不同几何性质的树。但是,与其在任意变化的参数森林中乱撞,还不如借助一些基本线性代数来主动设计二叉树的结构。

参考文献

Espigulé B (2013) Generalized self-contacting symmetric fractal trees. Symmetry Cult Sci 21: 333 - 351

Mandelbrot B, Frame M (1999) The canopy and shortest path in a self-contacting fractal tree. Math Intell 21: 18 - 27

O'Hanlon A, Howard A, Brown D (2004) Path length and height in asymmetric binary branching trees. Missouri J Math Sci 16: 88 - 103

Taylor TD (2007) Golden fractal trees. In: Sarhangi R, Barrallo J (eds) Bridges Donostia: mathematics, music, art, architecture, culture. Tarquin Publications, London, pp 181 - 188

6

圆盘和正方形之间的同胚

张伯伦·方

目录

摘要

圆形和正方形是人类最常使用的几何形状。因此，两者之间的数学对应关系是值得研究的。本章讨论将圆形区域映射到正方形区域的三种不同的方法，反之亦然。这些映射都有很好的闭式可逆方程和不同的有趣性质。此外，本章将介绍这些映射在艺术上的应用，例如，如何将庞加莱圆盘转换成正方形，以及将长方形艺术品塑造为椭圆形。

关键词

共形正方形；埃舍尔艺术作品；可逆映射；非欧氏几何；庞加莱圆盘；方圆形

引言

在拓扑学中,同胚是几何对象之间的等价关系,它可以将一个几何对象连续地变形为另一个。如果两个对象之间存在连续可逆映射,则它们是同胚的。一个反复出现的笑话是甜甜圈和咖啡杯之间的同胚。玩笑归玩笑,用数学来定义一个咖啡杯可一点也不容易。相反,这一章将集中在两个简单且数学定义明确的物体上——圆盘和正方形。我们将研究如何将圆盘映射到正方形区域,反之亦然(图 1)。

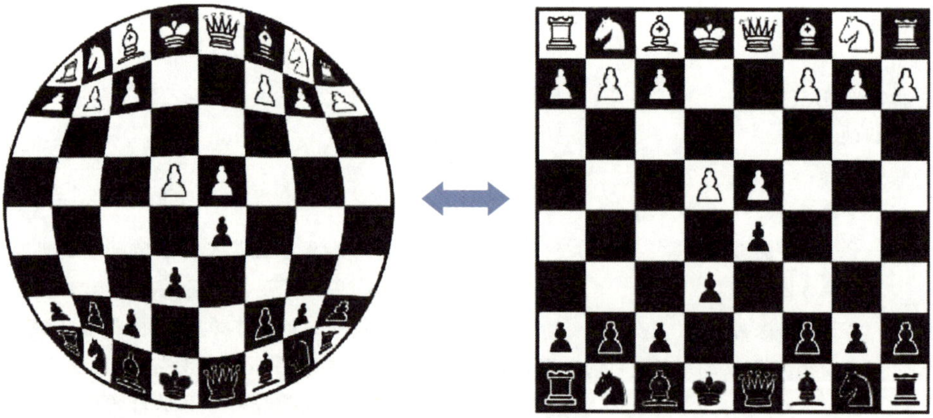

图 1　映射到圆盘上的棋盘

不用说,有无数种方法可以将圆盘映射到正方形。我们特别感兴趣的是具有可逆解析方程的映射。本章将讨论三种这样的映射。此外,本章还将介绍和讨论这些映射的不同的奇特性质。这些性质包括均匀网格、径向约束和共形性等概念。但在我们继续讨论之前,还有一个重要的遗留问题需要解决:这个数学问题听起来太熟悉了。我们在处理一个数学中的经典问题吗?这个问题是现代意义下的"化圆为方"吗?

的确,数学中有一个著名的经典问题叫作"化圆为方"。这个众所周知的几何构造问题是指使用直尺和圆规画一个圆和一个正方形,使得它们的面积相等。乍一看,我们的映射问题似乎类似于"化圆为方"。然而,这两个问题只是表面上相似,终归还是大相径庭。我们的映射问题包括寻找那些利用计算机可以计算的二维映射方程，而对于那个经典问题来说，必须使用绘图员的工具进行几何构造才行。

标准映射空间

为了在数学上描述映射，我们首先需要介绍符号并在标准映射空间中引入一些变量。对于映射来说，定义域是以原点为中心的单位圆，值域是四角位于 $(\pm 1, \pm 1)$ 的正方形。如图 2 所示。我们用 (u, v) 表示位于单位圆之内的点，而 (x, y) 表示映射后位于正方形之中的对应点。

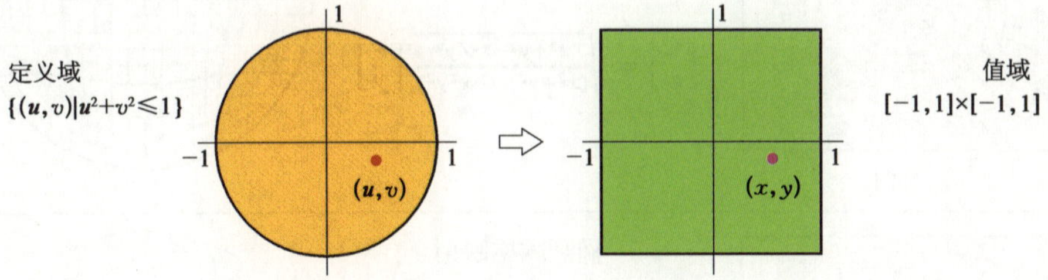

图 2　圆盘和正方形的标准映射空间

从数学上讲，我们希望找到将圆盘中的每一个点 (u, v) 映射到正方形区域中的点 (x, y)、反之亦然的函数 f。换句话说，我们想推导出 f 的方程，使得 $f(u, v)=(x, y)$ 且 $(u, v)=f^{-1}(x, y)$。

方程映射图

图 3 显示了作为本章核心的三个映射。它们是锥形 2 方圆形(tapered2 squircular)，椭圆网格(elliptical grid)，以及共形正方形映射(conformal square mapping)。为了说明这些映射的视觉性质，这里有一些将径向网格圆盘转换为正方形的示意图。它们出现在图 3 的左侧。类似地，在右侧，有一些将正方形网格转换为圆盘的示意图。这些映射中的每一个都有相应的正向和逆向方程。从这里，人们可以观察到这些方程在数学上都具有不同程度的复杂性。

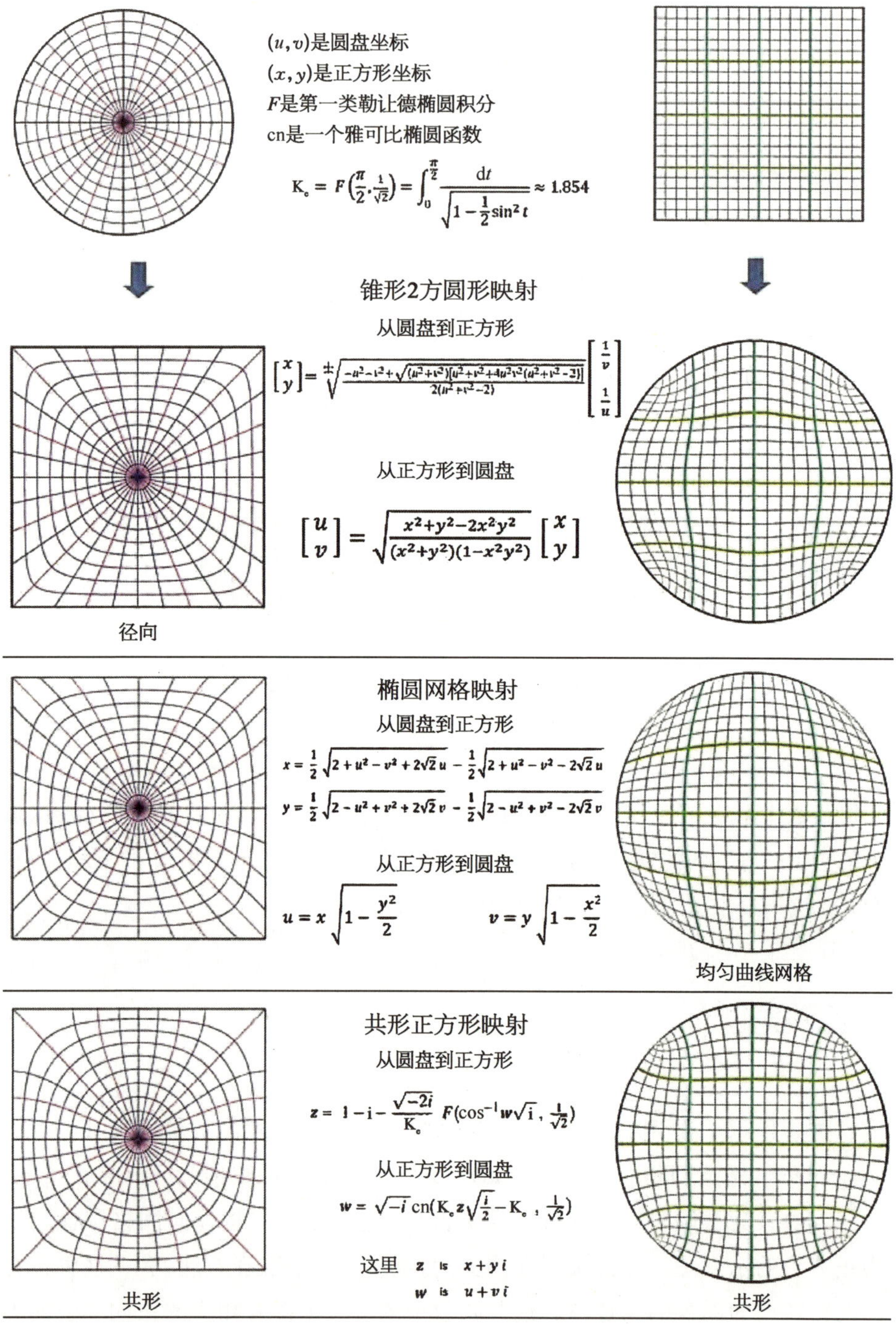

图 3　将圆盘转换为正方形的一些映射,反之亦然

对于锥形 2 方圆形映射来说，使用向量符号是很方便的。相比之下，对于共形正方形映射来说，使用复数是最合适的。另一方面，椭圆网格映射可以用简单的代数方程来表示。下一节将更详细地讨论这些映射中的每一个。

在这一点上，有必要回顾一下符号函数(signum function)。此函数的缩写为 sgn(x)，定义为

$$\operatorname{sgn}(x)=\begin{cases}-1 & x<0\\ 0 & x=0\\ 1 & x>0\end{cases}。$$

数学细节

费尔南德斯-瓜斯蒂方圆形

1992 年，曼努埃尔·费尔南德斯-瓜斯蒂(Manuel Fernandez-Guasti)发现了一条平面代数曲线，它是圆和正方形之间的中间形状(Fernandez-Guasti, 1992)。这条曲线由一个四次方程表示：

$$x^2+y^2-\frac{s^2}{r^2}x^2y^2=r^2。\tag{1}$$

这个方程包括一个参数 s，可以使得这条曲线在圆和正方形之间光滑地变换。图 4 显示了不同 s 值下的费尔南德斯-瓜斯蒂方圆形。

方形度参数 s 可以是 0 到 1 之间的任何值。当 $s=0$ 时，方程产生半径为 r 的圆，当 $s=1$ 时，方程产生边长为 $2r$ 的正方形。在两者之间，该方程产生一条光滑的曲线，它是圆和正方形的几何混合体。

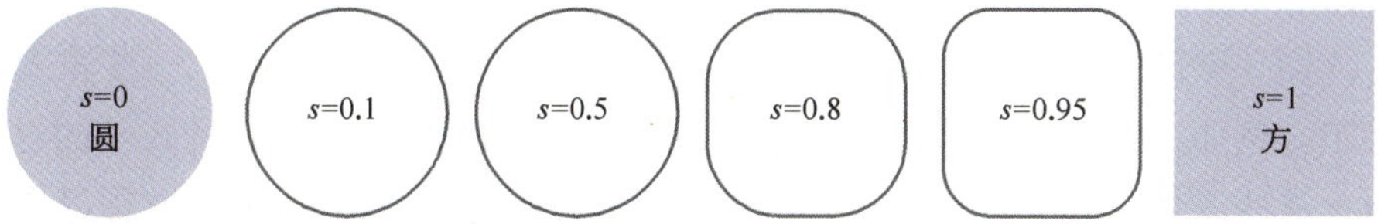

图 4　不同方形度下的费尔南德斯-瓜斯蒂方圆形

锥形 2 方圆形映射

费尔南德斯-瓜斯蒂曲线可以作为创建圆盘和正方形之间的映射的基础。关键的想法是将圆盘内的圆形轮廓与正方形内的方圆形轮廓相匹配。这在图 5 中表示出。

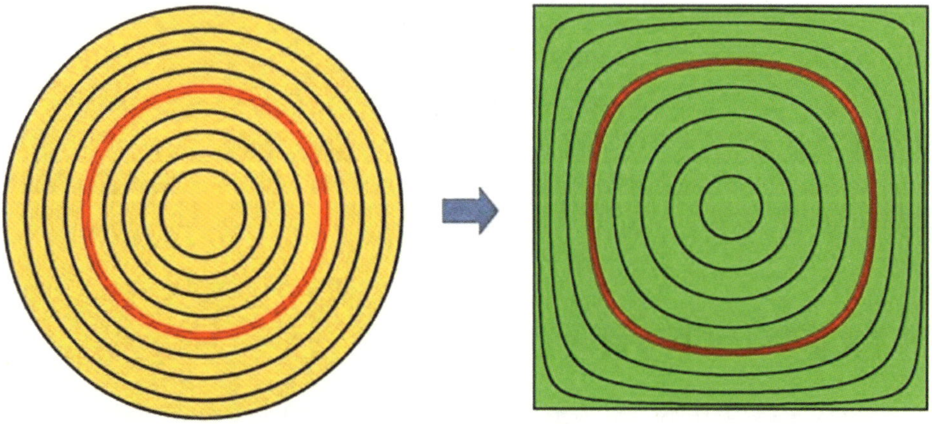

图 5 基于方圆形连续体的映射

圆盘可以被认为是同心圆的连续体。同样,一个正方形区域可以被认为是一个方形度不断增加的同心方圆形连续体。这些同心方圆形在接近边缘时变得越来越像正方形。我们将把这种现象称为正方形的方圆形连续体。

除了匹配圆盘内部和正方形内部的轮廓以外,锥形 2 方圆形映射还有一个被称为径向约束的限制。简而言之,这意味着在映射过程中,只允许点进行径向移动,如图 6 所示。

通过将径向约束与非线性方圆形连续体耦合,可以导出一组将圆盘映射到正方形的方程。这是对于锥形 2 方圆形映射如何产生的几何概述。更多详情请参见(Fong, 2019)。

图 3 中提供的映射方程并不精确。为了简洁起见,有意省略了一些重要的细节。例如,在正方形到圆盘的映射方程中,存在着造成除以零这种式子的退化点。这些退化点位于正方形的中心和四个角。在这些位置上,映射方程导向不定式 $\frac{0}{0}$。然而,这些点的映射的极限是有定义的。

考虑到这些和其他缺失的细节,下面是锥形 2 方圆形映射的修正版映射方程

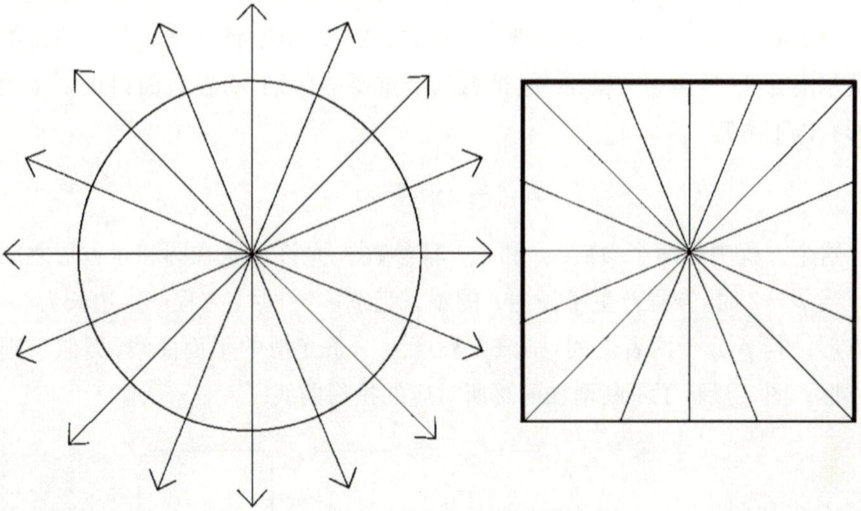

图 6　映射的径向约束

$$\begin{bmatrix} x \\ y \end{bmatrix} = \begin{cases} (\mathrm{sgn})(uv)\sqrt{\dfrac{-u^2-v^2+\sqrt{(u^2+v^2)[u^2+v^2+4u^2v^2(u^2+v^2-2)]}}{2(u^2+v^2-2)}}\begin{bmatrix} \dfrac{1}{u} \\ \dfrac{1}{v} \end{bmatrix} & \text{如果} \begin{matrix} v\neq 0 \\ u\neq 0 \end{matrix} \\ \begin{bmatrix} u \\ v \end{bmatrix} & \text{此外} \end{cases}$$

$$\begin{bmatrix} u \\ v \end{bmatrix} = \begin{cases} \sqrt{\dfrac{x^2+y^2-2x^2y^2}{(x^2+y^2)(1-x^2y^2)}}\begin{bmatrix} x \\ y \end{bmatrix} & \text{如果} \begin{matrix} (x,\ y)\neq(0,\ 0) \\ (x,\ y)\neq(\pm 1,\ \pm 1) \end{matrix} \\ \begin{bmatrix} \mathrm{sgn}(x)\ \dfrac{1}{2}\sqrt{2} \\ \mathrm{sgn}(y)\ \dfrac{1}{2}\sqrt{2} \end{bmatrix} & \text{如果}(x,\ y)=(\pm 1,\ \pm 1) \\ \begin{bmatrix} 0 \\ 0 \end{bmatrix} & \text{如果}(x,\ y)=(0,\ 0) \end{cases}$$

拉梅方圆形

费尔南德斯-瓜斯蒂方圆形绝不是唯一的圆形和方形的参数化混合形状。事实上，还有一个更著名的曲线叫作超椭圆，也有这种特性。拉梅方圆形是一个没有离心率的超椭圆,是一个特例。这种平面代数曲线最初是由加布里埃尔·拉梅(Gabriel Lamé)在1818年研究发现的。定性地说,该曲线看起来非常类似于费尔南德斯-瓜斯蒂方圆形,但是有几个重要的区别,将在后面讨论。拉梅方圆形有以下方程

$$|x|^p+|y|^p=r^p。\tag{2}$$

这个方程中有两个参数:p 和 r。幂参数 p 允许形状在圆和正方形之间变化。当 $p=2$ 时,方程产生半径为 r 的圆。当 $p\to\infty$ 时,方程产生边长为 $2r$ 的正方形。若 p 介于两者之间,则该方程产生一条光滑的平面曲线,类似于圆和正方形。图7显示了不断增加的幂所对应的拉梅曲线。

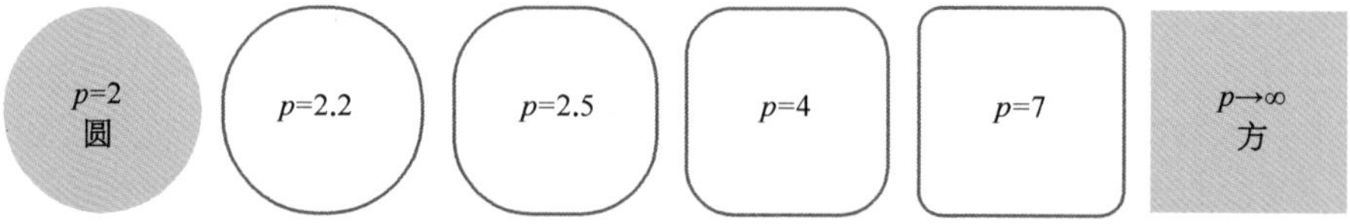

图7 不同多项式幂的拉梅方圆形

尽管拉梅方圆形与费尔南德斯-瓜斯蒂方圆形在定量上有相似之处,但两者之间有很大的区别。拉梅方圆形只能逼近正方形。它需要无穷大的指数才能完全实现正方形。此外,由于拉梅曲线的多项式方程具有无界指数,因此难以用代数方法处理。然而,拉梅方圆形可以作为设计另一种从圆盘到正方形的映射的基础。

拉梅方圆形具有参数形式,其中曲线上点的坐标 x 和 y 可以根据参数 t 来指定。参数方程为

$$x(t)=\operatorname{sgn}(\cos t)\,|\cos t|^{\frac{2}{p}},$$
$$y(t)=\operatorname{sgn}(\sin t)\,|\sin t|^{\frac{2}{p}}。\tag{3}$$

利用这些拉梅方圆形的参数方程,可以设计出另一种从圆盘到正方形的映射。关键思想是用 $u=\cos t$ 和 $v=\sin t$ 来表示圆盘上的点。该映射如图8所示,对应的方程如下:

$$x=\operatorname{sgn}(u)\,|u|^{1-u^2-v^2},$$
$$y=\operatorname{sgn}(v)\,|v|^{1-u^2-v^2}。\tag{4}$$

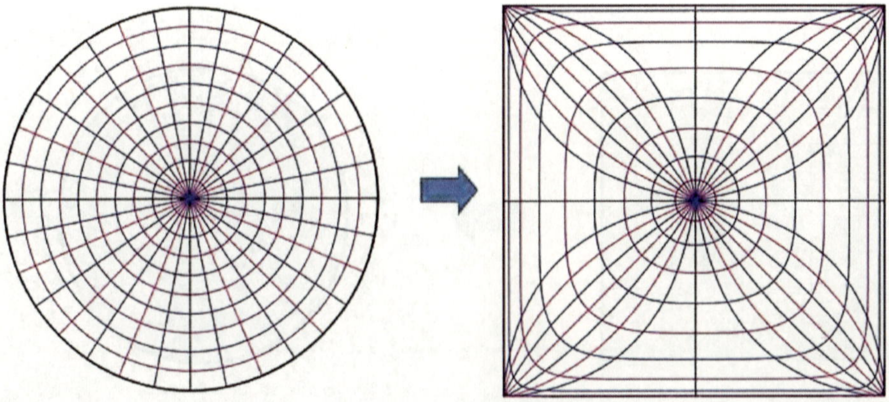

图 8 基于拉梅方圆形的从圆盘到正方形的映射

这种基于拉梅方圆形的映射具有几个不好的性质，使得它不如图 3 所示的其他映射那么有用。首先，它没有提供显式逆方程。表示逆映射的解析方程很可能不存在。这意味着只能在数值分析中使用迭代根求解技术来计算逆映射。

这个映射的另一个糟糕的性质是，它只在开圆盘和开正方形区域上起作用。这意味着映射不包括圆盘的圆形边界或正方形区域的边缘。在数学上，这个映射的定义域是开圆盘 $\{(u, v) \mid u^2+v^2<1\}$，映射的值域是开正方形区域 $(-1, 1)\times(-1, 1)$。

椭圆网格映射

正方形可以很容易地被细分成由更小的正方形所组成的网格。与此形成鲜明对比的是，没有什么简单的方法可将圆细分成更小的不重叠圆的网格。然而，可以基于椭圆弧将圆盘细分成均匀的网格。如图 9 右侧所示。利用这一观察，有可能设计出从正方形到圆盘的映射。关键思想是将正方形网格内的单元与圆形网格内的单元相匹配。

2005 年，菲利普・诺威尔(Nowell, 2005)提出了将正方形映射到圆盘的非常简单的方程。该推导基本上可归结为使得正方形网格单元和椭圆形网格单元相匹配所需的两个数学约束。第一个约束是正方形内的垂直线段与圆盘内垂直方向的椭圆弧相匹配。如图 10 中所示，其中垂线及其对应的椭圆弧线以红色标出。这种映射关系可以用下面的等式来概括：

$$1=\frac{u^2}{x^2}+\frac{v^2}{2-x^2}。 \tag{5}$$

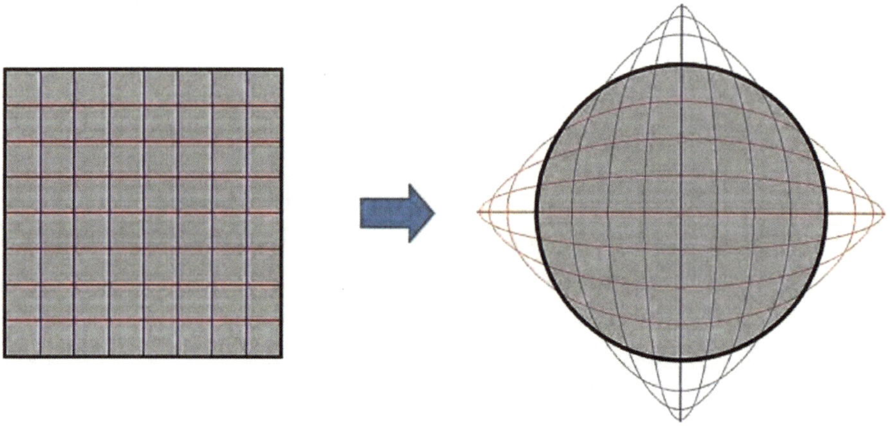

图 9　椭圆网格映射概述

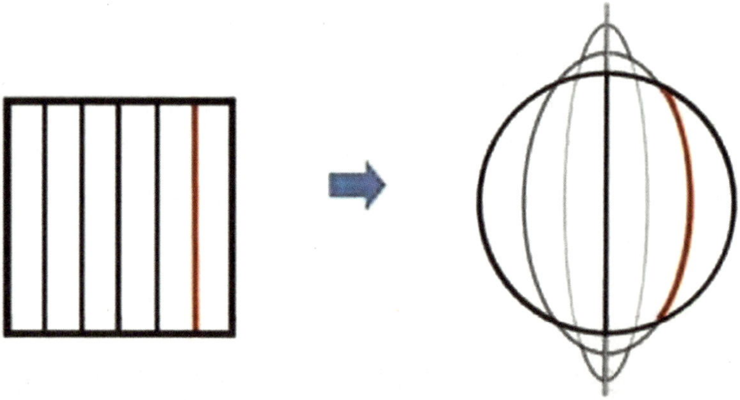

图 10　椭圆网格映射的垂直约束

本质上,对于正方形内的每条 x 值恒定的垂直线段,都有一个与之对应的以圆心为中心的椭圆方程,这个椭圆的边界、离心率以及长半轴和短半轴长度取决于 x 的值。具体来说,椭圆的左右顶点随着 x 的值的变化而变化,同时,上下顶点的值随着 $\pm\sqrt{2-x^2}$ 的变化而变化。

映射的第二个约束是正方形内的水平线段与圆盘内的侧向椭圆弧相匹配。如图 11 所示,其中水平线及其对应的椭圆弧线以红色标出。这种映射关系也可以用下面的方程来概括:

$$1=\frac{u^2}{2-y^2}+\frac{v^2}{y^2}。\tag{6}$$

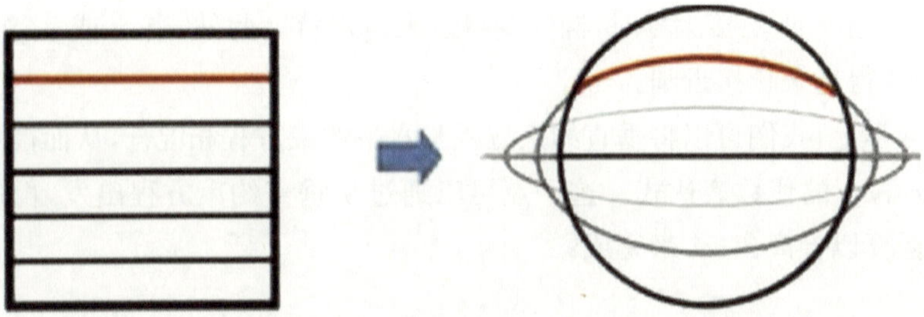

图 11　椭圆网格映射的水平约束

本质上，对于正方形内 y 值恒定的水平线段，都有一个与之对应的以圆的圆心为中心的椭圆方程。该椭圆的边界、离心率以及半长轴和半短轴长度随着 y 的值变化而变化。具体来说，椭圆的上下点随着 y 的值的变化而变化。同时，左右顶点的值随着 $\pm\sqrt{2-y^2}$ 的变化而变化。

基本上，该映射将正方形内垂线和水平线的网格指定给圆盘内的椭圆弧的网格。如图 9 所示，这实质上是将正方形网格单元与椭圆形网格单元相匹配。可以通过叠加圆盘内垂直方向和水平方向的椭圆弧来形成椭圆弧的曲线网格。图 12 显示了叠加所成的曲线网格。

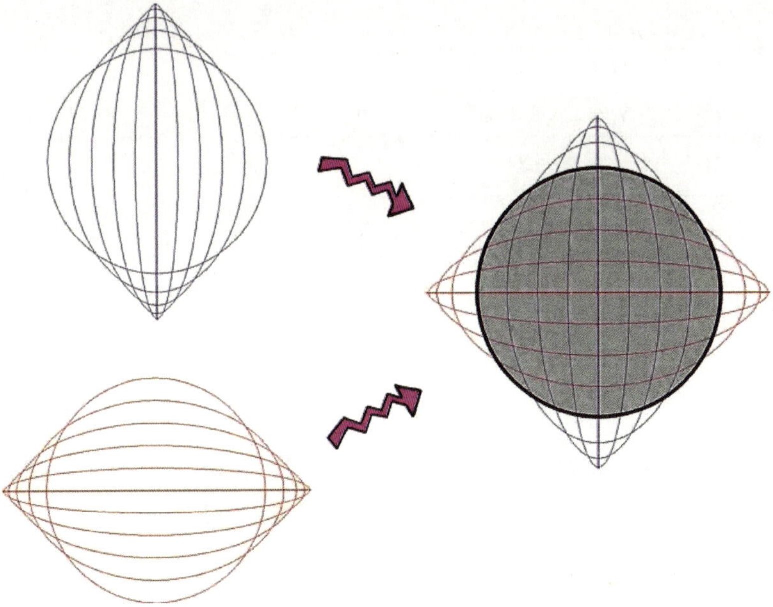

图 12　叠加垂直和水平弧以创建曲线椭圆网格

注意，当 x 或 y 接近零时，椭圆变得越来越奇特。此外，当 x 或 y 接近 ± 1 时，椭圆变得越来越接近圆。

在数学上，我们可以将垂直约束方程与水平约束方程相混合，从而得到 u 或 v 关于 x 和 y 的代数表达式。这一点可以通过从垂直约束方程出发，再进行一些代数运算以分离出 u^2 来完成：

$$1=\frac{u^2}{x^2}+\frac{v^2}{2-x^2}\Rightarrow 1-\frac{v^2}{2-x^2}=\frac{u^2}{x^2}\Rightarrow u^2=x^2\left(1-\frac{v^2}{2-x^2}\right),$$

然后，我们可以将 u^2 的值代入水平约束方程

$$1=\frac{u^2}{2-y^2}+\frac{v^2}{y^2}\Rightarrow 1=\frac{x^2\left(1-\frac{v^2}{2-x^2}\right)}{2-y^2}+\frac{v^2}{y^2}。$$

将等式两边乘以 $(2-x^2)(2-y^2)y^2$，去掉分母，得到

$$(2-x^2)(2-y^2)y^2=x^2y^2(2-x^2-v^2)+v^2(2-x^2)(2-y^2)。$$

之后，我们可以将 v^2 分离出来：

$$(2-x^2)(2-y^2)y^2-x^2y^2(2-x^2)=-x^2y^2v^2+(2-x^2)(2-y^2)v^2\Rightarrow$$

$$v^2[(2-x^2)(2-y^2)-x^2y^2]=(2-x^2)y^2(2-y^2-x^2)\Rightarrow$$

$$v^2=y^2\ \frac{(2-x^2)(2-y^2-x^2)}{(2-x^2)(2-y^2)-x^2y^2}\Rightarrow$$

$$v^2=y^2\ \frac{(2-x^2)(2-y^2-x^2)}{4-2x^2-2y^2}=y^2\ \frac{2-x^2}{2}\Rightarrow$$

$$v=y\sqrt{\frac{2-x^2}{2}}\rightarrow v=y\sqrt{1-\frac{x^2}{2}},$$

类似地，以对称的方式，可以求解 u：

$$u=x\sqrt{1-\frac{y^2}{2}}。$$

也可以导出这个映射的逆方程，但是所需的代数操作更加复杂。相反，我们建议读者参考(Fong，2014)了解逆方程的冗长的推导过程。

基于施瓦茨-克里斯托费尔的共形正方形映射

共形映射是在执行映射操作后保留几何图形之间的角度的映射。换句话

说，共形映射不会扭曲角度。这一节将讨论从圆盘到正方形的共形映射。但是，为了做到这一点，我们需要事先在复平面上绕道而行，先讨论一些理论。

19 世纪复分析中最著名的结果之一是黎曼映射定理(Riemann mapping theorem)(Frederick 和 Schwarz，1990)。它指出在开单位圆盘和复平面的每个单连通子集之间存在一个共形映射。此外，它指出，如果我们固定一个点以及映射的定向，那么这个共形映射是唯一的。理论上讲，黎曼映射定理是很优美的，但它只是一个存在性定理。它并没有指出如何才能找到共形映射。另外一个重要突破来自赫尔曼·施瓦茨(Hermann Schwarz)和埃尔文·克里斯托费尔(Elwin Christoffel)的著作。在 19 世纪 60 年代，施瓦茨和克里斯托费尔独立地开发了复平面中单位圆盘和简单多边形区域之间的共形映射公式。这个公式很复杂，涉及复平面上的积分。

为了显示这个公式有多复杂，下面列出了它的完整形式。我们不会费心解释每个变量在复积分中的意义。可以说，一般的施瓦茨-克里斯托费尔公式(Schwarz - Christoffel formula)是相当复杂的：

$$f(z)=\int^{z}\prod_{k=1}^{n}\left(1-\frac{\zeta}{zk}\right)^{\alpha_k-1}\mathrm{d}\zeta。\tag{7}$$

此外，对于大多数多边形，积分只能用数值近似的办法来处理。幸运的是，对于正方形这一特殊情况，施瓦茨-克里斯托费尔公式可被约化为涉及复值椭圆积分和椭圆函数的显式解析表达式(Langer 和 Singer，2011)。

勒让德椭圆积分

在这里应适当停顿一下并简要讨论椭圆积分和椭圆函数。我们感兴趣的是勒让德椭圆积分和雅可比椭圆函数。尤其让我们感兴趣的是第一类不完全勒让德椭圆积分 F 及与其密切相关的反函数，雅可比椭圆函数 cn。

数学上，第一类不完全勒让德椭圆积分是一个双参数函数，定义为

$$F(\phi,\ k)=\int_{0}^{\phi}\frac{1}{\sqrt{1-k^2\ \sin^2(t)}}\mathrm{d}t。\tag{8}$$

注意，不能用大一微积分课程中的任何标准技术来简化这个积分。人们最初是在测量椭圆弧长的情况下研究这个积分的。这就是它被称为椭圆积分的原因(Rice 和 Brown，2012)。

该函数中的两个参数也与椭圆密切相关。第一个参数 ϕ 是某种角度参数。它源于椭圆弧所对的角。第二个参数 k 与椭圆的离心率密切相关。

同时,雅可比椭圆函数 cn (Jacobi elliptic function)可以被看作 F 的某种逆函数。在数学上,它与 F 的关系如下:

$$\mathrm{cn}(\eta,\ k)=\cos(F^{-1}(\eta,\ k))。\tag{9}$$

基本共形映射

图 13 显示了复平面中圆盘和正方形之间的基本共形映射,而没有深入施瓦茨-克里斯托费尔映射的实质细节。该映射可以通过简化复平面上正方形的施瓦茨-克里斯托费尔积分并使用雅可比椭圆函数 cn 的双周期性质来导出。从本质上讲,可以通过对复值雅可比椭圆函数 cn 的计算,将单位圆盘内的每个点共形地映射到正方形区域中来。此外,可以使用第一类不完全勒让德椭圆积分(incomplete Legendre elliptic integral of the first kind) F 来计算映射的逆。

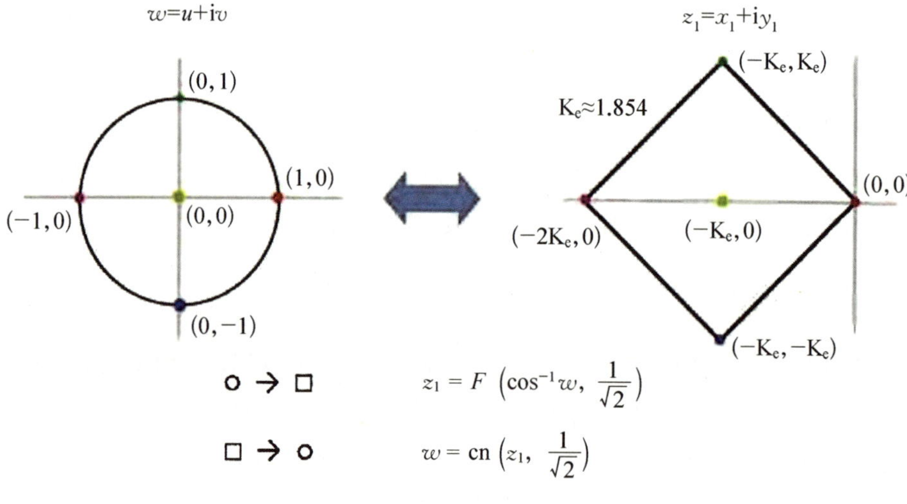

图 13 复平面中圆盘和正方形之间的共形映射

标准校准

复平面上的图的主要缺点是坐标 x 和 y 不在标准映射空间中。图 13 显示了一个正方形,其角坐标为常数 K_e,而不是所需的 ± 1。此外,正方形倾斜 45°且中心偏离原点。为了将这种映射转换到标准映射空间,需要对正方形执行一系列仿射变换。这包括将正方形的中心变换到原点，并将边长缩小到 2。为此，必须引入 45°倾斜的旋转因子以及 K_e 的偏移和缩放(offset and scale)因子。这正是在共形正方形映射的显式方程中发生的情况。基本上，这是复平面标准映射方程

$$z=1-i-\frac{\sqrt{-2i}}{K_e}F\left(\cos^{-1}w\sqrt{i}, \frac{1}{\sqrt{2}}\right), \tag{10}$$

它的逆是

$$w=\sqrt{-i}\,\mathrm{cn}\left(K_e z\sqrt{\frac{i}{2}}-K_e, \frac{1}{\sqrt{2}}\right), \tag{11}$$

其中 z 是复数 $x+iy$，而 w 是复数 $u+iv$。

宜应解释贯穿整个方程的因子 $\sqrt{\pm i}$。这些乘法常数只是用来表示需要进行$\pm$ 45° 的旋转调整，以将方程向图 2 中的标准映射空间校准的一种简洁方式。

在复平面中，可以简单地通过与复数 $e^{i\theta}$ 的相乘来完成旋转。对于 45° 旋转，乘法因子为

$$e^{i\frac{\pi}{4}}=\cos\frac{\pi}{4}+i\sin\frac{\pi}{4}=\frac{1}{\sqrt{2}}(1+i)=\sqrt{i}。\tag{12}$$

对于 $-45°$ 旋转，乘法因子为

$$e^{-i\frac{\pi}{4}}=\cos\frac{\pi}{4}-i\sin\frac{\pi}{4}=\frac{1}{\sqrt{2}}(1-i)=\sqrt{-i}。\tag{13}$$

软件实现

要在计算机上实现这种映射，就必须能够计算 cn 和 F 等特殊函数。这些函数的数值计算源代码是很容易在 Boost 和 GNU 科学库等开源库中找到的。此外，在《数字食谱》(*Numerical Recipes book*)(Press et al., 1992)这本畅销书中也出现了一个实现参考。

软件实现之中的一个潜在的陷阱是：映射需要特殊函数的复变函数的版本。这些复变函数通常不包含在开源库中。尽管如此，这些复变函数在数学上都有明确的定义。L.M.米尔恩 · 汤姆森(L.M. Milne-Thomson)在经典的 AMS-55 参考

书(Abramowitz 和 Stegun，1972)中给出了计算复值 cn 和 F 的公式。

这里值得一提的是，对于计算 F 和 cn 这些特殊函数(Carlson，1977)而言，已经有了快速而稳健的算法。事实上，高斯已经证明了可以用算术几何平均快速计算椭圆积分(Hancock，1958)。可以说这些特殊函数的计算速度和标准三角函数一样快。

一类复方圆形

费尔南德斯-瓜斯蒂方圆形被用作绘制锥形 2 方圆形映射的基础。本节将讨论如何利用类似的想法，逆推出另一种类型的方圆形。具体来说，可以从共形正方形映射出发，提出一种不同类型的方圆形，称为复方圆形。

让我们再来看看图 5 中的方圆形连续体，最初是在推导锥形 2 方圆形映射时讨论它的。通过逆推，从共形正方形映射出发，可以导出介于圆和正方形之间的中间形状的曲线方程。

图 14 显示了细分成不同颜色的同心环的圆盘。然后，通过共形正方形映射将圆盘映射为正方形。生成的正方形仍然细分成同心环，但包络线的形状不完全是圆形。因此，一个合乎逻辑的问题是：正方形内同心环的边界形状是什么样的。

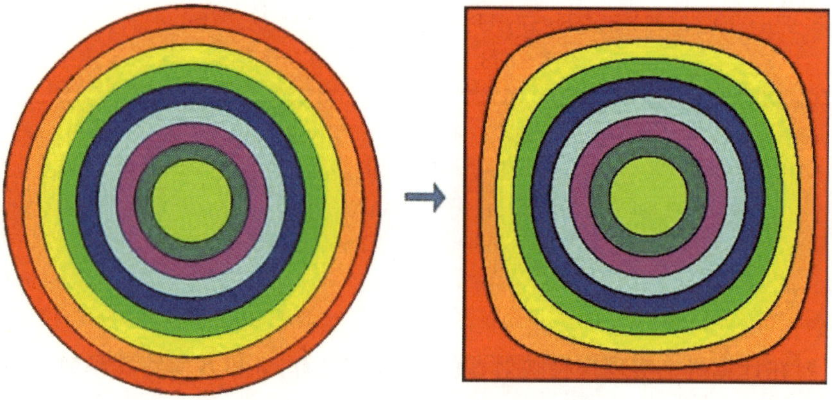

图 14　重新审视方圆形连续体

由图 14 可以直观地推测出正方形内部的同心包络线的形状是某种方圆形形状的曲线。事实上，这些同心包络线的形状展示了混合了圆形和正方形的曲线的所有定义特征。因此，将它们归为另一种类型的方圆形——复方圆形是有道理的。

通过将共形正方形映射应用于圆的参数方程，可以将复方圆形写成参数形式。在复平面上，单位圆的参数形式是 e^{it}，$0 \leqslant t \leqslant 2\pi$。通过在圆上应用共形正方形映射，可以得到一个复变函数 ψ，作为复方圆形的一种辅助表示：

$$\psi(t, q) = 1 - i - \frac{\sqrt{-2i}}{K_e} F\left(\cos^{-1}(q e^{it} \sqrt{i}), \frac{1}{\sqrt{2}}\right), \tag{14}$$

ψ 是一个双参数复变函数，建立在从圆盘到正方形的共形平方映射方程的基础之上。第一个参数 t 用于曲线参数化。第二个参数 q 是一个方形度参数，类似于费尔南德斯-瓜斯蒂方圆形的参数 s。

使用这个函数 ψ，可以将复方圆形定义为由以下参数方程产生的曲线：

$$x(t) = \Re[\psi(t, q)] \frac{r}{\psi(0, q)},$$
$$y(t) = \Im[\psi(t, q)] \frac{r}{\psi(0, q)}。 \tag{15}$$

与前面讨论的其他类型的方圆形一样，复方圆形有两个参数：q 和 r。方形度参数 q 允许此形状在圆形和方形之间进行变化。当 $q=0$ 时，方程产生半径为 r 的圆，当 $q=1$ 时，方程产生边长为 $2r$ 的正方形。当 q 介于两者之间时，该方程产生一条平滑的平面曲线，类似于圆和正方形。如图 15 所示。

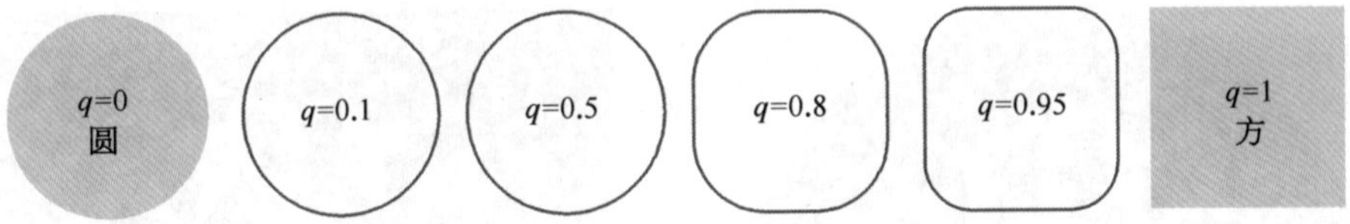

图 15　不同方形度值下的复方圆形

总之，被称为方圆形的数学形状在从圆盘到正方形的映射之发展中起着重要作用。本章讨论了三种不同类型的方圆形以及相应的映射。表 1 总结了这些方圆形。

表 1　本章讨论的三种不同类型的方圆形

名　称	方形参数	方　　程	关键性质
费尔南德斯-瓜斯蒂方圆形	$s \in [0, 1]$	$x^2 + y^2 - \frac{s^2}{r^2} x^2 y^2 = r^2$	四次多项式方程

续　表

名　称	方形参数	方　　程	关键性质
拉梅方圆形	$p \in [2, \infty]$	$\mid x \mid^p + \mid y \mid^p = r^p$	无界 p 次多项式
复方圆形	$q \in [0, 1]$	$\psi(t, q) = 1 - \mathrm{i} - \frac{\sqrt{-2\mathrm{i}}}{\mathrm{K_e}} F\left(\cos^{-1}(qe^{it}\sqrt{\mathrm{i}}), \frac{1}{\sqrt{2}}\right)$ $x(t) = \Re[\psi(t, q)]\frac{r}{\psi(0, q)}$ $y(t) = \Im[\psi(t, q)]\frac{r}{\psi(0, q)}$	复参数方程,其中参数 $t \in [0, 2\pi]$

应用：庞加莱圆盘的正方形化

这一部分将讨论如何将圆形的埃舍尔式艺术品转换成正方形。图 16 显示了一个天使和魔鬼相连的圆形图块的例子。右边图案的灵感来自 M. C. 埃舍尔的著名作品《圆形极限 IV》(*Circle Limit Ⅳ*, 1960)。左边的图案是向正方形转换前的图案。

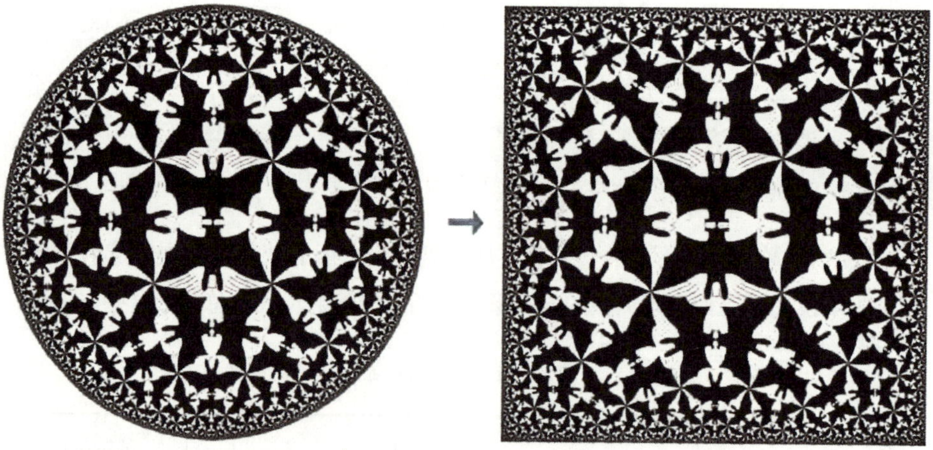

图 16　将天使与魔鬼的圆形图案转换成正方形

为了更深入地研究埃舍尔式的艺术作品(Dunham, 2009),有必要介绍一些非欧几何的数学背景。特别是我们需要讨论一种叫作双曲几何的非欧几何。为了简单起见，仅限于被称为双曲面的双曲几何的二维结构。人们可以直观地将双曲面视为曲率处处为负的曲面（Taimina，2009）。相比之下，欧氏平面是一个曲率处处都是零的平面。

非欧几何有一段漫长且传奇的历史，本章仅仅稍加介绍。非欧几何源于对欧几里得第五公设——也称为平行公设的否定。这一假设的现代表述是：

在平面上，给定一条直线和直线外一点，通过该点至多可以画出一条直线与已知直线平行。

这个表述被称为普莱费尔公理（Playfair's axiom）。如图 17 左图所示。与此同时，当普莱费尔公理被以下陈述替代时，双曲几何出现了：

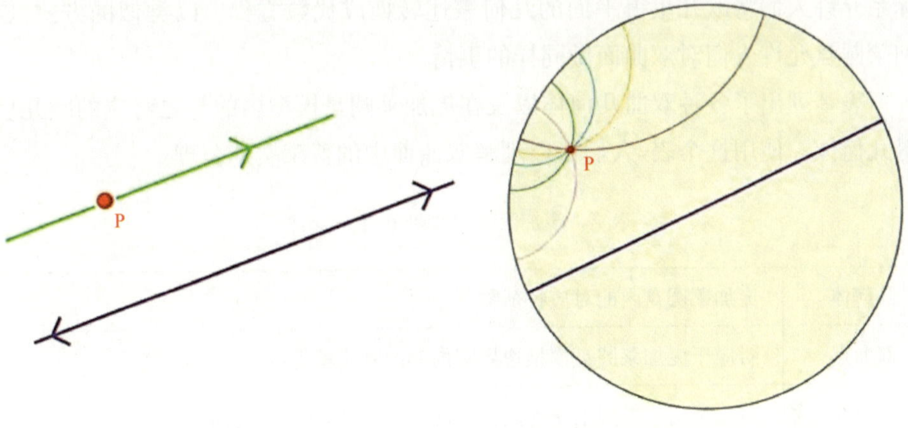

图 17　欧氏平面（左）和双曲面（右）上的平行公理

在双曲面中，给定一条直线和直线外一点，通过该点有多条直线与已知直线平行。

为了在双曲几何中说明这一点，我们需要在双曲面上明确且一致地定义出点、线和平行等概念。首先，我们来介绍一下庞加莱圆盘。

为了研究双曲几何，数学家们提出了许多不同的双曲面模型。最受欢迎的模型可能是庞加莱圆盘。庞加莱圆盘可以被当作双曲面在欧几里得平面中的单位圆盘上的某种投影。它有几个有趣的性质，使得它很适合表示双曲面。

庞加莱圆盘的一个重要性质是它能将整个双曲面呈现在 IR^2 中的有限圆盘范围内。双曲面中的每个点都由庞加莱圆盘内的唯一一个点来表示。这使得整个双曲面在这个模型中的可视化变容易了。

庞加莱圆盘的另一个重要特性是共形性。在共形模型中，双曲角度度量与欧几里得角度度量相同。换句话说,这个双曲模型不会扭曲角度。人们可以通过对欧几里得角度进行简单测量,来度量庞加莱圆盘中的几何体之间的双曲角度。不幸的是,对于双曲距离来说,情况却并非如此。双曲距离在庞加莱圆盘中遭到了严重扭曲。

在庞加莱圆盘模型中,原点(0,0)位于圆盘的中心。圆盘边缘的边界圆距离原点有无限远。当点离边界圆越来越近时,点离原点的双曲距离也越来越大。因此,几何体在接近边界圆时会显得很小。

人们可以把庞加莱圆盘想象成笛卡尔坐标系。就像笛卡尔坐标系忠实地模拟了欧几里得平面一样,庞加莱圆盘是双曲面的一种有意义的表示。笛卡尔坐标系允许人们将欧几里得平面的几何表述转换成代数方程。以类似的方式,庞加莱圆盘允许人们对双曲面做同样的事情。

表 2 列出了各种双曲几何体以及在庞加莱圆盘模型内的与之对应的欧几里得几何体。使用这个表,人们可以理解双曲面中的普莱费尔公理。

表 2 庞加莱圆盘中的双曲几何体

几何体	庞加莱圆盘内的对应特征物
双曲点	对应于庞加莱圆盘模型边界圆内部的欧几里得点
双曲线	对应于与边界圆正交的圆弧,圆弧可以是任意半径的圆的一部分
双曲角	两条双曲线之间的夹角与庞加莱圆盘模型中的和它们相对应的圆弧之间的欧几里得角相同
双曲平行	当且仅当双曲线不在庞加莱圆盘模型的内部相交时,它们互相平行

双曲镶嵌

众所周知,只有三种类型的正多边形可以镶嵌欧几里得平面,即三角形、正方形和六边形。这些镶嵌如图 18 所示。鲜为人知的是,所有的正多边形都可以镶嵌双曲面!为了说明这一点,图 19 显示了用双曲五边形、七边形和八边形镶嵌的庞加莱圆盘。

停车标志大概是人们在日常生活中所遇到的最常见的八边形。1968 年,它被联合国确立为国际标准。作为一个正八边形,停车标志可以镶嵌整个双曲面。

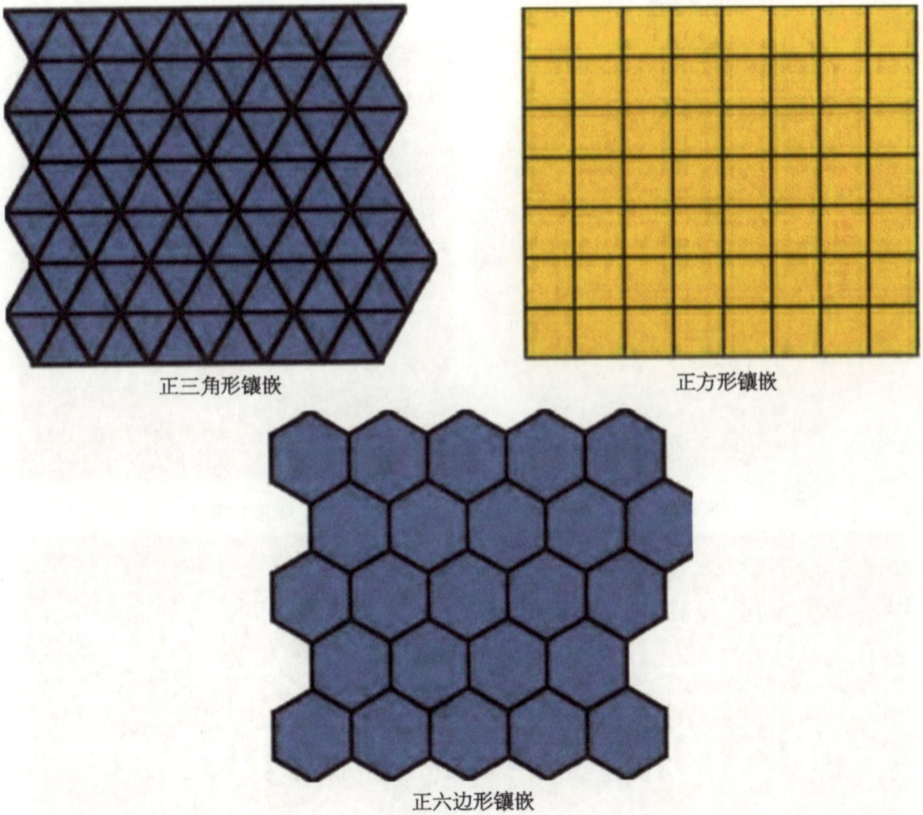

图 18　三种欧几里得正多边形镶嵌

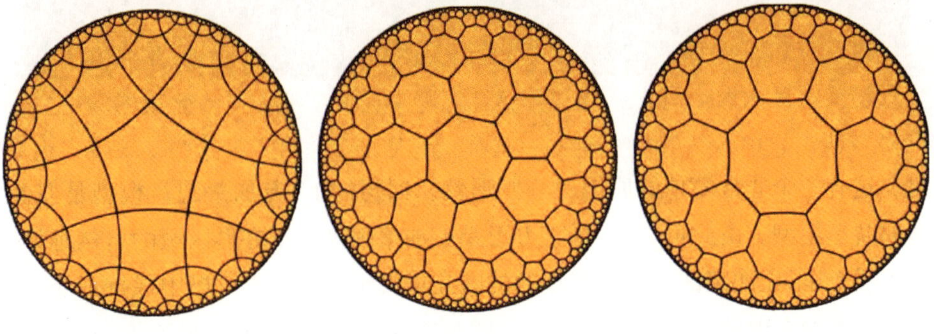

图 19　可能的庞加莱圆盘五边形、七边形和八边形镶嵌

图 20 显示了庞加莱圆盘图案。此外,使用本章讨论的三种映射中的任何一种,可以将这种图案转换成正方形。

将庞加莱圆盘转换成正方形的最相关且最合适的方法是使用共形正方形映

图 20 双曲停车标志

射。这有一个非常简单的原因——共形性。回想一下,庞加莱圆盘模型是双曲面的共形模型。由此可见,共形正方形是庞加莱圆盘向正方形区域的自然延伸。从本质上讲,庞加莱圆盘中未经扭曲的欧几里得角在共形正方形中保持不变。

其他两个映射也可用于将庞加莱圆盘转换为正方形,但结果不太理想。对于椭圆网格映射,正方形的四个角看起来相当混乱。同时,锥形 2 方圆形映射产生了相当不错的结果,但是八边形遭到了明显的扭曲。

总之,共形正方形是庞加莱圆盘向正方形的自然延伸。为了进一步说明这一点,图 21 显示了来自图 19 的双曲镶嵌的共形正方形形式。

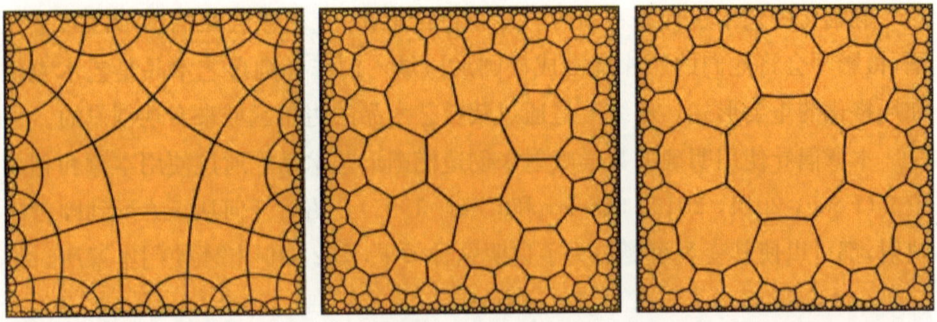

图 21　映射到共形正方形的双曲镶嵌

应用：矩形图像的椭圆化

世界上大多数照片都是矩形的。然而，出于艺术上的原因，人们可能希望将它们转换成圆形或椭圆形图像。本节将推广前面所讨论的从正方形到圆盘的映射，以处理椭圆和矩形。之后，人们可以将这些映射应用于矩形艺术品以产生椭圆艺术品。此后，将矩形变成椭圆的过程称为椭圆化。

如果已经有了从正方形到圆盘的映射，椭圆化就非常简单。椭圆化只需通过去除离心率，然后在完成了从正方形到圆盘的映射之后再重新引入离心率来加以完成。该过程如图 22 的上图所示，同时在底部显示了美国国旗椭圆化的说明性例子。

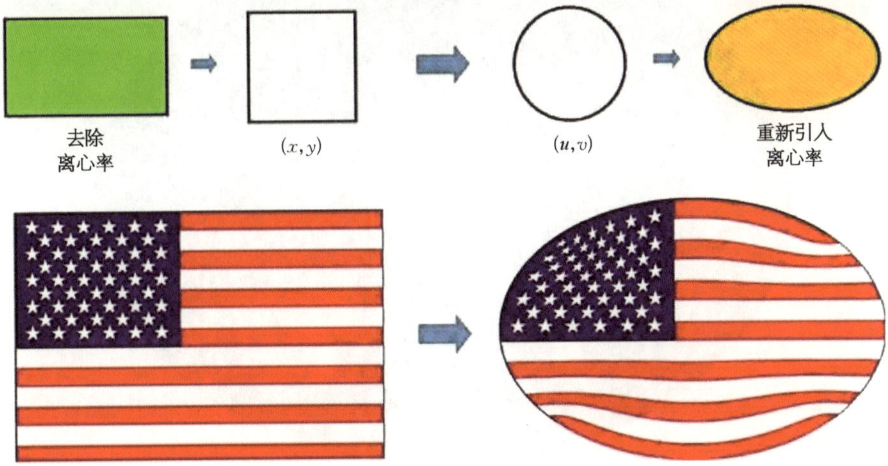

图 22　椭圆化：将矩形图像转换为椭圆形区域

椭圆化的艺术过程并不新鲜。几个世纪以来,艺术家会在椭圆形画布上作画,摄影师会将他们的照片切割成椭圆形区域。创作椭圆形艺术品是艺术表现和风格化的重要形式。传统上是通过裁剪艺术品的边角区域来实现创作的。

本章倡导使用明确的数学映射来创造椭圆形艺术品。通过使用本章和相关论文(Fong, 2014, 2019; Shirley 和 Chiu, 1997)介绍的任何从正方形到圆盘的映射,都可以使其变为可能。为了说明这种效果,图 23 和图 24 使用本章所讨论

图 23　马奈的《女神游乐厅的吧台》(1882)及其裁剪画

图 24　马奈的著名印象派画作的椭圆化

的不同映射将爱杜尔·马奈(Edouard Manet)的最后一幅主要作品《女神游乐厅的吧台》(*A Bar at the Folies-Bergere*)(1882)转换为椭圆形区域。仅仅通过裁剪图片以产生椭圆形区域的传统过程是极为不可接受的,因为这会去除许多位于画作角落的值得注意的细节。例如,观察马奈的裁剪画,发现戴着礼帽的酒吧顾客不见了。此外,画作左上角的空中飞人的悬空的腿也不见了。相比之下,经过数学映射的画作完整地保持了所有这些特征,尽管有些扭曲。

尺寸与形状失真

在微分几何中,二维扭曲通常分为两种主要类型:尺寸扭曲和形状扭曲(Floaterand Hormann,2005)。马奈绘画的椭圆化突出了这两种扭曲的区别。基于共形正方形映射的拉伸施瓦茨-克里斯托费尔映射在拐角附近具有显著的尺寸失真。当我们观察到空中飞人的悬空腿已经缩小到几乎看不见的程度时,这一点非常明显。相比之下,椭圆网格映射在拐角附近具有显著的形状失真。具体来说,戴礼帽的先生看起来相当畸形。另一方面,锥形 2 方圆形映射在尺寸和形状扭曲之间显出了很好的折衷效果。在应用于马奈画作的三个映射中,它是效果最好的那一个。事实上,图 1 所示的圆形棋盘也使用了锥形 2 方圆形映射。人们可以观察到拐角的尺寸和形状相当完整。

结论

本章讨论了将圆盘映射到正方形以及将正方形映射到圆盘的三种明确方法。此外,还提供了这些映射的一些艺术方面的应用。对于双曲艺术,共形正方形映射得出了最好的效果。然而,对于其他艺术应用,如椭圆化,情况却并不一定如此,因为映射在四个角附近具有程度相当大的失真。

交叉引用

基于五边形结构的几何和美学概念

数学与艺术:统一视角

建筑中的镶嵌、平铺和编织表面

布拉施克积之美

参考文献

Abramowitz M, Stegun I (1972) Handbook of mathematical functions. Dover Publications Inc., New York

Carlson B (1977) Special functions of applied mathematics. Academic, New York

Dunham D (2009) Hamiltonian paths and hyperbolic patterns. Contemp Math 479: 51-65

Fernandez-Guasti M (1992) Analytic geometry of some rectilinear figures. Int J Math Educ Sci Technol 23: 895-901

Floater M, Hormann K (2005) Surface parameterization: a tutorial and survey. In: Dodgson N, Floater M, Sabin M (eds) Advances in multiresolution for geometric modelling. Springer, New York, pp 157-186

Fong C (2014) Analytical methods for squaring the disc. In: Seoul ICM 2014

Fong C (2019) Elliptification of rectangular imagery. In: Joint mathematics meeting SIGMAAARTS

Frederick C, Schwarz E (1990) Conformal image warping. IEEE Comput Graph Appl 10 (2): 54-61

Hancock H (1958) Elliptic integrals. Dover Publications Inc., New York

Langer J, Singer D (2011) The lemniscatic chessboard. Forum Geometricorum 11: 183-199

Nowell P (2005) Mapping a square to a circle (blog). http://mathproofs.blogspot.com/2005/07/mapping-square-to-circle.html

Press W, Flannery B, Teukolsky S, Vetterling W (1992) Numerical recipes in C. The art of scientific computing, 2nd edn. Cambridge University Press, Cambridge

Rice A, Brown E (2012) Why ellipses are not elliptic curves. Math Mag 85(3): 163-176

Shirley P, Chiu K (1997) A low distortion map between disk and square. J Graph Tools 2: 45-52

Taimina D (2009) Crocheting adventures with hyperbolic planes. AK Peters, Wellesley

7

互质数的可视化概述

本杰明·伊萨·奥尔蒂斯、
罗伯托·洛佩斯·埃尔南德斯和佩德罗·米拉蒙特斯

目录

摘要

我们给出了一些基于质数的几何构造的例子。然后，介绍了一种基于贝祖系数在笛卡尔平面上可视化互质数的新方法。以斜斯图尔曼序列分类为出发点，自然就会选择包含斜斯图尔曼序列共轭性动态信息的互质数的某些子集。在绘制这些集合时，会出现令人惊叹的几何结构。其中包括一些抛物线弧，并给出了它们的参数表示。

关键词

互质数；贝祖系数；斜斯图尔曼序列；二次弧

引言

自公元前 6 世纪左右古希腊首次对质数进行系统性研究以来，质数就一直让人类为之着迷。毕达哥拉斯数学学派尤其被质数的性质所吸引，根据他们的天体演化学，他们给质数赋予了一些神秘的解释。两个世纪后，欧几里得对它们进行了研究，并在他的《几何原本》中首次证明了质数有无穷多个以及许多其他有趣的性质。

后来，居鲁尼的埃拉托斯提尼(Eratosthenes)提出了一种现代语言，称之为求质数的算法，即著名的埃拉托斯提尼筛法(Eratosthenes sieve)，可用于在给定的范围内找到所有质数，只需从 2 的倍数开始，将每个质数的倍数所构成的合数逐步排除。

几个世纪过去了，直到 16 世纪和 17 世纪，质数再次引起了数学家的注意。费马、吉拉德、欧拉，尤其是梅森(Mersenne)，都是致力于揭示质数性质的学者之一。

尽管如此，质数和几何之间的联系并没有得到系统性的探讨。一个可能的例外是关于构造多边形的高斯-万策尔定理(Gauss - Wantzel theorem)：

> 一个正 n 边形可以用圆规和直尺作图当且仅当 n 是 2 的幂次方与任意多个不同费马质数的乘积。

费马质数是形如 $2^{2^k}+1$ 的形式的整数。

不幸的是，与质数和几何之间的联系有关的领域在很大程度上被学者们忽视了。然而，也有一些很好的例子。例如，1964 年，乌拉姆(S.M. Ulam)、斯坦因(M.L. Stein)和威尔斯(M.B. Wells)(Stein et al, 1964)提出了一种巧妙的方法来描绘平面上的质数，今天称之为乌拉姆螺旋。用他们的话说就是：

> 假设我们对平面(1)中的格点进行编号。例如图 1，从 $(0, 0)$ 开始，以螺旋线逆时针旋转使得 $(0, 0)\longrightarrow 1$，$(1, 0)\longrightarrow 2$，$(1, 1)\longrightarrow 3$，$(0, 1)\longrightarrow 4$，$(-1, 1)\longrightarrow 5$，$(-1, 0)\longrightarrow 6$，$(-1, -1)\longrightarrow 7$，$(0, -1)\longrightarrow 8$，$(1, -1)\longrightarrow 9$，$(2, -1)\longrightarrow 10$，$(2, 0)\longrightarrow 11$，$(2, 1)\longrightarrow 12$，$(2, 2)\longrightarrow 13$，等等。

在对平面上具有整数坐标的点进行编号之后，乌拉姆和同事标记了编号为质数的点，并将这个集合称为 P。他们注意到 P 不是随机的。显而易见，存在着明显的直对角线(图 1)。乌拉姆和同事们展示了从这个图形中得出的一系列惊人的结果；例如，直线上的点是二次型的像。

顺便说一句，他们在论文中展示的螺旋线是由洛斯阿拉莫斯科学实验室的

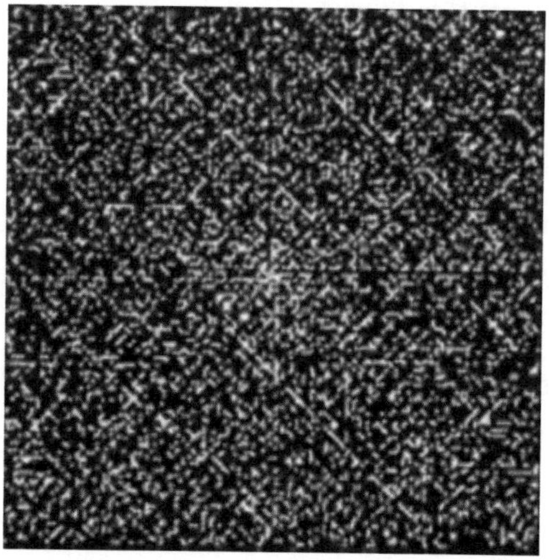

图 1　乌拉姆螺旋。对角线上的白点对应着坐标为互质的点

MANIAC Ⅱ电子计算机创建的，显示了多达 65 000 个点。

在乌拉姆螺旋出现之前，一位爬行动物学家提出了质数的图形可视化，业余数学家劳伦斯·门罗·克劳伯(Laurence Monroe Klauber)构建了克劳伯三角形。它是通过排列自然数，第一行由 1 开头，第二行列出 2、3 和 4，第三行列出 5、6、7、8、9 如此等等的方式来构建的。接下来，突出显示质数出现的位置，并删除(留空)非质数的位置。图 2 显示了两个克劳伯三角形。

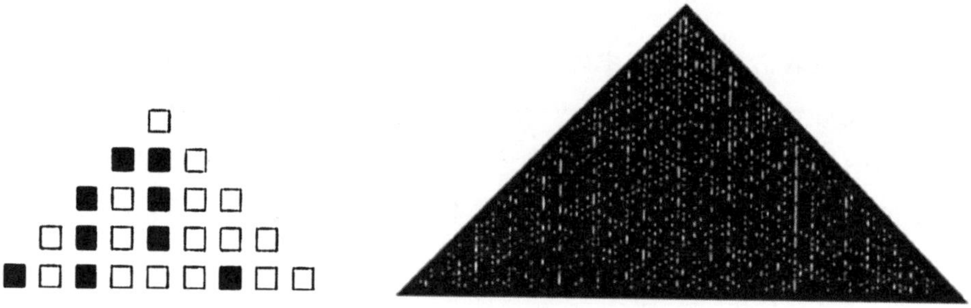

图 2　具有 5 行(左)和 400 行(右)的克劳伯三角形

就像乌拉姆螺旋的情况一样，某些图案会出现在克劳伯三角形中；直线似乎在上升。同样，可以找到一些二次公式来描述三角形中的直线。关于这个三角形，还有另一个有趣的方面，就是克劳伯并没有在专业数学杂志上发表他的结果，反而在美国数学会南加州分会三月会议(Daus，1932)的一次演讲以及给数

学家埃里克・T. 贝尔(Klauber, 1931)的信函中传达了他的结果。

另一种简单但有吸引力的质数可视化方法是在极坐标中绘制恒等函数 (p, p)，其中 p 是质数。回想一下，通常笛卡尔坐标中的点 (x, y) 可以用极坐标表示为 (r, θ)，其中 $r^2=x^2+y^2$，$\tan\theta=\frac{y}{x}$，θ 以弧度为度量。然后在极坐标中绘制所有点 (p, p) 的集合，其中 p 为质数。这个集合的图像如图 3 所示。

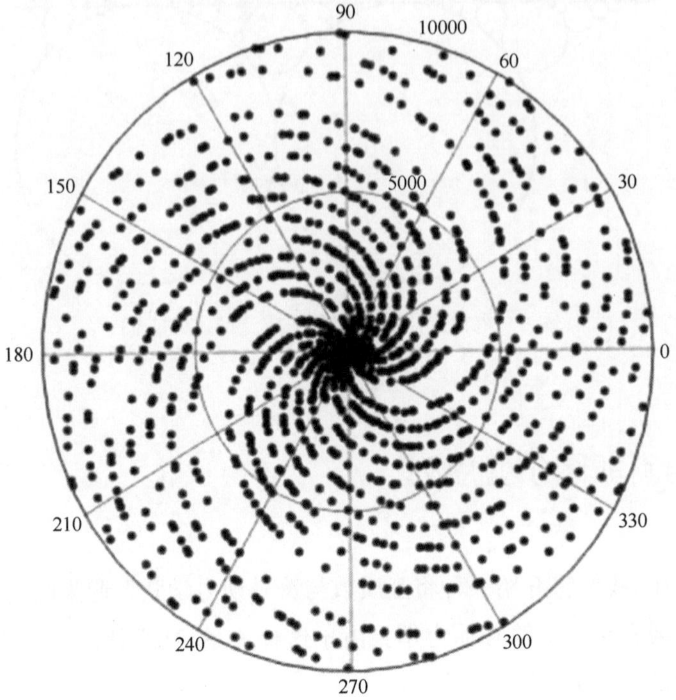

图 3　极坐标图中质数的可视化；绘制了 10 000 个坐标为 (p, p) 的点。见正文

到目前为止，我们展示了质数和几何之间的一些有趣的联系。现在，这篇文章的重点将完全转向互质数。

据我们所知，唯一能展示出互质数和几何之间的关系的例子也许是福特圆(Ford circles)的集合。给定两个互质的整数 p 和 q，以 $\left(\frac{q}{p}, \pm\frac{1}{2p^2}\right)$ 为中心，以 $\frac{1}{2p^2}$ 为半径的圆是福特圆。福特圆与横坐标轴相切，彼此不相交(图 4)。下面将探讨福特圆和法里序列的关系。

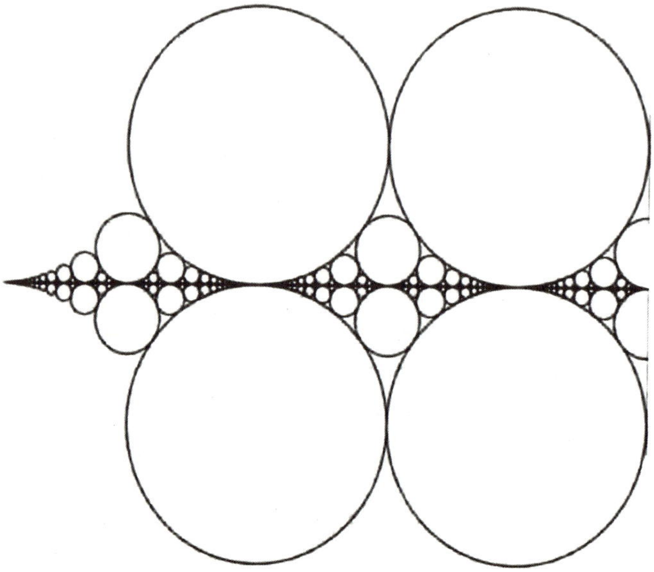

图 4 福特圆。后续部分将广泛地讨论它们

互质数与斜斯图尔曼序列

在本节中,我们将介绍一种将互质数与符号动力学联系起来的方法。为此,首先我们简要介绍一下符号动力学。由于这种关系,互质数的一个重要子集将表现出有趣的二次弧。

回想一下,如果两个整数 p 和 q 唯一的正公因子是 1,则它们被称为互质的;通常表示为 $\gcd(p, q)=1$。

从现在起,0 和 1 指令串将成为本研究的基本对象。定义一个字 w 是一个由 0 和 1 组成的有限指令串。字 w 的长度由 $|w|$ 表示;它是 w 包含的符号数。长度为 n 的字将被称为 n -字。两个字 w_1 和 w_2 的连接只是一个新字 w_1w_2,由 w_1 和 w_2 得到。

以 1 开头,后面跟着有限个零的字称为单元。如果 w 是一个具有 n 个 0 的单元,则称 w 是 n -单元。例如,1 是 0 -单元,10 000 是 4 -单元,以此类推。请注意,n 单元是 $n+1$ -字。

设 p 和q 是正的互质数。一个 q/p -链是一个 $p+q$ -字,定义为 q 个单元的连接 $w_1w_2\cdots w_q$,因此它总共包含 p 个零。例如,考虑单元 $w_1=w_2=100$ 和 $w_3=10$。那么连接 $w_1w_2w_3=10010010$ 是一个 3/5 -链。考虑 q/p -链的一个有用方法是从单个 p -单元开始,然后插入 $q-1$ 个 1。例如,前面所示的 3/5 -链 10010010 可以从 5 -单元 100000 开始,然后在第三和第五位置插入 1。

现在将刚才介绍的术语转化为几何信息。将互质对 (p, q) 与通过原点的斜率为 $\frac{q}{p}$ 的直线相关联,并且将 $p+q$ -字与之相关联。为此,从笛卡尔平面中的直线 $y=\frac{q}{p}x$ 开始,考虑附加在上面的整数格点。在顶点为 $(0, 0)$, $(p, 0)$, (p, q), $(0, q)$ 的 $p\times q$ 矩阵中,直线 $y=\frac{q}{p}x$ 与网格线相交于 $p+q-1$ 个点 $Q_1=(x_1, y_1)$, $Q_2=(x_2, y_2)$, …, $Q_{p+q-1}=(x_{p+q-1}, y_{p+q-1})$。请注意,最后一个交点,即顶点 (p, q) 被丢弃,而第一个点 Q_1 是原点。如果 y_i 为整数,则称点 Q_i 为水平点,如果 x_i 为整数,则称点 Q_i 为垂直点。原点 $Q_1=(0, 0)$,其中两个坐标都是整数,被认为是双点 $Q_1=Q_0Q_1$,从而它是一个水平点 Q_0 后跟一个垂直点 Q_1。Q_1 的另一个可能选择是将其向后加倍成 $Q_1=Q_1Q_0$,即垂直点之后是水平点;然而,它最终产生周期斜斯图尔曼序列的等价表示,这将在下面介绍。在这种情况下,通过在每个垂直点上写 0,在每个水平点上写 1,从而序列 Q_1, Q_2, …, $Q_{p+q-1}=Q_0Q_1$, Q_2, …, Q_{p+q-1} 形成一个字。由此生成了一条 $\frac{q}{p}$-链,并将其表示为 $P\left(\frac{q}{p}\right)$。图 5 显示了 $P\left(\frac{3}{5}\right)$ 链。

$\frac{q}{p}$ -链 $P\left(\frac{q}{p}\right)$ 被称为斯图尔曼链(Sturmian chain)。双无限周期序列可以通过取 $P\left(\frac{q}{p}\right)$ 并反复重复这一过程来形成。该序列是文献(Lothaire, 1997: 48)中定义的所谓切割序列(cutting sequence)的特例。事实证明,这个周期性的双无限序列是斯图尔曼序列。斯图尔曼序列的特征是斯图尔曼性质:任何两条包含相同个数的单元的链,要么具有相同数量的零,要么其中一条链比另一条链多一个 0(Morse 和 Hedlund, 1940)。

设 s 是所有双无限序列的度量空间 $\{0, 1\}^Z$ 中的双无限序列。将 s 生成的子位移 X 定义为 s 轨道的闭包,也就是说,子位移 X 是集合 $\{\Sigma^n(s): n\in \mathrm{Z}\}$ 的

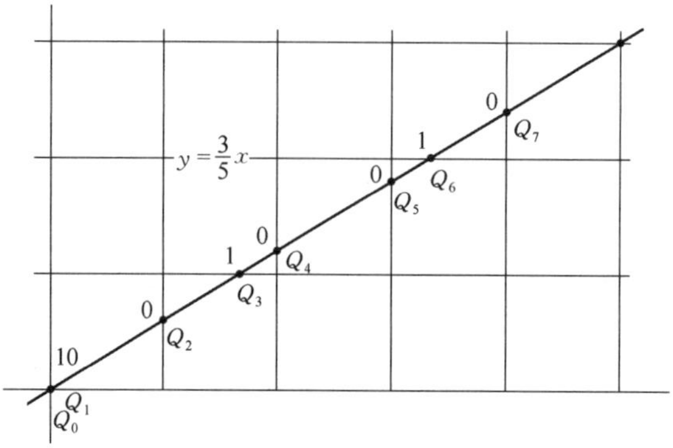

图 5 $\frac{3}{5}$-链 1001010 是几何 $\frac{3}{5}$-链 $P\left(\frac{3}{5}\right)$ 的一个示例,该几何图形是通过标记线 $y=\frac{3}{5}x$ 与整数网格相交而获得的

闭包,这里 Σ: $\{0, 1\}^Z \to \{0, 1\}^Z$ 是所谓的位移映射,定义为 $\Sigma(s)_n = s_{n+1}$。符号 Σ^n 表示 Σ 与自身合成了 n 次,如果 $n \neq 0$ 的话。

作为一个动力系统,如何得到由某个 s 生成的子位移的共轭类,也就是说,$\{0, 1\}^Z$ 中的哪一个双无限序列 t 产生的子位移与 s 产生的子位移共轭,是一个很有趣的问题。请参阅(Lind 和 Marcus, 1995)了解对于符号动力学的介绍。由周期 $P\left(\frac{q}{p}\right)$ 的周期斯图尔曼序列所生成的子位移 X 实际上是很好理解的:根据(Morse 和 Hedlund, 1940, 定理 3.5),与子位移 X 共轭的唯一一个双无限斯图尔曼子位移是 s 轨道上的周期斯图尔曼序列。

结果表明,人们可以在周期性的斯图尔曼序列中插入一个异常字,从而使得该序列不再是周期性的,同时仍然保持斯图尔曼性质。例如具有周期为 $P\left(\frac{3}{5}\right)$ 的周期斯图尔曼序列 s,即 $s = \cdots 10010010\cdots$,可以转换为 $\cdots 10010010\overline{100}10010\cdots$ 或 $\cdots 10010010\overline{10010}10010010\cdots$,它们仍然是斯图尔曼序列,但不再是周期性的:异常字 100 和 10010 分别被引入到周期斯图尔曼字中。最终产生的序列被称为频率为 $\frac{q}{p}$ 的斜斯图尔曼序列(Itzá-Ortiz et al, 2016; Morse 和 Hedlund, 1940)。

给定一个周期为 $P\left(\frac{q}{p}\right)$ 的周期斯图尔曼序列，与之相关的恰好有两种不同类型的斜斯图尔曼序列。如前所述，考虑直线 $y=\frac{q}{p}x$ 及以下规则：该直线每次与垂直或水平网格线相交时，分别引入 0 或 1。

- 对于频率为 $\frac{q}{p}$ 的 A 型斜斯图尔曼序列，在原点和直线每次穿过 x 轴下方的整数格点时引入一个 10 -字。另一方面，在矩形的顶点 (p, q) 以及直线每次穿过 x 轴上方整数格点时引入一个 01 -字。

- 对于频率为 $\frac{q}{p}$ 的 B 型斜斯图尔曼序列，采用与 A 型相反的方法；也就是说，在原点和直线每次穿过 x 轴下方的整数格点时引入一个 01 -字。另一方面，在矩形的顶点 (p, q) 以及直线每次穿过 x 轴上方整数格点时引入一个 10 -字。

图 6 显示了上面描述的频率为 $\frac{q}{p}$ 的斜斯图尔曼序列。虽然这是一个相当简单的描述，但并不清楚如何将插入到周期为 $P\left(\frac{q}{p}\right)$ 的周期序列中的异常字探测出来。将插入的异常字展示出来的两类斜斯图尔曼序列的第二种等价的描述方法是使用互质数对 (p, q) 的贝祖系数，这将在下一节详细说明。

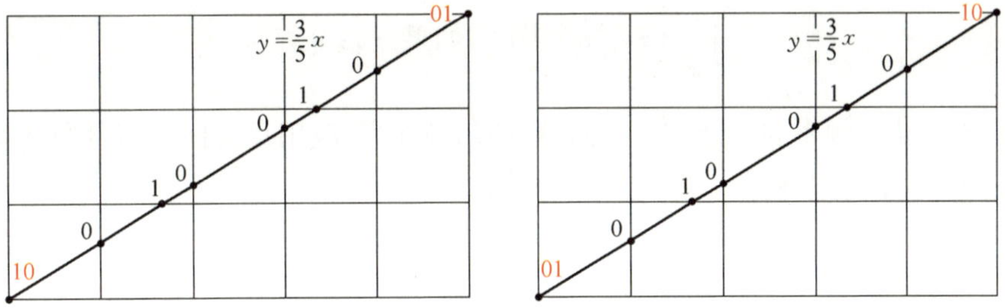

图 6　A 型(左)和 B 型(右)的斜斯图尔曼序列

贝祖系数

贝祖系数(Bézout coefficient)在初等数论中得到了广泛使用；它们的定义非常简单，但正如本文所探讨的那样，从密码学的应用到这里所呈现的可视化，它们总会导致令人惊讶的结果。

定义 1(贝祖系数). 给定正的互质数对 (p, q)，如果 a 和 b 是唯一的一对整数，使得 $0<a\leqslant p$，$0\leqslant b\leqslant q$，并且满足贝祖方程 $aq-bp=1$，则 a 和 b 是 A 型 p 和 q 的贝祖系数。

在这种情况下，我们引入符号 $A(p, q)=(a, b)$。类似地，如果 c 和 d 为唯一的一对整数，使得 $0\leqslant c\leqslant p$，$0<d\leqslant q$，并且满足贝祖方程 $cq-dp=-1$，则 c 和 d 是 B 型 a 和 b 的贝祖系数。

在这种情况下，表示成 $B(p, q)=(c, d)$。此外，翻转映射 F 将得到 $F(p, q)=(q, p)$。

下面是一个简单的观察，证明留给读者。

命题 1. 如果 (p, q) 是一对正的互质数，那么

$F(A(p, q))=B(q, p)=B(F(p, q))$。

假设 $A(p, q)=(a, b)$，$B(p, q)=(c, d)$。为了得到频率为 q/p 的 A 型斜斯图尔曼序列，应用每次格点与分段线相交时插入字 10 的规则：

$$y=\begin{cases}\dfrac{q}{p}x & \text{如果 } x\leqslant 0,\\[2ex] \dfrac{b}{a}x & \text{如果 } 0\leqslant x\leqslant a,\\[2ex] \dfrac{q}{p}(x-a)+b & \text{如果 } x\geqslant a\text{。}\end{cases}$$

为了获得频率为 q/p 的 B 型斜斯图尔曼序列，应用每次格点与分段线相交时插入字 01 的规则：

$$y=\begin{cases}\dfrac{q}{p}x & \text{如果 } x\leqslant 0,\\[2ex] \dfrac{d}{c}x & \text{如果 } 0\leqslant x\leqslant c,\\[2ex] \dfrac{q}{p}(x-c)+d & \text{如果 } x\geqslant c\text{。}\end{cases}$$

使用最后一种表示法，可以看到 a/b-链或 c/d-链中的哪一个才是斜斯图尔曼序列的异常字。图 7 显示了 $(p, q)=(5, 3)$ 的直线。在这种情况下，$A(5, 3)=(2, 1)$，$B(5, 3)=(3, 2)$。事实上，这些是与有理数 q/p 相关的唯一在本质上

不同的斜斯图尔曼序列。更准确地说，根据(Itzá-Ortiz et al.，2016，推论 3.6)，如果 s 是 A 型斜斯图尔曼序列，那么只有一个斜斯图尔曼序列不在其轨道上且与 s 共轭，即具有相反频率和相反类型的斜斯图尔曼序列。图 8 显示了成对的共轭斜斯图尔曼序列。可以通过符号交换来检查一对斜斯图尔曼序列之间的共轭性。

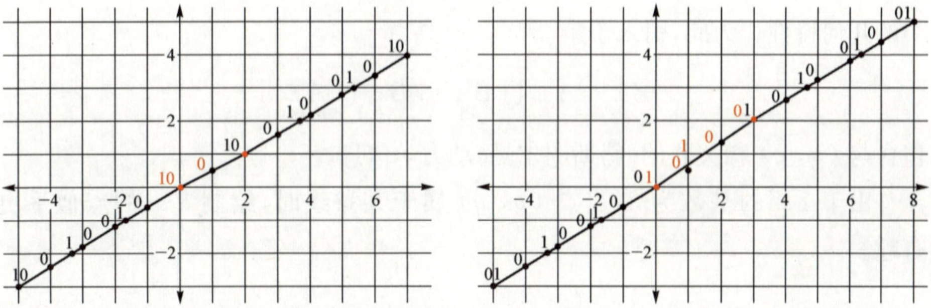

图 7　具有相同频率 3/5 的 A 型(左)和 B 型(右)斜斯图尔曼序列

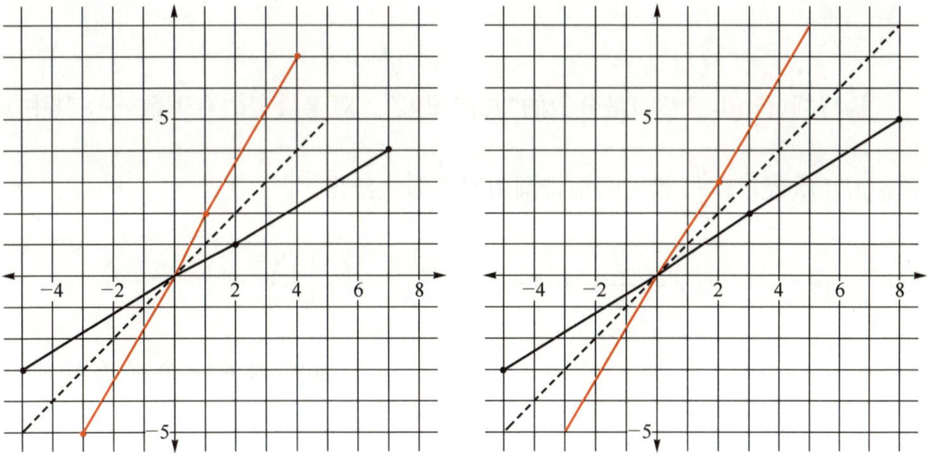

黑线为 A 型频率 3/5　　　　黑线为 B 型频率 3/5
红线为 B 型频率 5/3　　　　红线为 A 型频率 5/3

图 8　具有不同类型和倒数频率的成对斜斯图尔曼序列

因此，对于一对互质数 (p, q)，它对应着一个频率为 $\frac{q}{p}$ 的斜斯图尔曼序列。为了区分 A 型和 B 型具有相同频率 $\frac{q}{p}$ 的斜斯图尔曼序列，将 (p, q) 与 $A(p, q)$ 或 $B(p, q)$ 关联起来。为此，引入集合：

$$A_{\frac{q}{p}}=\{(p,\ q),\ A(p,\ q)\}\text{ 和 }B_{\frac{q}{p}}=\{(p,\ q),\ B(p,\ q)\}。$$

在共轭等价的意义下,其中的每一个都包含一个频率为 $\frac{q}{p}$ 的特定斜斯图尔曼序列的完整动力学信息。自然就会引入由 $A_{\frac{q}{p}} \sim B_{\frac{p}{q}}$ 和 $B_{\frac{q}{p}} \sim A_{\frac{p}{q}}$ 定义的等价关系。考虑到质数的几何性质,人们自然想知道给定斜斯图尔曼序列的这些等价类的几何特性。为此,引入子集

$$Z_{\frac{q}{p}}=A_{\frac{q}{p}} \cup B_{\frac{p}{q}} \cup B_{\frac{q}{p}} \cup A_{\frac{p}{q}}$$

包含与 $(p,\ q)$ 相关联的(斜斯图尔曼)动力学信息。

由于 $Z_{\frac{q}{p}}$ 的基数为 8,当点 $(p,\ q)$ 属于某条线时,绘制 $Z_{\frac{q}{p}}$ 的点似乎更有趣。

福特圆和法里序列

福特圆(Ford, 1938)是分数的"几何图形"。对于给定的有理数 $\frac{q}{p}$,其中 p 和 q 为互质数,与 $\frac{q}{p}$ 相关的福特圆由以下等式给出:

$$\left(x-\frac{q}{p}\right)^2+\left(y-\frac{1}{2p^2}\right)^2=\left(\frac{1}{2p^2}\right)^2。$$

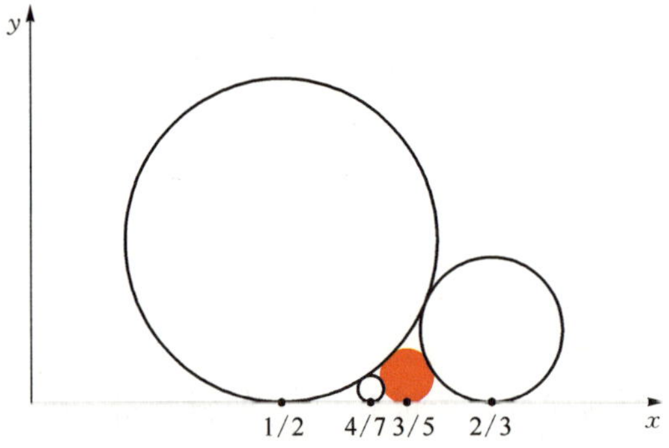

图 9 红色的 $\frac{3}{5}$ 福特圆及其相邻分数 $\frac{1}{2}$,$\frac{4}{7}$,$\frac{2}{3}$ 的福特圆。请注意,福特圆是彼此相切的无限个圆的集合

福特圆的一个显著性质如下:如果 $\frac{Q}{P}$ 是 $\frac{q}{p}$ 的相邻分数,也就是说,如果 $|qP-pQ|=1$,那么与 $\frac{q}{p}$ 和 $\frac{Q}{P}$ 相关的福特圆是相切的。例如,分数 $\frac{1}{2}$,$\frac{2}{3}$ 和 $\frac{4}{7}$ 都与 $\frac{3}{5}$ 相邻。与这些分数对应的福特圆如图 9 所示。

福特证明了(Ford, 1938, 定理 4)任何满足 $|P|>1$ 的不可约分数 $\frac{q}{p}$ 正好有两个分母小于 p 的相邻分数。由此可知, $A(p, q)=(a, b)$ 和 $B(p, q)=(c, d)$ 是仅有的另外两对满足 $0<a, c<p$ 且使得 $\frac{b}{a}$ 和 $\frac{d}{c}$ 都是最接近 $\frac{q}{p}$ 的相邻分数。回想一下,第 p 个法里序列由分母不超过 p 的所有既约分数组成。因此, $A(p, q)$ 和 $B(p, q)$ 可以被分别视为第 p 个法里序列中的 $\frac{q}{p}$ 的左邻居和右邻居(Conway 和 Guy, 1996: 152)。回想一下, $\frac{b}{a}$ 和 $\frac{d}{c}$ 的中间分数的定义为 $\frac{b+d}{a+c}$。假设 $A(p, q)=(a, b)$, $B(p, q)=(c, d)$。由于 $\frac{q}{p}$ 是其相邻分数的中间分数,因此它遵循 $\frac{q}{p}=\frac{b+d}{a+c}$,这意味着 $1=aq-bp=a(b+d)-b(a+c)=ad-bc$。因此,数对 (p, q), $A(p, q)$ 和 $B(p, q)$ 是彼此相邻的分数。因此, (p, q), $A(p, q)$ 和 $B(p, q)$ 的福特圆相切,如图 9 所示。

贝祖图

设 p 为正整数。在文献(Itzá-Ortiz et al, 2020)中,定义了互质数对 (p, q) 的贝祖系数(Bézout coefficients),即 $B_1(p, q)=A(p, q)$ 和 $B_{-1}(p, q)=B(p, q)$。那么 p 的贝祖集合 $\mathscr{B}_p$ 是

$$\mathscr{B}_p=\bigcup_{\substack{0<q<p\\ \gcd(p,q)=1}} Z_{\frac{q}{p}}。$$

换句话说, p 的贝祖集合 $\mathscr{B}_{\mathrm{p}}$ 是互质数对 (p, q) 沿着从 $(p, 0)$ 到 (p, p) 的线段移动时的集合 $Z_{\frac{q}{p}}$ 的并集。严格地讲,注意 $\mathscr{B}_p$ 的图像位于笛卡尔平面的第一象限。为了增强画面的戏剧性,所有图像都通过轴线反射扩展到其他象限。

计算机生成的图像是离散的,因此在同一个像素中可以有多个贝祖系数。灰度级用于表示一个给定像素中有多少贝祖系数。像素越暗,其贝祖系数就越多。但是灰度级又是离散的,并且最大限度为 256。一旦达到黑色,就没有视觉上的方法可以判断一个黑色像素代表多少贝祖系数。它可以是几百或几千个系

数。这可以在图像的中心看到,那里形成了一个黑洞。为了揭示黑色中心的结构,将超过 256 限度的像素数重新映射到新的以 256 为区间的灰度调色板上来。

在彩色图像中可以使用相同的方法。频率除以调色板的大小,余数用于选择颜色。

对于相同的 p 值,根据上述标准绘制了几个贝祖图。图 10 和图 11 显示了 $p=400\,000$ 时的四张贝祖集合图,图 12 和图 13 显示了 500 000 时的贝祖图。

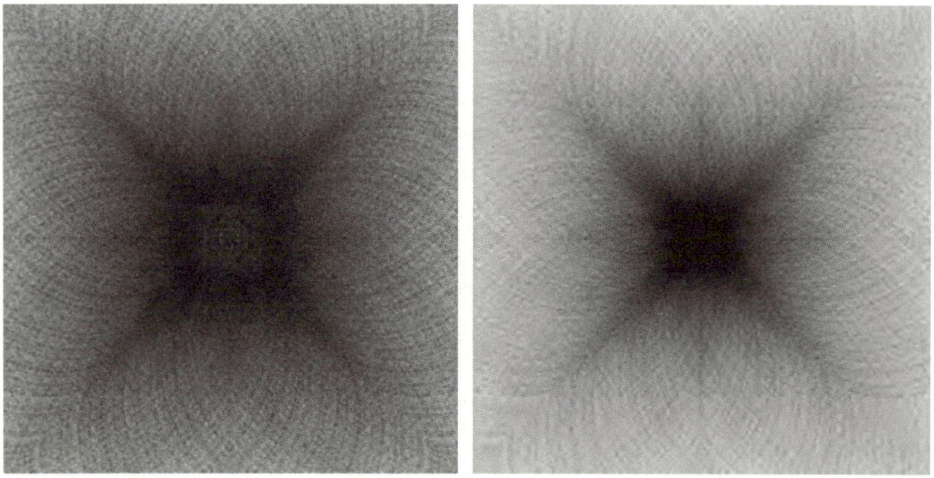

图 10　$p=400\,000$ 时的贝祖集合 $\mathscr{B}_p$

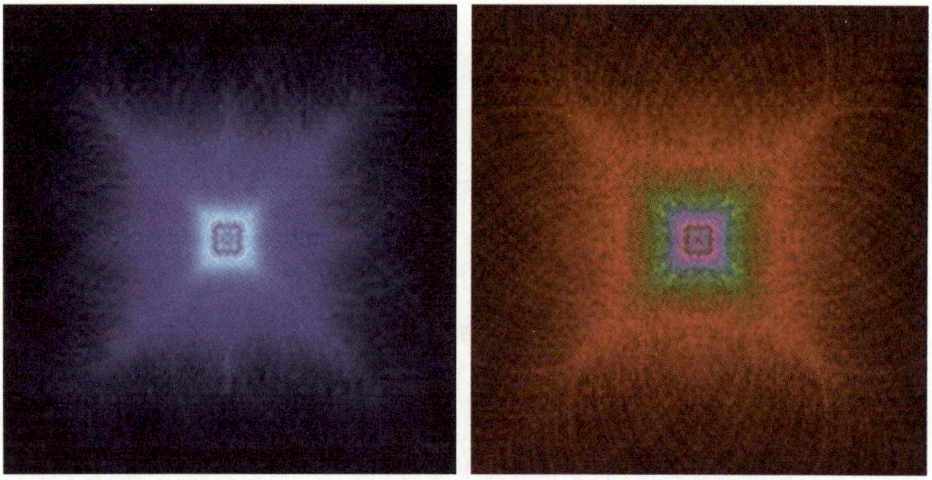

图 11　$p=400\,000$ 时的贝祖集合 $\mathscr{B}_p$

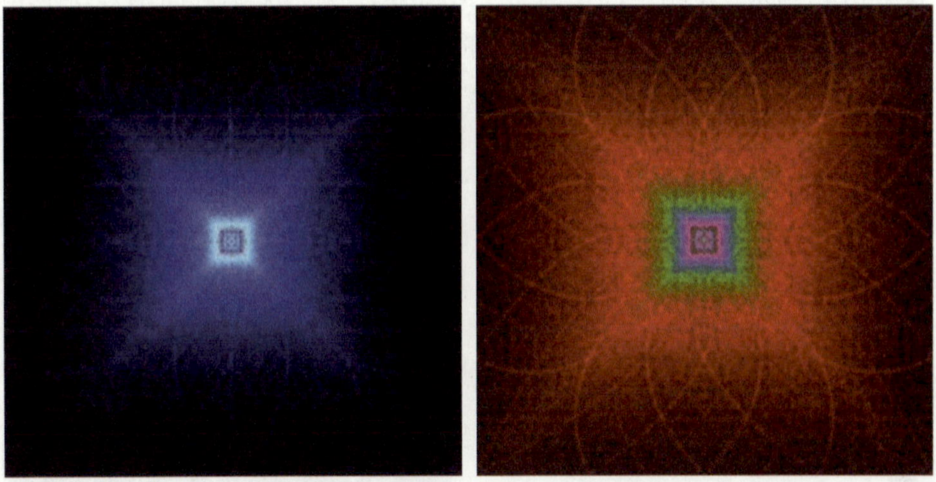

图 12 $p=500\,000$ 时的贝祖集合 $\mathscr{B}_p$

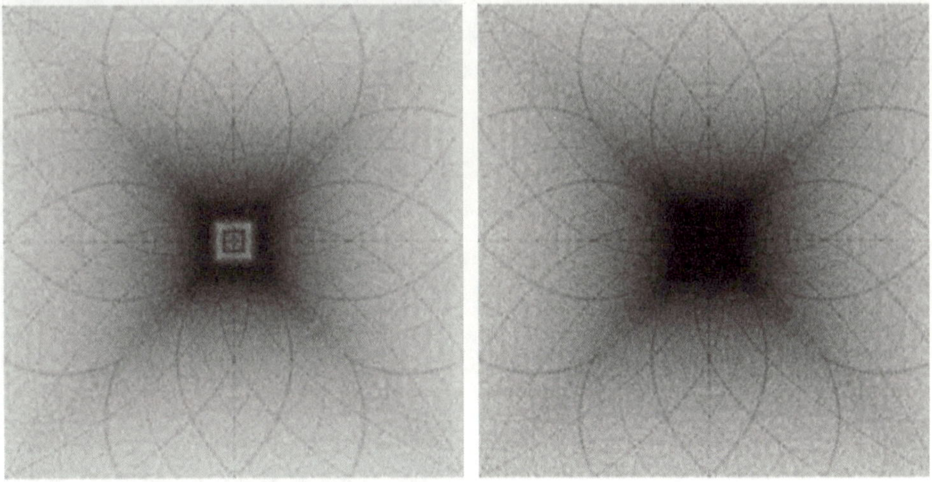

图 13 $p=500\,000$ 时的贝祖集合 $\mathscr{B}_p$

对于 $N>0$，可以绘制贝祖集合 $\mathscr{C}_N$，其定义为

$$\mathscr{C}_N=\bigcup_{\substack{0<q<N\\ \gcd(N-q,\ q)=1}} Z_{\frac{q}{N-q}}\text{。}$$

换句话说，贝祖集合 $\mathscr{C}_N$ 是将互质数对 $(p,\ q)$ 沿着从 $(p,\ 0)$ 到 $(0,\ p)$ 的线段移动所得的 $Z_{\frac{q}{p}}$ 图。当 $N=500\,000$ 以及 $1\,000\,000$ 时，惊人的图片分别如图

14 和图 15 所示。在(Itzá-Ortiz et al., 2020)中,已对二次弧何以出现在 $\mathscr{B}_p$ 图中及其对称性作出了解释。接下来,我们将使用 $\mathscr{B}_N$ 图来解释 $\mathscr{C}_N$ 图中出现二次弧的原因:

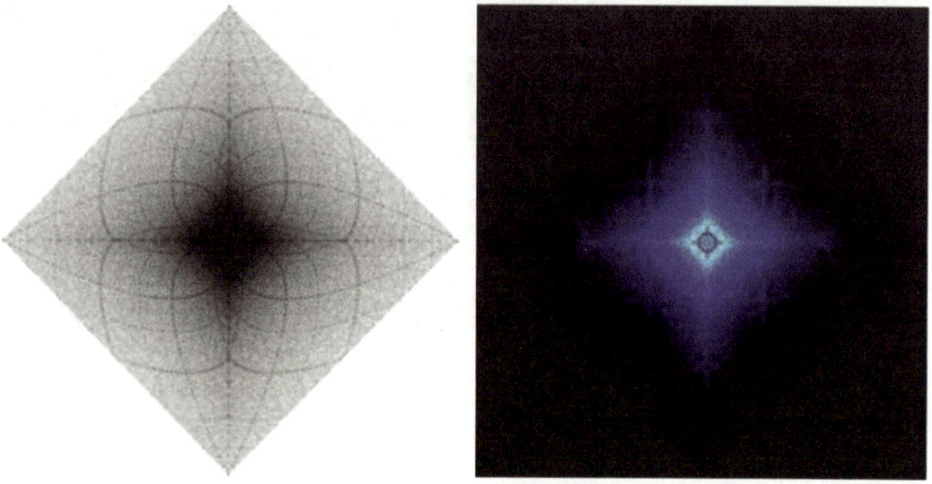

图 14 $N=500\,000$ 时的贝祖集合 $\mathscr{C}_N$

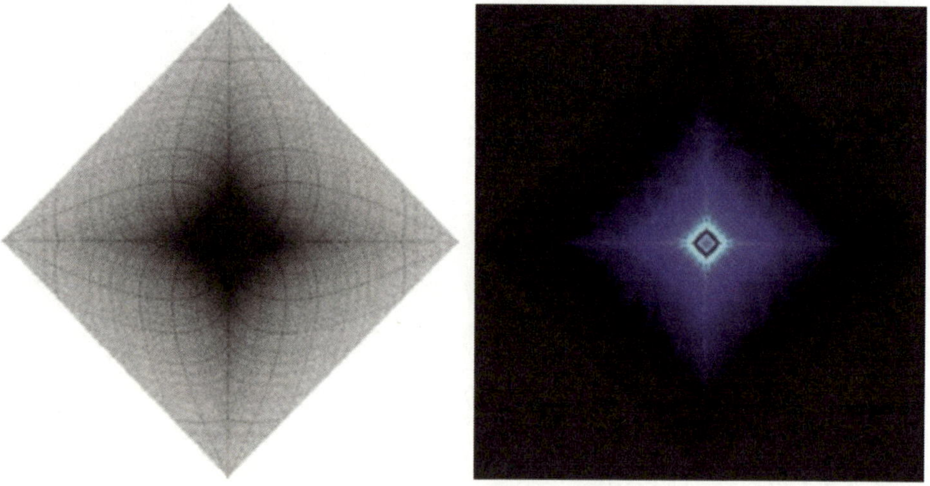

图 15 $N=1\,000\,000$ 时的贝祖集合 $\mathscr{C}_N$

$\mathscr{B}_N$ 中的点是 $\mathscr{C}_N$ 中点的线性变换。换言之,可以找到两个 2×2 的矩阵,从而给定 $\mathscr{C}_N$ 中的一个点 (a, b),可以在这两个矩阵中选择一个合适的矩阵,以便将其相乘即可得到 $\mathscr{B}_N$ 中的点。事实上,这两个矩阵属于一类特殊的矩阵,称为齐次模群，即特殊线性群 $SL(2, R)$ 的子群。这个群具有许多有趣的几何性质，并且与数论关系密切(Fine 和 Rosenberger，2007，第 3.2.3 节：94)。

现在有几个引理。读者可以确认，证明中的困难部分不是贝祖方程本身，而是定义 1 中所附的区分 A 型和 B 型贝祖系数的不等式。

引理 1. 设 $N>1$，$0<q<N$。当且仅当 $N-q$ 和 q 互质时，数 N 和 q 互质。此外，如果 N 和 q 互质，则以下等式成立：

$$\begin{pmatrix}1 & 1\\0 & 1\end{pmatrix} A(N-q,\, q)=A(N,\, q),\quad \begin{pmatrix}1 & 1\\0 & 1\end{pmatrix} B(N-q,\, q)=B(N,\, q),$$

$$\begin{pmatrix}1 & 0\\1 & 1\end{pmatrix} A(q,\, N-q)=A(q,\, N),\quad \begin{pmatrix}1 & 0\\1 & 1\end{pmatrix} B(q,\, N-q)=B(q,\, N)。$$

证明. 观察到当且仅当 $(a+b)q-bN=\pm 1$ 时，$aq-b(N-q)=\pm 1$。因此，当且仅当 $\gcd(N-q,\, q)=1$ 时，$\gcd(N,\, q)=1$。另外，如果 $0<a\leqslant N-q$ 且 $0\leqslant b\leqslant q$，则 $0<a+b\leqslant N$ 且 $0\leqslant b\leqslant q$。因此，如果 $A(N-q,\, q)=(a,\, b)$，那么

$$\begin{aligned}\begin{pmatrix}1 & 1\\0 & 1\end{pmatrix} A(N-q,\, q) &= \begin{pmatrix}1 & 1\\0 & 1\end{pmatrix}(a,\, b)\\ &=(a+b,\, b)\\ &=A(N,\, q),\end{aligned}$$

这就是要证明的。另一方面，如果 $A(q,\, N-q)=(c,\, d)$，则

$$1=c(N-q)-dq=cN-(c+d)q。$$

此外，$0<c\leqslant q$ 和 $0\leqslant d\leqslant N-q$ 意味着 $0<c+d\leqslant N$。因此

$$\begin{aligned}\begin{pmatrix}1 & 0\\1 & 1\end{pmatrix} A(q,\, N-q) &= \begin{pmatrix}1 & 0\\1 & 1\end{pmatrix}(c,\, d)\\ &=(c,\, c+d)\\ &=A(q,\, N)。\end{aligned}$$

对于 B 型贝祖系数，证明同理。

下面的引理是类似的。

引理 2. 设 $N>1$ 且 $0<q<N$，N 和 q 互质。以下等式成立：

$$\begin{pmatrix}1 & -1\\ 0 & 1\end{pmatrix}A(N,\ q)=A(N-q,\ q),\ \begin{pmatrix}1 & -1\\ 0 & 1\end{pmatrix}B(N,\ q)=B(N-q,\ q),$$

$$\begin{pmatrix}1 & 0\\ -1 & 1\end{pmatrix}A(q,\ N)=A(q,\ N-q),\ \begin{pmatrix}1 & 0\\ -1 & 1\end{pmatrix}B(q,\ N)=B(q,\ N-q)。$$

证明. 假设 $A(N,\ q)=(a,\ b)$，使得 $0<a\leqslant N$，$0<b\leqslant q<N$ 且 $aq-bN=1$。将证明 $A(N-q,\ q)=(a-b,\ b)$。首先观察到 $aq=1+bN>bN>bq$，因此 $a>b$，即 $0<a-b$。下面证明 $a-b\leqslant N-q$ 或等价的 $q-b\leqslant N-a$。由于 $0<b<a$，$0\leqslant q-b$ 且 $1=aq-bN=a(q-b)-b(N-a)$，所以

$$b(q-b)\leqslant a(q-b)=1+b(N-a)。$$

由于 $N>1$，对末一项而言，不等式严格成立。因此

$$q-b<\frac{1}{b}+(N-a)。$$

但是，由于 $q-b$ 和 $N-a$ 是整数，且 $0<\frac{1}{b}\leqslant 1$，因此可以得出 $q-b\leqslant N-a$ 的结论。最后，观察到 $\begin{pmatrix}1 & 1\\ 0 & 1\end{pmatrix}$ 的逆是 $\begin{pmatrix}1 & -1\\ 0 & 1\end{pmatrix}$。因此，根据引理 2，$A(N-q,\ q)$ 的贝祖方程也成立。其余三个等式的证明是类似的。

结合上面的两个引理，可以得到以下结果。

命题 2. 设 $N>1$。考虑 $\mathfrak{M}=\left\{\begin{pmatrix}1 & 1\\ 0 & 1\end{pmatrix},\ \begin{pmatrix}1 & 0\\ 1 & 1\end{pmatrix}\right\}$，则当且仅当 $M\in\mathfrak{M}$ 且 $(u,\ v)\in\mathscr{C}_N$，使得 $\begin{pmatrix}r\\ s\end{pmatrix}=M\begin{pmatrix}u\\ v\end{pmatrix}$ 时，$(r,\ s)$ 属于 $\mathscr{B}_N$。

相关结果以显式方式展示了一条包含 $\mathscr{C}_N$ 中类型 A 的贝祖系数的参数二次曲线，现在对此加以介绍(对于类型 B 的贝祖系数可以获得类似的结果)。

定理 1. 设 $N>2$ 为整数，$0<q<N$ 且 q 和 N 互质。设 w 是使得 Nw 成为完全平方数的最小的正整数。设 r 和 s 互质且满足 $\frac{r}{s}=\frac{\sqrt{Nw}}{q-a-b}$，设 $u=r\sqrt{Nw}$，则只要 $0<q+ut<N$，$A(N-q-ut,\ q+ut)$ 就属于由以下表达式给出的参数抛物线：

$$\gamma(t)=\left[a+\left(\frac{q-a-b}{N}-1\right)ut+\frac{u^2}{N}t^2,\ b-\frac{q-a-b}{N}ut-\frac{u^2}{N}t^2\right]。$$

证明. 乘积 $\begin{pmatrix}1 & 1\\ 0 & 1\end{pmatrix}\gamma(t)$ 恰好是(Itzá-Ortiz et al, 2020, 定理 1)证明中所展示的二次曲线。

例如,设 $N=1\,536$ 且 $q=503$, 则

$$A(N-q,\ q)=A(1\,033,\ 503)=(306,\ 149)=(a,\ b)。$$

另一方面, $w=6$, $r=2$,因为 $\frac{r}{s}=\frac{\sqrt{Nw}}{q-a-b}=\frac{96}{48}=2$。因此 $u=192$,因此该参数二次曲线为

$$\gamma(t)=(306-186t+24t^2,\ 149-6t+24t^2)。\tag{1}$$

在表 1 中,列出了抛物线 $\gamma(t)$ 中的若干 t 值和所得到的 A 型贝祖系数;这些点如图 16 所示。

表 1　对于 $N=1\,536$,在右列 $A(N-q-ut,\ q+ut)$ 上的点属于方程(1)中的抛物线 $\gamma(t)$

t	$(N-q-ut,\ q+ut)$	$A(N-q-ut,\ q+ut)=\gamma(t)$
$\frac{5}{4}$	(793, 743)	(111, 104)
1	(841, 695)	(144, 119)
$\frac{3}{4}$	(889, 647)	(180, 131)
$\frac{1}{2}$	(937, 599)	(219, 140)
$\frac{1}{4}$	(985, 551)	(261, 146)
0	(1 033, 503)	(306, 149)
$-\frac{1}{4}$	(1 081, 455)	(354, 149)

续 表

t	$(N-q-ut,\ q+ut)$	$A(N-q-ut,\ q+ut)=\gamma(t)$
$-\frac{1}{2}$	(1 129, 407)	(405, 146)
$-\frac{3}{4}$	(1 177, 359)	(459, 140)
-1	(1 225, 311)	(516, 131)
$-\frac{5}{4}$	(1 273, 263)	(576, 119)

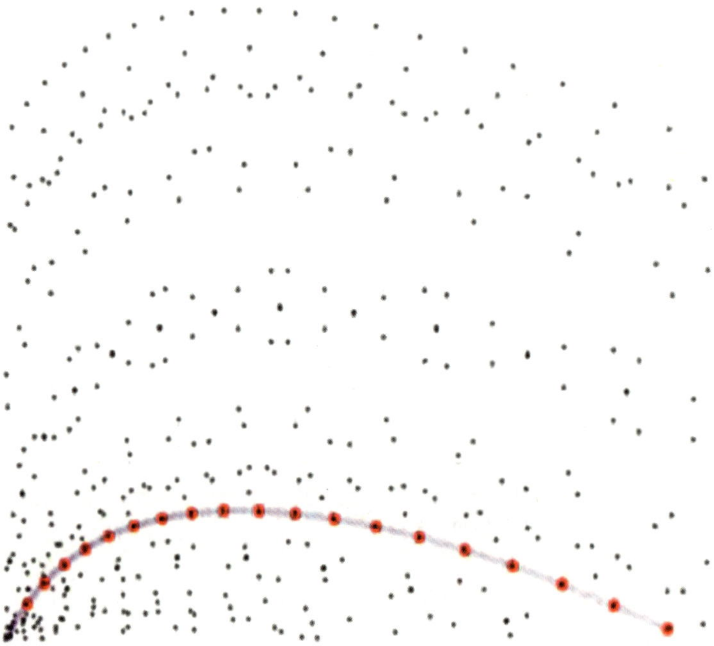

图 16 突出显示的点是贝祖系数,其中一些点列于表 1。它们位于方程(1)中的抛物线 $\gamma(t)$上

值得注意的是,尽管方程(1)的抛物线 $\gamma(t)$ 可以扩展到第一象限之外,但在本章的框架内,只有第一象限中的值才是有趣的。例如,对于表 1 左栏中 $t=3$(由于这个原因,表中未予显示),$\gamma(3)=(-36,\ -85)$ 是抛物线(表 1 右栏)上的一点,它对应于互质对 $(N-q-3u,\ q+3u)=(457,\ 1\,079)$(表 1 中心栏)。

$$1\,079(-36)-457(-85)=1,$$

也就是说，它们满足 A 型贝祖系数的贝祖方程(参考定义 1)。然而

$$\begin{aligned} A(1\,079,\ 457) &= (-36,\ -85) + (457,\ 1\,079) \\ &= (421,\ 994) \\ &\neq (-36,\ -85)。\end{aligned}$$

贝祖集合以及几条抛物线的图像如图 17 所示。

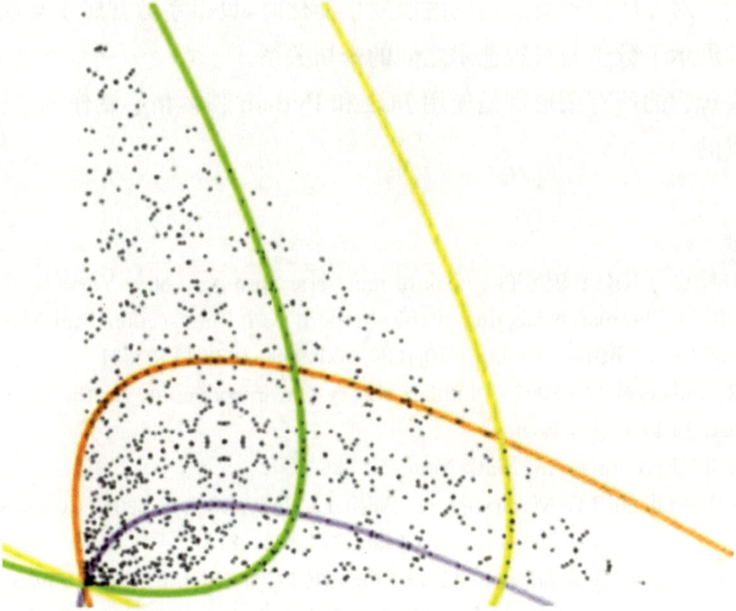

图 17　实线是定理 1 中提到的抛物线。它们是属于贝祖集合的点的轨迹

定理 1 的一个有趣的结果是，由于每对正互质数 $(m,\ n)$ 可被视为一对正互质数 $(p,\ q)$ 的(A 型)贝祖系数，因此每对正互质数都可归入对应于某个 N 的贝祖集 $\mathscr{C}_N$。在(Saunders 和 Randall，1994)中，提出了一种使用三叉树生成所有正互质数对的方法，并将其用作毕达哥拉斯三元组的生成器。

定理 1 的另一个结果可以在布尼亚科夫斯基猜想(Bunyakovsky conjecture)的背景下加以表述(Schinzel and Sierpinski，1958，1959)，该猜想为整数系数多项式 $p(x)$ 提供了条件以使得序列 $p(1)$，$p(2)$，…，$p(n)$ …包含无限多个质数。在这种情况下，参数抛物线 $\gamma(t) = (p(t),\ q(t))$ 提供了一对多项式 $p(t)$ 和 $q(t)$，对于所有 $k \in \mathrm{Z}$ 和某个有理数 u，其整数系数产生无穷多互质对 $\gamma(ku)$。

结论

本章涵盖了互质数在笛卡尔平面中的可视化表示。这一动机来自于斜斯图尔曼序列在共轭意义下的分类。利用这个想法,一对互质数与四对贝祖系数相关联。当一对互质数沿着给定的线段发生变化时,贝祖系数就属于某些二次弧。几张图片展示了数学与可视艺术之间的密切关系。

本文包含的所有图形都是使用Java和Python脚本精心制作的。代码是可应需提供的。

参考文献

Conway JH, Guy RK(1996) The book of numbers. Springer, New York

Daus P (1932) The march meeting of the southern California section. Am Math Mon 39 (7): 373 - 374.https://doi.org/10.1080/00029890.1932.11987331

Fine B, Rosenberger G (2007) Number theory: an introduction via the distribution of primes, Birkhauser, Boston

Ford L(1938) Fractions. Am Math Mon 45: 586 - 601

Itzá-Ortiz B, Malachi M, Marstaller A, Saied J, Underwook S (2016) Classification of eventually periodic subshifts. Indag Math 27: 868 - 878

Itzá-Ortiz B, López-Hernandez R, Miramontes P(2020) Digital images unveil geometric structures in pairs of relatively prime numbers. Math intelligencer 42: 30 - 35

Klauber LM (1931) Field notes, available via Archiv. org. https://archive. org/stream 1931fieldnotesla00klau#page/362/mode/1up.Accessed July 1st, 2020

Lind D, Marcus B(1995) An introduction to symbolic dynamics and coding. Cambridge University Press, Cambridge

Lothaire M (1997) Algebraic combinatorics on words. Cambridge University Press, Cambridge

Morse M, Hedlund G(1940) Symbolic dynamics II. sturmian trajectories. Am J Math 62: 1 - 42

Saunders R, Randall T (1994) The family tree of the Pythagorean triplets revisited. Math Gaz 78: 190 - 193.https://doi.org/10.2307/3618576

Schinzel A, Sierpinski W (1958) Sur certaines hypotheses concernant les nombres premiers. Acta Arith 185 - 208

Schinzel A, Sierpinski W(1959) Corrigenda. Acta Arith 259

Stein ML, Ulam SM, Wells MB (1964) A visual display of some properties of the distribution of primes. Am Math Mon 71(5): 516 - 520. http://www. jstor. org/stable/2312588

8

几乎所有曲面都是由六边形构成的

好玄柳

目录

摘要

在本章中我们将看到，几乎所有的“有限”曲面都可以由六边形来构建，这些六边形的边在适当的几何学体系中都是“直线”。

关键词
曲面；双曲几何；拓扑

引言

在本章中，我们将讨论曲面。但什么是曲面？简单地说，曲面是可以通过将二维平面的某些部分黏合在一起而形成的空间。在数学中，特别是在数学的分支拓扑学中，“块”和“黏合”过程的概念可以得到非常精确的定义，但在不需要进行严格的数学讨论的情况下人们很容易想象曲面是什么，因为从某种非常合理的意义上来说，我们在日常生活中看到的一切都是(某个物体)的一个曲面。

想象你在埃菲尔铁塔前。我们都知道埃菲尔铁塔不是一个二维物体(因为它不是一个无限薄的层)，但除非你是具有 X 射线透视能力的超人，否则我们无法看到埃菲尔铁塔的每一根梁的内部——我们只能看到铁塔的最外层，也就是埃菲尔铁塔的曲面。

为了能更系统地讨论曲面，讨论将仅限于所谓的闭曲面，再讨论这所有的闭曲面几乎都可以由六边形构成。但在讨论曲面的种类之前，我们首先需要了解什么样的曲面会被数学家当作同一个曲面。

对于数学家，尤其是拓扑学家来说，马克杯和甜甜圈是相同的曲面。同样，你可能会抱怨甜甜圈不是二维物体，但请记住，我们只看到甜甜圈的曲面，这就是我们所考虑的。因为“甜甜圈的曲面”这个说法显得太长了，以后我们就以甜甜圈来代表它的曲面。马克杯和甜甜圈是一样的，在不将其切开或扯断的情况下，我们可以通过拉伸、压缩和弯曲来把一个慢慢地变成另一个。这两个曲面在拓扑上是等价的，或者说是同胚的。

在下一节中，我们将考虑在拓扑上等价的曲面，并定义闭曲面，我们将描述如何从六边形构建一个甜甜圈。最后，我们将证明，除了闭曲面外，其他所有曲面都可以由六边形构建，六边形不是平坦的，而是曲率为负的。我们不想让读者被大量的参考文献淹没，所以我们尽量削减这个列表。本文中提到的各种内容如果缺少具体的参考文献，读者可在文献(Farb 和 Margalit, 2011)或(Bredon, 2013)中找到相关详情。

闭曲面

闭曲面是可以通过在(二维)球面上附加所谓的手柄而得到的曲面。让我来更准确地描述一下附加一个手柄的过程。首先，从球面上取下两个互不相交的小圆盘。这就形成了曲面的“边界”。现在在这个曲面上附加一个圆柱面，方法是把圆柱面的每个边界粘到我们刚才通过移去一个圆盘而创建的一个边界上。这个附加的圆柱面称为手柄。人们很容易相信，在拓扑等价的意义下，只有一个手柄的球面就是甜甜圈。

我们可以在球面上添加多个手柄。如果我们在甜甜圈上多加一个手柄会得到什么？这意味着我们只需从球面上移除四个互不相交的圆盘，并连接两个圆柱面。生成的形状将有两个孔，因此如果你制作一个具有一定厚度的 8 字图形，其曲面就是我们通过向球面添加两个手柄所得到的曲面。如果你在炎热的夏天去水上乐园，乘坐两个人玩的那种管道滑梯，其管道就是我们所说的曲面。

事实上，我们可以添加任意数量的手柄。比如我们可以添加两个手柄。于

是在球面上附加 g 个手柄所得到的曲面称为亏格为 g 的闭曲面，即亏格是手柄的个数。若我们只说闭曲面，我们指的是与亏格为某个 g 的闭曲面同胚的曲面。更严格地讲，我们也说这些是"有向"曲面。直观地说，有向意味着它有两个面。像莫比乌斯带这样的曲面只有一个面，因为无论你从曲面的哪个地方出发，你只要在曲面上行走而不需要越过曲面，就能到达任何其他点。为了简单起见，我们在这里只考虑有向曲面，而不再提及这一点。我们的定义是基于闭曲面分类的经典结果。例如，参见文献(Bredon, 2013)。

甜甜圈是亏格为 1 的闭曲面，也称为环面。最简单的环面制作方法是将正方形的对边黏合起来。考虑一个正方形，把上面的边和下面的边黏合起来，再把左边的边和右边的边黏合起来。当一个人把正方形上面的边和下面的边黏合在一起时，它就变成了一个圆柱面，把左右两边黏合在一起就相当于把圆柱面的两个边界黏合在一起，这就形成了一个甜甜圈。

我们可以用类似的方式建立任意亏格的闭曲面。为了建立亏格为 g 的闭曲面，首先考虑平面中的正 $4g$-多边形，即一个具有 $4g$ 条边的正多边形。将对边黏合，就得到了想要的曲面。要将这个过程推广至一般情况并非易事。为了熟悉这个过程，让我们一起考虑正八边形。首先，把上面的边和下面的边，把左面的边和右面的边黏合在一起。由正方形构建环面的过程可以看到，这一步减少了一个正方形而得到一个环面。接着将对角线的对角边成对地黏合在一起，相当于将被移除的正方形的对边黏合在一起，最终在"另一边"移除了一个正方形而创建了另一个环面。换句话说，我们构建了一个曲面，它看起来像两个环面，它们各缺一个正方形，沿着边界被黏合在一起。一旦你试着画一个亏格为 2 的曲面，就不难说服自己，我们刚刚创建的曲面确实是(同胚于)亏格为 2 的闭曲面。

裤子分解

有趣的是，还有另一种建造闭曲面的系统性方法。我们将在本节中描述这种方法，它可能更易于可视化。

我们首先介绍一种新的曲面，即所谓的裤子。一条裤子是通过从球面上移除三个互不相交的圆盘而得到的曲面。如果你现在穿了一条裤子，请与我们的定义进行比较。只要稍微发挥一下想象力,你就会发现它们在拓扑等价的意义下是相同的,除非你的裤子上有一些不必要的洞(好吧,我忽略了你腰部上的“手柄”:腰带)。

假设你有两条裤子,共有 6 条边界,将它们成对地黏合在一起,得到一个没有边界的曲面。不管你怎样黏合,最终会得到一个亏格为 2 的闭曲面。图 1 是亏格为 2 的曲面的两种不同的裤子分解图。

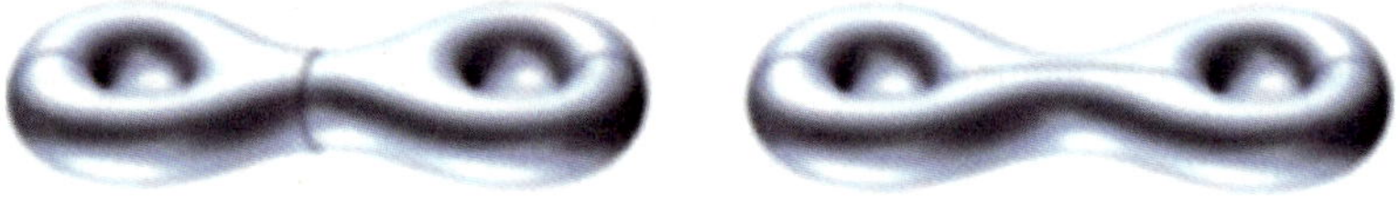

图 1 亏格为 2 的曲面的两种裤子分解图

如果你用了四条裤子,那么你就得到亏格为 3 的闭曲面。事实上,亏格为 g 的曲面可以由成对黏合 $2g-2$ 条裤子的 $6g-6$ 条边界而得到。不管你怎么黏合它们——在拓扑等价的意义下,你总是能得到相同的曲面。

作为练习,我邀请读者试以适当方式画出 $3g-3$ 个圈,从而将亏格为 g 的闭曲面分解成 $2g-2$ 条裤子。尝试 $g=2, 3, 4, \cdots$ 的情形,看看你是否能将你的想法推广到任意亏格的情形。这是一个有趣的脑力练习,也是用六边形构造闭曲面的基础。

双曲面与负曲率

在本节中,我们将简要地讨论双曲面 H^2。它在某些方面很像普通的平面,但在其他方面却大不相同,因为它不是平的,而是弯曲得很奇怪。每个点的邻域看起来都像马鞍面。它成这个样子:在某些方向上,它看起来是凸的,而在另一些方向上,它看起来是凹的。

在双曲面的世界里,有更多的“房间”。对于直线 L 和不在直线 L 上的点 P,有无穷多条直线经过 P,但不与直线 L 相交!如果你回想一下你学过的一般平面的几何知识,这样的直线只有唯一一条,但在双曲面中却有无穷多条。

为了理解双曲面实际上的样子,我鼓励读者去看看埃舍尔(Escher, 1959)

关于双曲面镶嵌的著名画作。

我之所以在本节中提到双曲面，是因为亏格至少为 2 的任意闭曲面的“自然几何形状”类似于双曲面。到目前为止，我们一直在考虑拓扑上等价的曲面，而忽略其精确的形状，例如两点之间的距离和两条线之间的夹角等。但每一个曲面都可以通过指定形状而成为一个几何对象，一个显著的事实是，任何亏格至少为 2 的闭曲面都有一个几何形状，使得每个点都有一个小邻域，在这个邻域中，世界看起来完全像双曲面。当曲面有这样的形状时，我们称之为双曲面。

一旦你通过曲面上的 $3g-3$ 个圈把一个亏格为 g 的双曲面分解成 $2g-2$ 条裤子以后，就可以把圈拉直，使得在圈上的每一点处，从局部看起来就像双曲面上的一段直线。在每条裤子上，我们有三条直线边界。对于每一对边界，可以通过一根与边界相交成直角的直线段将它们连接起来。在连接三对边界之后，现在可以看到一条裤子被分解成两个六边形。每一个六边形在几何上都存在于双曲面之中，在某种意义上，它和双曲面上的某个六边形完全相同，其中每条边都是直线段。

这已经是一个有趣的事实，因为现在我们有一条由两个六边形组成的裤子，每条边都是直线段，每个内角都是直角。我们称这样的六边形为直角六边形。直角六边形不可能存在于我们的世界之中，因为这意味着内角和是 3π，而欧几里得平面上的六边形的内角和是 4π。这是负曲率的另一个特征。事实上，在双曲面中，六边形的内角和可取 0 到 4π 之间的任意一个数。

上文将一个亏格为 g 的双曲面表示为双曲面上 $4g-4$ 个六边形沿边界黏合在一起的集合。初等双曲几何表明，在双曲平面上，直角六边形的几何形状完全由三条相交边的长度所决定。因此，构成一条裤子的两个六边形的形状是完全相同的。这尤其意味着，在几何等价的意义下，我们只需要 $2g-2$ 个六边形就可以构建亏格为 g 的闭曲面。

每个曲面允许多个几何形状

到目前为止，我们已经证明了除了两类闭曲面以外的所有闭曲面都是由六边形构成的——更准确地说，任何亏格至少为 2 的闭曲面都可以通过将双曲六边形沿其边界进行黏合而得到。由于曲面是建立在双曲平面的构件之上的,所以它具有双曲面的自然几何形状。但是曲面的几何形状并不是唯一的,通过改变六边形的形状,我们可以构建拓扑上相同但几何上不同的曲面。

也许这个问题最好从裤子分解的角度来解释。对于曲面的裤子分解所使用的圈,我们可以改变圈的长度(但由于几何限制,并不是所有的圈都可以变得非常短或非常长),而且当圈的长度固定时,形状仍然有进一步变形的空间。事实上,在每个圈上,人们可以认为有两条裤子沿着这个圈黏合在一起。但是这种黏合也可以通过沿着圈将其再次割开并扭转任意角度后重新黏合而发生改变。数学家们证明,每次扭转都会产生几何形状不同的曲面(尽管这完全不是平凡的)。在亏格为 g 的曲面上,我们将 $3g-3$ 条曲线用于裤子分解,每条曲线有两个变形自由度——长度和扭转度。这意味着我们有 $6g-6$ 个参数来确定曲面的几何形状。事实上,如果我们收集亏格为 g 的闭曲面的所有可能的(双曲)几何形状,我们会得到一个巨大的 $6g-6$ 维空间,称为模空间(moduli space)(图 2)。

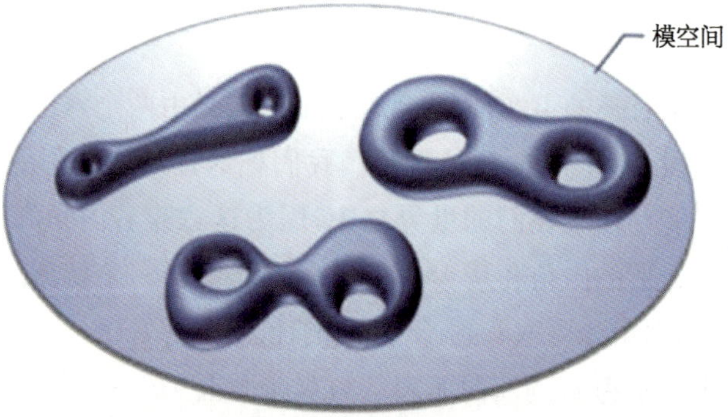

图 2　亏格为 2 的曲面的模空间

为了结束我们的旅程,让我们回到环面的例子上来,可以看到环面也可以由六边形得到。在这种情况下,它是通过将一个平面六边形(即通常平面上的六边形)的对边黏合起来而得到的。

考虑在平面上的正六边形,然后把对边成对地黏合在一起。这样我们得到一个环面——就像戏法一样!眼见为实,所以我用一张图片来描述这种对边黏合的过程(图 3)。欲知更多关于环面及其对称性的内容,我们鼓励读者阅读文献(Thurston, 1997)的第一章。

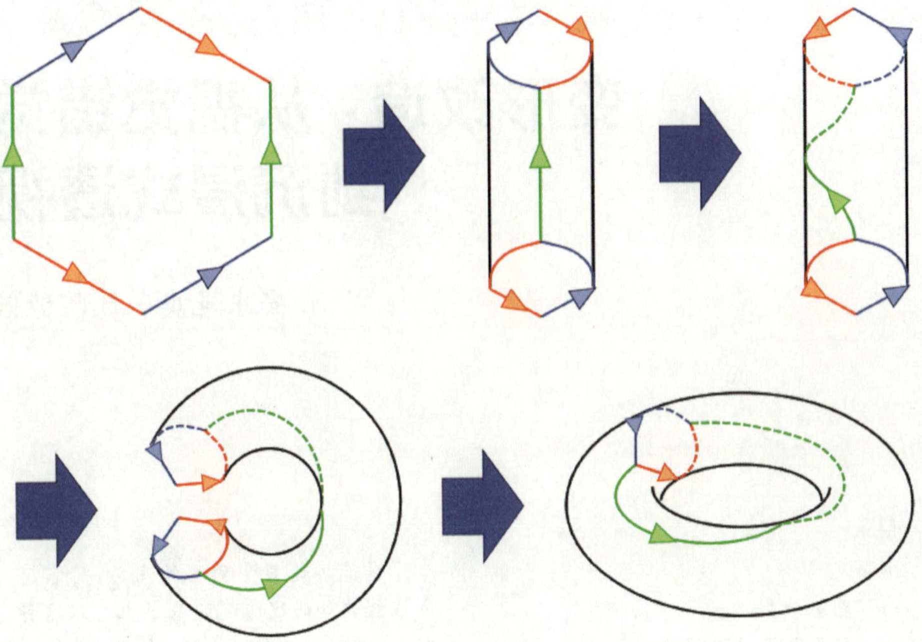

图3 从平面上的正六边形到环面

参考文献

Bredon G (2013) Topology and geometry. Springer, Berlin

Escher MC, (1959) Circle Limit III, website (https://mcescher.com/gallery/mathematical/)

Farb B, Margalit D (2011) A primer on mapping class groups. Princeton University Press, Princeton/Oxford

Thurston W (1997) Three-dimensional geometry and topology. Princeton University Press, Princeton

9

变形改造：从视觉错觉到沉浸式透视

安东尼奥·B.阿劳若

目录

摘要

我们讨论锥形变形的定义，将它建立在经典和曲线透视的基础上。以这种观点，变形是三维物体之间的一种等价关系，包括不一定是平面上的二维表示。以最大对称的标准方式定义消失点，每条线恰好有两个消失点。消失集的定义是在变形的层面上进行的，在定义透视之前，不需要投影曲面。最后，透视被定义为视觉数据在变形过程中的平面表示。这种模式适用于线性和曲线透视，并自然适用于沉浸式透视，如球面透视。从数学上讲，这里提出的观点是，在变形等价意义下，视觉数据的自然流形是球面而不是射影平面。我们考虑这种变形的概念如何有助于消除一些长期存在的关于透视本质的哲学上的误解。

关键词

变形；遮挡；欧几里得光学；模拟；透视；球面透视；曲线透视；沉浸式；全景；视觉错觉

引言

本章针对一个为人熟知的概念提出了一个不寻常的处理方法：变形法。它是对一系列最近的工作的详细阐述，特别是文献（Araujo，2018c）重新考虑了变形的概念，以期对锥形球面透视进行严格且有效的定义。本章的标题暗指这一基本作用。

这一观点对关乎古典透视之模仿本质的哲学辩论也有澄清作用。可认为它调和了那些通常被视为对立的概念：欧几里得光学、线性透视和曲线（球面）透视。

此处提出的变形定义可以被当作具有消失点的欧几里得光学：它强调拓扑方面，为消失点提供了一个不依赖于投影曲面之选择的规范定义。这使得变形在逻辑上和重要性上都拥有优先于透视作用的地位。

我们将透视本身定义为两步过程，第一步也是最重要的一步是变形，第二步是表示步骤，将视觉数据平面化，类似于制图。

这与通常的情况恰恰相反。柯林斯（Collins，1992）表达了人们对变形的普遍看法，他指出"对其机制的任何解释都必须从对经典透视的讨论开始"。我们在这里却要坚持相反的观点，即透视是衍生概念，其最重要的特征——消失点的定义——在变形的层面上得到了更充分的定义。

从历史上看，变形被视为骗术，像一个迷人却愚蠢的兄弟，沉迷于派对的把戏，而透视则处理着令人生敬的作品：后者适合建筑行业，前者适合古玩橱柜。在历史分析中，就像在透视教科书中一样，变形被描绘成一个透视的派生和退化的特例，甚至是对透视的扭曲，是一个奇妙的怪物，尽管它很迷人，就像恐怖的B级电影一样迷人。我们觉得恐怖是合理且意义深远的；这是人类心智在思索自身感官那明显的模糊性时所生发的惊恐不安。关于变形的这种观点在其他地方得到了深入探讨（Baltrušaitis，1983；Collins，1992）（另见本书的一个精彩章节，第10章，"变形：透视与反射之间"）。在这里，我们有一个非常不同的观点：我们说变形是一个公理的简单且迷人的结果，即径向遮挡原理，这是以理性来研究感知的完美典范，起源于欧几里得光学，而线性透视是一个略显尴尬且功利化的衍生概念。

传统上，变形通常被视为一个逆问题，类似于捉迷藏的游戏，参与者一心寻找一个特定的观察点,从这个观察点看去,图像才有意义,可以"再次形成"图像,就像"变形"这个词的词源所暗示的那样,它是尼西亚隆(Niceron)和荷尔拜因(Holbein)的领域。但在这里,我们强调一个普通的传统,将变形视为一个直接的问题,始于布鲁内莱斯基(Brunelleschi),由波佐(Pozzo)进一步发展。区别在于强调和意图,而不是原则。在第二种方法中,会首先提供一个观测点,重点在于同物理环境整合,随着布鲁内莱斯基带着他的绘图板站在佛罗伦萨的门口,变形就成为了视觉心理物理学的一个开创性实验,研究刺激和感觉之间的联系。随着安德烈·波佐的变形天花板的出现,比如罗马的圣伊格纳齐奥教堂(图 1),它就变成了沉浸式的,通过其他方式成为建筑学科。这里无需通过窥视孔进行窥视,也没有镜子或小装置。事实上,波佐将变形作为生活空间的一部分,并将其作为真正的建筑和其替代品进行投影(Fasolo 和 Mancini, 2019; Kemp, 1990)。尽管这个投影不完全是沉浸式的,但它足够宽,可以清楚地表明视野没有原则上的限制,只有实用上的限制。这种将变形视为建筑的一个生动部分的观点当然不是波佐独有的[例如,参见(Rossi, 2016)],尽管他是这一传统的典型代表。除了建筑本身,这种设备在舞台美术中的应用也是众所周知的(Čučaković 和 Paunović, 2016)。

图 1 其他方式的建筑透视图。右图:罗马圣伊格纳齐奥教堂天花板的鱼眼图。虚幻的柱子无缝地延伸了真实的柱子。天花板上的绘画模拟了圆顶。左图:在地面上,一个金色的圆盘标记着观察者应该站立的位置。在一种巧合但十分迷人的方式下,用鱼眼相机拍摄时,圆盘和周围的红色条纹看起来像一只眼睛(作者摄影)

我们注意到，这里的一些作品(例如，波佐的天花板、布鲁内莱希的面板)被称为变形，甚至在历史上通常被称为透视。变形一词是 17 世纪晚期的发明，与此同时，“透视”一词意义多样，可以表示平面和曲线投影、二维图片和三维物体。这种过多的语义可能是混乱的根源，阿劳若(Araújo，2016)声称，这对透视哲学的现实主义和传统主义学派之间的辩论以及球面透视的后期发展都很重要。我们将在这里遵循文献(Araújo，2018c)，发挥数学家的自由盗用旧单词以达到新的目的。定义毕竟只是句法上的糖——如果它们能帮助我们清晰地思考，那么它们就很有用。我们通过将术语“透视”限制于平面图，并将“变形”用于更一般的模仿装置来组织概念。这是一个合理的选择，因为它使球面透视的术语变得多么自然，同时又符合常见用法和历史优先顺序；例如，泰勒(Andersen，1992)将透视定义为“在**平面**上呈现人物形象的艺术”(加粗强调为我所加)。

透视分为两个步骤，首先是在球面上进行锥形投影，然后是对该投影进行制图平面化，在处理球面透视时几乎是不可避免的，并且在巴雷和弗洛康的开创性工作(Barre 和 Flocon，1968；Barre et al.，1964)“曲线透视”中已经隐约地做到了这一点，尽管他们在透视构造中没有考虑整个球面(因此，第一个球面透视实际上只是半球面)。在艺术应用方面，迪克・泰姆斯(Dick Termes)开创了球面变形的领域，但在平面投影中也局限于半球面(Termes，1998)。很难知道有多少限制是由于技术困难，有多少是由于哲学上的不情愿，还有多少是由于审美偏好。本书的另一章讨论了整个球面透视的构建问题(见本书第 19 章“球面透视”)。在这里，我们强调变形作为三维对象与绘画之间的等价关系的作用：作为径向等价，这里没有首选轴，因此没有视野限制。从数学上讲，这可以被视为用球面代替投影平面作为视觉数据流形[关于透视的投影形式化，见(Morehead，1955)，以及本书第 4 章“透过玻璃看”]。

在计算机图形学中，球面透视——没有在球面上手工绘制所遇到的实际困难——是非常自然的。巴纳德(Barnard，1983)将其视为透视图算法解释的自然环境。在文献(Correia et al.，2013;Correia 和 Romão，2007)中，将投影分为两步过程，首先是投影到曲线曲面，然后进行平面表示，用于结构的自由形状的宽视图可视化(wide-view visualization)。由于所讨论的曲面可以同胚变形到球体上，它与这里考虑的方法类似。在这里，文献(Araújo，2018c)的方法对我们特别有用，因为它明确地将这一推导的第一步与变形的一般概念联系起来，并将其置于绘图员理性绘图的实践传统中，而不是在计算机制图领域中。这项工作使用球面变形作为构建等距柱状(或鱼眼)球面透视的手工球面透视的第一步,并定义了求解球面透视的一般策略,后来被应用于等距柱状(equirectangular)(Araújo, 2017d, 2018b)和立方体(cubical)(Araüjo et al, 2019b)球面透视。

此处所提出的定义中的推导将变形与平面投影分开,具有消除变形和透视概念之间的紧张状态的附加作用,自动解决了困扰艺术哲学的所谓莱昂纳多悖论(paradox of Leonardo)(Araújo, 2016)等模棱两可的问题。

这一观点尤其重要,因为人们越来越意识到视觉沉浸式数字技术与有时被误解的旧日方法之间的联系(Araújo, 2017b; Gay 和 Cazzaro, 2019; Grau, 1999; Tomilin, 2001),这种联系往往因其历史发展所附带的混乱和不充分的术语而变得模糊。无论具体机制是什么,VR、AR 和 MR 乃至沉浸式摄影、视频映射和全圆顶投影所使用的几何图,仍然与用于绘制尼西亚隆和波佐的变形图或罗伯特·巴克(Robert Barker)的沉浸式全景图的几何图形相同,这些全景图令 19 世纪的观众眼花缭乱(Grau, 1999; Huhtamo, 2013)。因此,这些概念经过适当的重新表述,在教学、艺术和技术上的潜力仍有待探索,事实上,一些研究人员和艺术家最近通过数学、技术和艺术作品研究了存在于变形的数字和物理概念以及两者混合体之间的这种潜在联系(Araújo et al, 2019a; Michel, 2013; Rossi et al, 2018)。本章源于这样的探索,也源于对这些概念的广泛教学经验,受众包括刚开始学习透视和描述性几何的学生(Araújo, 2017c)、职业插画师、数字媒体艺术博士生,他们希望更好地理解隐藏在作为他们工具的不透明数字黑匣子中的潜在概念(Araújo, 2017b)。希望艺术家和几何学家都能在这里找到他们感兴趣的东西。

再次形成变形

我们提出了继文献(Araújo, 2018c)和(Araójo, 2017a)之后的变形构想。我们希望数学家和艺术家都能阅读这一章。因此,我们将在数学家简洁的风格和为艺术家及哲学家提供的更长的解释之间来回转换,在这种可疑的平衡中游刃有余,使所有人获取滋养却不能满足。为了流畅阅读,我们在第一节中不加批判地、自然地呈现它,然后用数学方法解释它,最后讨论我们在这个过程中做出的假设。

经验原理：径向遮挡

首先，让我们回顾一下(锥形)变形的通常定义。这通常是“从特定的角度看，扭曲的图像看起来很正常”的变体。我们对此并不满意。它可以作为一个字面定义，但作为一个数学定义是不合适的。什么是扭曲？什么是图像？看起来正常意味着什么？阿劳若(Araújo, 2016)声称，这种定义上的疏忽是一种历史包袱，造成了各种概念上的混乱。我们将彻底抛弃它，并试图以一种更严格的方式重新找回它的精神，这种方式既包含了变形的实际操作方面，又暴露了它的数学结构。

对于锥形变形的研究是模仿研究的子集，是对世界的模仿表现。我们发现，在适当的实验条件下，有些类别的物体虽然在三维形式上非常不同，但在人类观察者看来是一样的。“看起来一样”这个词在这里有一个非常具体和可操作的含义：在规定的实验条件下，人类观察者无法分辨出两个物体之间的区别。如果一个物体突然被另一个物体取代，受试者不会注意到这种变化。

这种模仿能不能真正欺骗眼睛，取决于几个因素，包括形状、颜色和光线等。这里定义的锥形变形只研究这些因素中最基本的部分：物体的外观轮廓或它们在视野中所占区域的形状。这本身就足以满足某些只需要形状匹配的有效错觉，也是涉及颜色或更复杂光学条件的更复杂错觉的必要条件。

形式视觉模仿在某些条件下发生，这并不能从几何学第一原理得到证明，而是一种关于人类视觉的经验事实，它将人类的视觉感知与视觉刺激的可测量的几何特性联系起来。只有当某些经验原理被抽象为几何假设时，它才能被证明。

在锥形变形的情况下，关于物体如何相互遮挡(隐藏)，整个主题来源于单一的经验观察。我们可以想象以下实验：观察者的眼睛位于固定点 O，呈现出两个非常小(“点状”)的黑色无特征球，它们被放置在彼此不同的位置。问观察者看到了多少球。对于大多数这样的位置来说，观察者都会报告自己看到两个球。但当这些球与他的眼睛几何对齐时，他会报告只看到一个。由此我们抽象出一个原理，我们称之为径向遮挡原理(principle of radial occlusion)：

径向遮挡原理 如果两点 P 和 Q 与原点 O 点在同一条射线上，那么在点 O 处的观察者看来它们是一样的。

我们所说的“看起来一样”是指它们看起来像同一点。你可以说它们在视野中占据了相同的位置。或者你可以把原理说成“光学对准与几何对准重合”。这里的措辞并不精确。其含义是可操作的,因此精度来自于实验条件的规范:“看起来一样”意味着某个特定实验的受试者报告的内容类似于“我只看到一个球”,而不是“我看到两个球”。对于感知的研究最终依赖于人类受试者对实验的反应。这些都是在特定条件下进行的非常具体的实验,通常旨在引起简单的“是”或“否”的回答。例如,在研究颜色时,受试者可能会看到来自不同功率谱的两个相邻的色块,并被问到它们的颜色是否相同(或者同理,它们看起来是否像一个或两个不同的色块)。通过这样的实验,可以测试颜色的线性增长原理。同样,径向遮挡原理也无法通过数学来证明。它是对人体实验结果的数学抽象。布鲁内莱斯基对透视的演示可以被视为一个这样的实验,表明当一个线性透视叠加在另一个线性透视之上时,线性透视绘制图的线与实物的线相匹配。

当然,我们确实有精确的光学和生理学模型,这允许我们建模并理解径向遮挡原理何时以及何以有效(这些模型反过来又被感知的经验事实所检验)。我们知道这个原理取决于光线的移动方式以及人类视觉系统处理光线的方式,因此,我们也能预计它什么时候会失败。折射和反射都会导致它的失败。在图 2 中,我们看到点 A 和点 B 同时与光线和几何射线对准,但点 C 和点 D 在不同的光学介质(如水和空气)上,因此是在同一条光线上,但不是在同一条几何射线上。对 O 处的观察者而言,C 将遮挡(隐藏)D,尽管这些点没有对准。这就是光学引导我们所期望的,而感知也证实了这一点(当折射或反射很重要时,会导致另一种变形,我们在这里不予处理)。

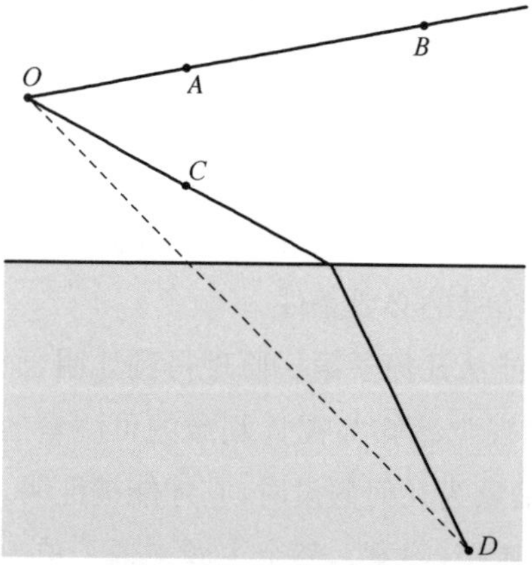

图 2　点 A 和 B 在几何上和视觉上都同 O 处的观察者对准了。由于在光学介质(例如,水和空气)之间的界面上的折射,点 C 和 D 同 O 在视觉上对准,但不在几何上对准

现在,由于晶状体是通过折射来工作的,而我们的眼睛有晶状体,我们意识到径向遮挡只能是近似的。这是关于感知的常见表述,实验证实的原理只有在实验条件下才有效——它会延伸到什么程度是一个悬而未决的问题。因此,这些原理不仅仅是对绝对真理的明确表述,而且也是对能验证它们的实验条件之范围所下的隐含定义。如果这个范围是有趣的话,那么它们就是有趣的概念。径向遮挡就是这种情况。在本节中,我们将不再

关注该原理何时有效这等复杂问题，而是推理其后果。前面的一切都是从这个径向遮挡的单一假设开始的，我们稍后将对其进行抽象，把它纳入我们对变形的定义中来(定义 4)。

快速形成变形

在我们给出正式的定义和结论之前，我们在这里做一个快速且非正式的总结。

如果我们接受径向遮挡原理，那么从 O 点来看，许多不同的三维物体看起来是一样的。组成一个物体的点定义了一个来自观察者 O 的光线锥，即视锥。如果两个物体定义了相同的光线锥，那么它们看起来应该是相同的。我们称这样的物体为相对于 O 的变形(事实上，我们需要一个技术条件来实现这种变形等价或变形，它比视锥相同这一规定稍微宽松一些，但这是下一节的主题；在这里我们讲得宽泛一些)。

需要注意的重点是，与透视不同，这里的等价是三维物体之间的，而不仅仅是物体和图形之间的。这里没有必要提及投影曲面。

例如，以图 3 的线框立方体为例，观察者位于 O。如果我们从 O 出发，沿着每个顶点的光线滑动每个顶点，我们就会将物体移动到立方体的右侧。这两种形状完全不同，但它们定义了来自 O 的完全相同的光线锥，因此，如果我们接受径向遮挡原理，我们必须接受这两个物体从 O 看去是相同的。当然，连接顶点的线段不必是直的。您可以在它生成的光线锥内自由弯折每个线段，这样仍可保持等价。例如，图 3 中的弧 $A''B''$ 等价于线段 AB 和 $A'B'$，因为它位于 AB 的

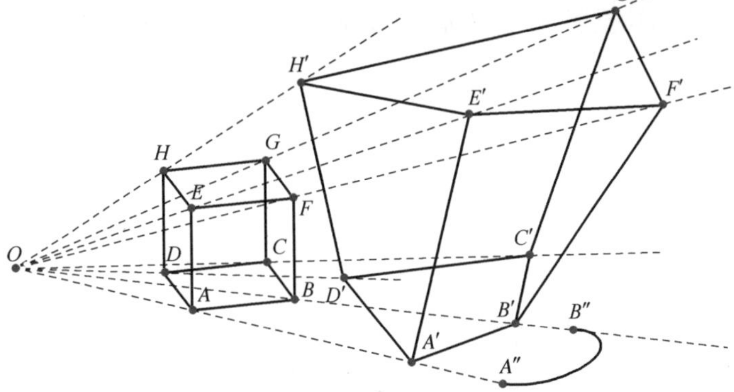

图 3 具有相同视锥的两个非常不同的三维物体。如果径向遮挡原理是有效的，那么当我们从 O 观察时，它们看起来是一样的

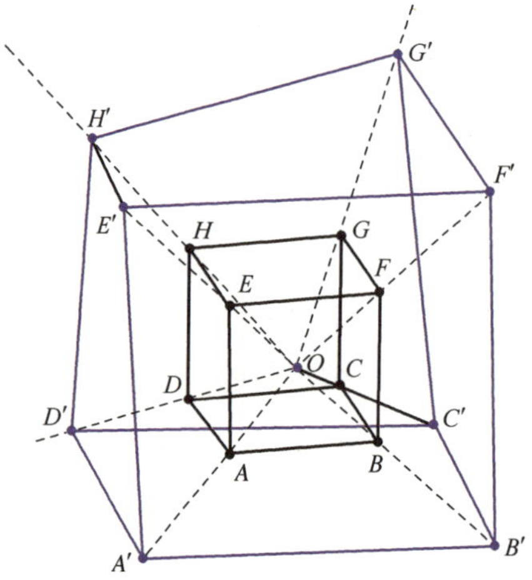

图 4 具有相同视锥的两个非常不同的三维物体,一个包围另一个。变形是径向且各向同性的,没有首选轴

视锥内。这个视锥只是 $\angle AOB$。

这种等价本质上是径向且各向同性的。与经典透视不同,那里有一个由垂直于图片平面的轴所定义的首选轴,这里没有这样的轴、平面乃至图片,因此视野没有限制:这只是物体之间的等价。因此,图 4 的例子和前面的例子一样有效。这使得沉浸式变形,即完全包围观察者的变形拥有了同等的地位[反过来,这一点也为球面透视打下了基础(Araújo, 2018c)]。

注 1. 在文献中,优选轴的限制通常与透视习惯或射影几何数学框架的便利性无关[例如,见(Sánchez-Reyes 和 Chacón, 2016)]。但在射影几何中,一条线上的所有点都是等价的,这是变形的限制框架。在变形中,等价类是光线,而不是线条,因此将代表视觉数据的是球面而不是投影平面。投影平面正好忽略了一半的视觉数据。

径向遮挡原理意味着任何三维物体都有二维变形。假设 S 是一个曲面,不包含 O,那么一个三维物体 X 的视锥与 S 的交点形成一个二维物体,它与 X 本身对应着相同的锥形。因此,这是一幅“画”,当从 O 看去时,看起来和 S 一模一样。

你可以粗略地说,径向遮挡原理使制图成为可能。

最明显的情况是一个物体的锥形与一个平面相交。我们在图 5 中看到两个例子,相同的物体被投射到一个“垂直”平面和一个“水平”平面上。

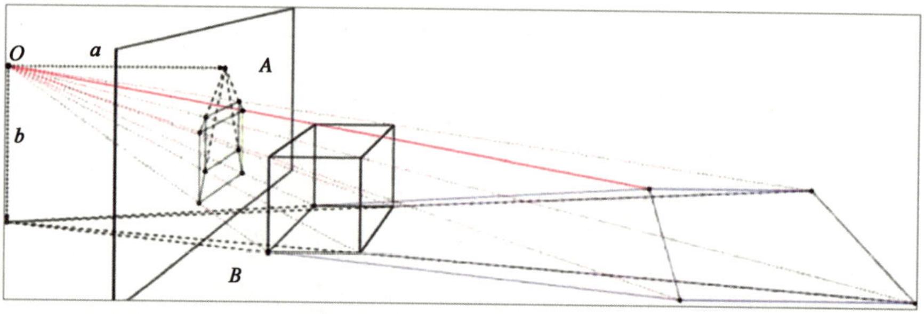

图 5 投射到平面上。线性透视与倾斜变形之间没有绝对的差异。两者都是平面上的变形;后者只是将物体投射到离垂足更远的区域

当然，水平和垂直之间没有根本区别，因为这只是相对于重力场的命名，而这与光学完全无关。然而，前者的变形通常被称为经典透视，而后者则被称为“倾斜变形”。它们有什么区别？任何投影平面都定义了一个首选轴，即通过 O 垂直于平面的轴。区别是物体对象的视锥相对于该轴的角度。当物体对象的视锥紧紧靠拢主轴之时，该图形被称为透视图；当角度分得很“大”时，称之为倾斜变形。我们看到区别在于程度，而两者都是变形的特殊情况，投影只是恰好包含在平面中的另一种变形，无论平面的定向如何。在这两种情况下，投影在操作层面上是相同的；使它成为“透视”或“倾斜变形”的是被投影物体的相对位置，而不是投影本身的功能形式。正如人们通常的天真说法，变形就是“形变”，而透视则不是。形变是什么意思？根据径向遮挡原理，它们在光学上都没有形变，从 O 处看去则无法区分，而在度量上两者都会发生形变；倾斜变形中边缘的伸长与它们在透视中的压缩相对应。当然，如果失去一个维度，某些类型的度量上的形变是不可避免的。

让我们转向更复杂的情况。没有什么能阻止我们同时使用几个平面，如图 6 所示。视锥作为几个像投影到平面的并集上，当从 O 点观看时，这些像都应该

图 6　立方体在三个平面上的变形。在局部上，这些只是平面透视图，但在整体上，这种多平面构型中的一些线可能会出现至多两个消失点。葡萄牙奥比多斯的临时装置（作者和玛丽亚・比安奇・阿吉亚尔的共同作品）

无缝相连。我们将看到,它从根本上改变了全局性质(如消失点的数量),同时保留了经典透视的局部性质。这种多平面投影在历史上被用在所谓的透视框中(Cucaković 和 Paunović, 2016; Gay 和 Cazzaro, 2019; Spencer, 2018; Verweij, 2010)。

但是,我们当然并不仅限于平面。如果我们使一个物体的视锥与一个曲面相交,我们就会得到二维变形。现在,线的投影本身在空间中是弯曲的,然而,当我们从 O 处观察时,它们看起来是直的。接下来我们将看到如何从分析和几何角度研究这些线的形状,以及如何在实践中绘制它们。在图 7 中我们会看到在由一个圆柱和平面组成的复合曲面上变形的例子,我们注意到这些变形的线条甚至无需彼此相连。

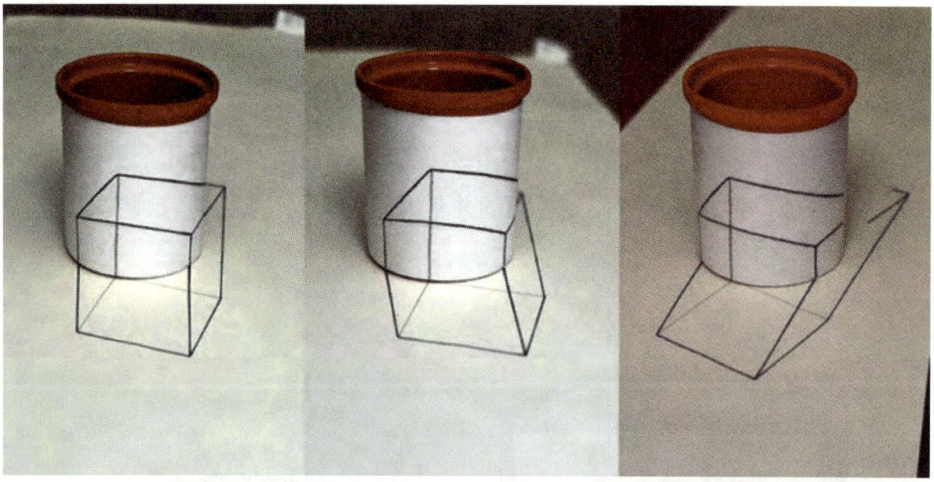

图 7 立方体在平面和圆柱面之并集上的变形(作者绘制)

此外,如果我们希望获得一种沉浸式变形,那就是要变形画包围着观察者。我们可以把 O 放在一个曲面内,例如,在一个圆柱的轴上。然后,观察者可以向环绕着轴的各个方向看去,并有一种被真实场景包围的错觉。这就是闻名于 19 世纪的全景画背后的原理,这幻觉当时如此引人注目,以至于"全景(em panorama)"一词最初被用来表示这些虚幻画面,随着时间的推移又与自然景观本身联系在一起。事实上,这个词似乎是于 1791 年第一次出现在印刷品中,出现在一幅宣传位于伦敦莱斯特广场的罗伯特·巴克"全景建筑"(图 8)沉浸式圆柱变形画展的广告上(Huhtamo, 2013)。在这座建筑中心的平台上展示了大型画作,让观众沉浸在外国风景或著名战役的再现中，比如 1816 年莱斯特广场全景图中的滑铁卢战役，这场战役的发生与当时相隔不到一年。这种全景图在 19 世纪世界各地广泛传播，甚至在今天，滑铁卢战役的全景图也在战争博物馆展出，一些内战的画作也被保存于美国。这里需要注意的是，巴克的全景图虽然引人注目，但并不是严格的圆柱形变形。根据坎普(Kemp，1990：214)的说法，它们是通过连接一系列相邻的线性图形而制成的，并小心修饰了过渡部分。只要不涉及超长的建筑线条，这就完全足够了，对于开阔的视野来说不是问题，因为每栋建筑都会占据一个小视角，而总体景观是眼睛无法准确判断的自然形式之一。

图 8　莱斯特广场圆形大厅的横截面图，显示了主全景和次全景的观景台。两者之间的一段黑暗通道使观察者的观感清晰起来。该建筑由罗伯特·米切尔(Robert Mitchell)设计，旨在展示罗伯特·巴克的全景(罗伯特·米切尔的《蚀刻/彩色水彩》，1801a，b)

当然，最符合各向同性的变形视图都是球面的，这一点同样也以各种方式得到了利用。天文馆或者现代数字全圆顶的视觉错觉允许半球面的变形，只是建筑的便利性和经济性阻止我们应用同样的原则来建立一个完整的球体，以提供一种真正的沉浸式变形，使其完全包围了观察者。事实上，人们在建筑上尝试过完全球面沉浸式错觉。查尔斯·德兰加德(Charles Delangard)于1822年向巴黎地理学会提出了格鲁亚玛(Georama,内壁绘有世界地图的空心大圆球)的概念,并于1826年在这个城市建立了第一个模型(图9)——一个直径约为12米的球体,其内部绘制了从地球内部观察所见的地球地理的图像(Belisle,2015;Oetermann和Schneider,1997)。德兰加德的格鲁亚玛,就像之前的全景图一样,变得广为人知,并被应用在其他地方,最著名的例子是莱斯特广场的詹姆

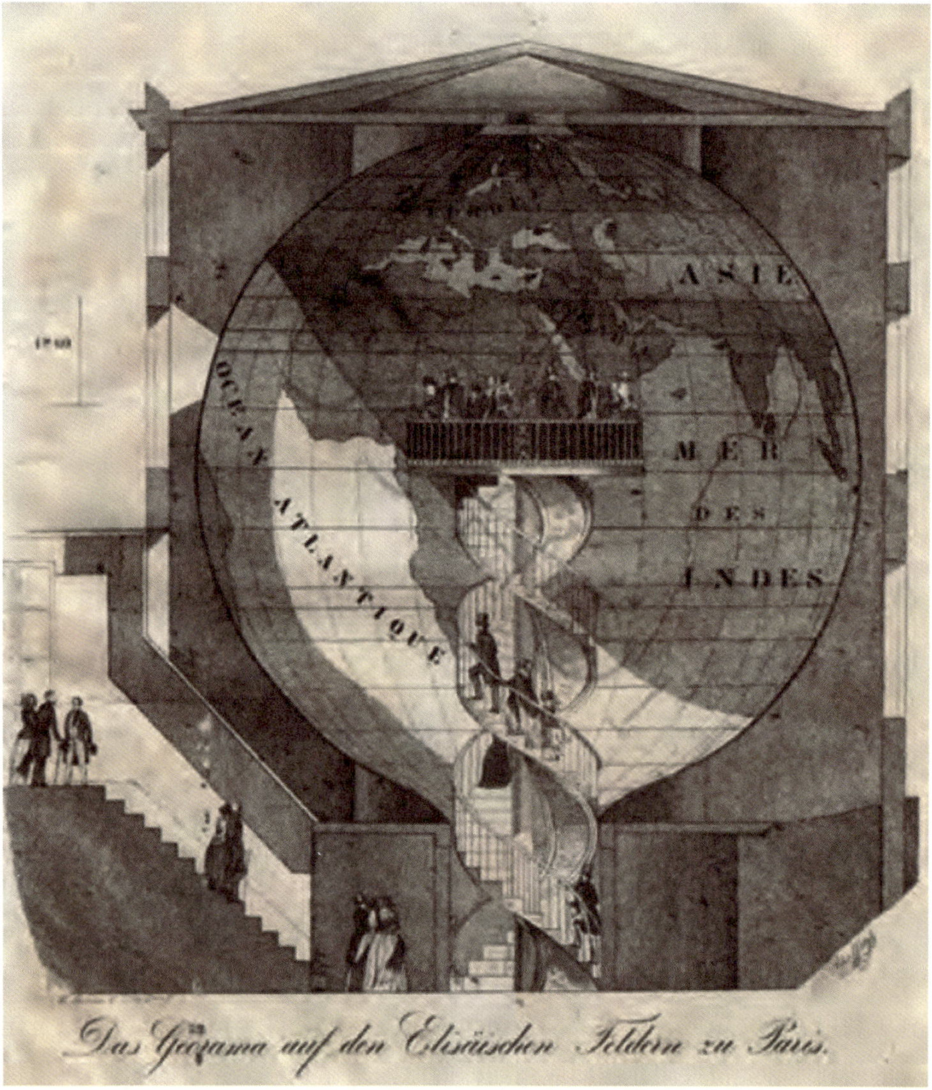

图9 德兰加德的格鲁亚玛示意图

斯·怀尔德(James Wyld)的《大地球仪》(*Great Globe*)。这个概念也被用来表示天穹。在1900年的巴黎展览上，有一个这样的地球仪，参观者可以进入其中，看到天体绕着他们所站的地方旋转。一些格鲁亚玛将这些地理和天文视图结合在一起，比如怀尔德的《大地球仪》，其内部显示了地球表面，而外部圆顶上绘制了天穹。这是意料之中的事，因为在地图制作传统中，恒星图和地球图之间有着长期的配对关系(例如，见本卷第19章"球面透视")。同样，与之前的全景图一样，格鲁亚玛并不是严格的变形，通常会制造形变以便于特定的阅读方式，或者把观众放在不一定位于球体中心的观测平台上(Belisle, 2015)。尽管如此，它们还是展示了一种完全沉浸式变形的建筑上的可能性。当然，如今沉浸式的变形每天都可以通过数字手段来实现。第一人称的游戏或模拟的运行方式是在3D玻璃的屏幕上动态创建一个平面变形，以移动的观察点 O 为中心，如果到屏幕的距离足够大，屏幕可充当进入虚拟世界的移动窗口，虚拟世界将处于变形中。当然，由于距离很小，径向遮挡原理将不会真正得到验证，所以这种错觉并不是真正的沉浸式。在3D头盔的帮助下获得了更好的效果，镜片创造了尺度感和距离感，为每只眼睛在一对移动的观察点 O_L 和 O_R 上创建错觉对。这只是动态全景图的又一步发展。

关于变形的几点思考

观察点

需要强调的是，变形等价总是与观察者 O 有关。在没有上下文的情况下询问某个事物是否变形是没有意义的。一切都是其他事物相对于某一点的变形。只有问对象 X 是否是对象 Y 相对于 O 的变形才有意义。这就是变形的字面意思通常所暗示的，我们说对象从某一点"看起来是对的"。但是这种含糊导致了各种各样的误解。问题不在于它看起来"正确"(意思是可识别为"某种东西")，而在于它看起来像是事先规定的东西。问题是可以规定多少，或者更严格地说，一个规定的变形在多大程度上决定了它相对于给定视点的所有可能变形的集合。

多个观察点

我们可以在一些相当宽松的范围内，从两个不同的点为同一物体对象规定不同的外观。当我们规定 X 从 O_1 看去变形为 Y_1 时，这就决定了从 O_1 到 X 的光线锥，但并不决定 X 本身。视锥上的每一个 X 点仍然可以沿着它的光线自由移动。这个自由度允许一个人(在约束条件下)指定另一个物体对象 Y_2，这样从另一个点 O_2 看去，X 将变形到 Y_2。

正如杉原浩一(Kokichi Sugihara)的作品所优美地展示的那样，锥形投影的自由度允许相当大的回旋余地。杉原奇妙地探索了这种具有模糊三维对象的双重变形构造，这些对象从一个点看可能是圆柱形的，从另一个点来看可能是箱形或星形的(Sugihara，2015a，b，2016)，并且不仅是这种模糊圆柱体的几何结构，甚至连它们的拓扑结构都可能发生变化，例如，根据观察点的选择，一对圆柱体看起来可能相交，也可能不相交(Sugihara，2018)。

“不可能”物体

这看起来可能很矛盾，但一个真实的物体可能会变形为一个不可能的物体，也就是说，它可能看起来像一个在局部上有意义的物体，但整体上没有意义，比如彭罗斯三角形(Draper，1978；Penrose 和 Penrose，1958)、M.C.埃舍尔的贝尔韦代雷立方体(Escher，1958，1972)或霍夫曼的各种线框结构模型(Huffman，1968，1971)。这是通过隐藏真实物体的不连续性或真实物体的变形，在视觉上模拟不相容的自连接和其他不可能的特征来实现的[参见(Sánchez Reyes 和 Chacón，2020)，了解现代对该问题的基于软件的处理]。当然，这种明显的不可能性与其说来自于我们所看到的，不如说来自于我们的假设，也就是说，不是来自于物体外观所决定的几何约束，而是来自于我们的大脑借以从一个点理解视图所提供的有限视觉信息的心理假设(Kulpa，1983；Sugihara，1982，2000)。人类视觉处理依赖于快捷方式和经验法则，旨在处理一般普通情况而非所有可能的情况。举一个明显不可能的物体的简单例子，请注意图 3 中最右边的物体可能被归类为一种霍夫曼不可能多面体，但前提是我们假设隐含的面是平面。事实上，读者将证明，由所示的边限定的面而组成的多面体是不存在的。然而，如果我们在顶点之间作三角剖分，如图 10 所示，就会得到一个完全一致的多面体，只是平面的数量大于最初假设的六个。由于径向遮挡的模糊性，难怪即使是最简单的线框物体，如内克尔立方体(Necker，1832)，也会让我们的大脑在两个读数之间摇摆不定；令人惊奇的是，我们竟可以满怀自信地对数学上合理的无限变形进行任何解读。

颜色

值得注意的是，在现代意义下，变形仅仅指轮廓或外形的等价。这种受限的原则对于通常意义上的适当变形是必要的，但还不够，因为大多数以这个名字命名的视觉错觉——无论是波佐安在圣伊格纳齐奥的圆顶，还是霍尔拜因的大使

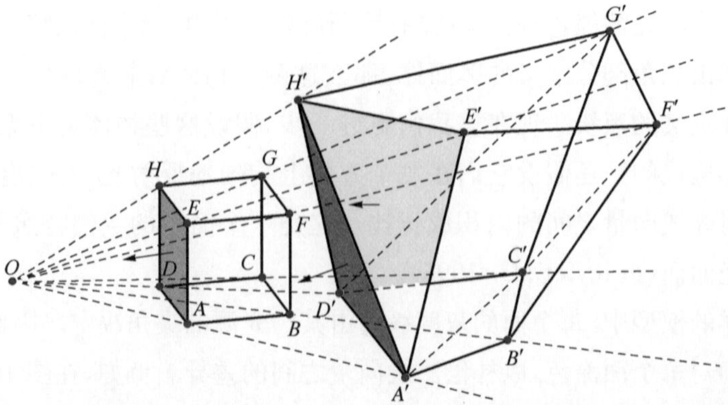

图 10　图 3 中最右边的物体可以通过三角剖分的选择成为一个合理的多面体。相应的三角形将导致立方体的边等价于右侧物体中的变形边，但在光源下，面本身会有不同的颜色。在兰伯特照明模型中，两个面 $A'H'D'$ 和 $A'E'H'$ 的值（灰度级）将随面法线与光入射方向的内积而变化。这可以通过在面上涂上深浅不同的灰色来弥补，从 O 观察时使它们显得均匀，从而实现“颜色变形”

画——也需要模仿颜色才能有效。一方面，文献通常没有提及这一点，因为我们认为，一旦我们使用锥形变形来定义我们希望在绘画中表现的物体的轮廓，颜色就会自行得到处理。谨慎的漫射照明确实如此，但在一般情况中，颜色肯定不会得到自行处理。颜色变形（可以说）是模仿的一个全新的复杂层面，我们在这里不做任何细节处理，仅仅简要提及一下。颜色的变化需要考虑照明模型、材料特性，当然，还有将颜色本身视为具有自身原理的感知理论。颜色有自己的模仿原理，也有自己的“变形”。颜色视觉刺激的空间可被看作可见光谱中所有功率分布的集合，作为函数的向量空间，它具有非常高的维度（如果我们用区间[0,1]上的所有函数的集合来标识它，我们可以说它是无限维的，但有一些限制，因此该空间的维度可能更适于被视为极高但是有限的）。这个空间被我们的感知简化为三维空间中的一个凸集，（例如）可以识别为值、饱和度和色调。这种维度的减少类似于变形将真实空间的三维减少为二维感知空间的方式（尽管这种减少在颜色上要剧烈得多）。

但所有这些都超出了我们的研究范围。为了考虑最简单的情况，再以图 10 中的两个变形线框对象为例。如果我们只考虑将点相连的理想线段的线框对象，情况就很简单了。如果我们考虑一个真实的物体，那么我们已经有一些复杂性,因为这些线需要某一厚度才能明显地得到表示。我们可以把它们在光学上简单地想象成哑光的黑色圆柱体(没有镜面反射),很薄,没有任何特征。如果我们现在考虑由三角剖分定义的多面体,那么这两个物体看起来就像一个由与其相同的轮廓定义的黑块。现在让我们更进一步,假设这些物体是由涂成中度灰色的三角形构成的。还假设它们在每个方向上均匀地反射光,其强度与表面法向量与入射光线向量之间的内积成正比。这是一个简单的兰伯特照明模型,足以渲染哑光曲面(Foley et al., 1996)。

在这样的模型中,每个面的灰度级将由其与光源的夹角决定。因此,模仿颜色需要我们对每个面涂色,以补偿法线向量之间的差异。例如,在图 10 中,立方体的面 $ADHE$ 变形为两个三角形面 $A'D'H'$ 和 $A'H'E'$ 的并集。请注意面上法线向量之间的差异。如果面被均匀涂色,并且假设光线来自前方和高处,那么指向下方的面看起来会比立方体的面更暗,指向上方的面看起来更亮。因此,为了弥补这一点并使亮度值显得相等("颜色变形"),我们必须将向上的三角形涂得比正方形更暗,向下的三角形涂得比正方形更亮。

在图 11 中,我们看到了一个手绘的颜色变形的简单例子:一个立方体的平面变形,与一个具有相同曲面尺寸的真实立方体并排出现。物理立方体被均匀地涂上白色油漆。平面变形物体的法向量与顶面的法向量重合,因此这些相对应的面可以被涂上相同的亮度值。但是,平面变形的其他"面"必须被涂得更暗,以匹配那些与入射光成更大角度的三维立方体面的外观。

图 11　三维立方体和平面变形

这种颜色变形游戏的规则取决于许多因素,并会随着光源的类型、形状、位置以及材料的反射类型等的变化而变化。在大多数情况下,不可能仅凭改变局部颜色来匹配表面彰显的颜色，因为范围太大。兰伯特反射和均匀光几乎是最容易匹配的情况。漫射照明很有帮助，因为投射的阴影会造成额外的复杂性（或艺术机会）。

如果我们尝试对颜色变形进行正式处理，我们将从类似于以下定义的东西出发：相对于点 O 和光源 L_1、L_2，两个物体 X_1 和 X_2 互为颜色变形——如果 X_1 在光源 L_1 下从点 O 处观察与 X_2 在光源 L_2 下从点 O 处观察没有区别的话。因此，我们对光源的依赖类似于锥形变形中对点 O 的依赖。

例如，这样的概念使我们可以谈论白炽灯下的球与卤素灯下的圆盘之间的颜色变形，对圆盘进行着色以模拟球的颜色渐变效果。然而，我们不会在这里试图对此进行任何正式的阐述，但直观地讲，这个概念就是任何画家在画廊灯光下绘制日光场景时所做的事情，更确切地说，是修复专家在确保他不仅使用了正确的颜色，而且使用了正确的颜料来修复一幅颜料画时所想到的，从而保证在光源光谱的变化下实现颜色匹配。

我们可以总结本节的观察结果，即（大胆得不可原谅，并且省略了许多限定词的）变形使素描画成为可能；颜色变形使颜料画成为可能。

双眼变形

考察变形时，我们以独眼为抽象，但我们仍然可以轻易运用双眼视觉。变形发生在光线照射到眼睛之前——这不是对眼睛的操纵，而是对到达眼睛的光线的操纵。因此，过于关注视网膜或大脑发生的事情的论点没有切中要害。无论视觉系统的工作方式有多么复杂，给它提供同等的输入信息都会产生同等的感知。因此，我们不需要了解大脑是如何识别双眼图像的；我们只需要分别欺骗每只眼睛，弄清楚想象的物体如果存在，它会从它的位置接收到什么样的光束。然后大脑会混合处理。将这个问题简化为技术问题，即向每只眼睛展示它自己的变形，以典型的方式加以构建，并根据其特定位置进行定制。最大的问题是抑制问题：确保每只眼睛只得到相应的图片。这只需通过使用物理壁（隔膜）将每只眼睛约束在自己的隔间中来实现（但有局限性）。迪图尔（Dutour，1760）在 18 世纪使用的这种简单方法，仍然是当代解决方案所使用的要素。惠斯通（Wheatstone，1838，1852）在 1832 年通过他的镜面立体镜实现了分离（Wade 和 Ono，2012）。一长串的演变和简化从这个想法中产生出来，从 19 世纪 60 年代的福尔摩斯立体镜到 20 世纪 30 年代末的视图大师。它们与谷歌卡纸板等现代 VR 幻灯片没有太大区别，只是今天的错觉可以移动。这一切都在某种程度上利用了衍射或反射,因此严格地说,它们并未完全依赖于锥形变形(尽管区别很肤浅)。一个更严格的锥形装置是浮雕。维贝尔(Vuibert, 1912)在亨利・理查德(Henri Richard;Cabezos-Bernal, 2015)绘制的一本书中首次发表了透视浮雕(anaglyph)。我们都熟知红蓝色或红青色 3D 立体浮雕眼镜。每只眼睛上的滤镜都会消除相反的图像,从而分离出两种变形,产生图片从它们的框架中弹出的效果。用"倾斜变形"而不是"透视"进行同样的处理会产生更为令人震惊的结果(Araújo, 2017a;Cabezos Bernal, 2015)。例如图 12,从正确的角度,即与页面构成一个锐角来观察,看起来就像一个立方体从页面中弹出来了,年轻的学生也会惊讶地发现——尽管也可能是因为他们熟知计算机图形学——就会看到类似于漂浮在半空中的线框立方体的东西,当他们稍微移动头部时,它就会摆动。在观察点上方沿竖直方向移动头部时,会产生条形动画图的错觉,在你的眼前长出一个平行六面体。我们将不再进一步讨论双眼视觉,因为可以通过对这种单眼视觉进行适当调整来处理它。读者可以参考文献(Cabezos-Bernal, 2015)了解更多关于这一问题的信息。

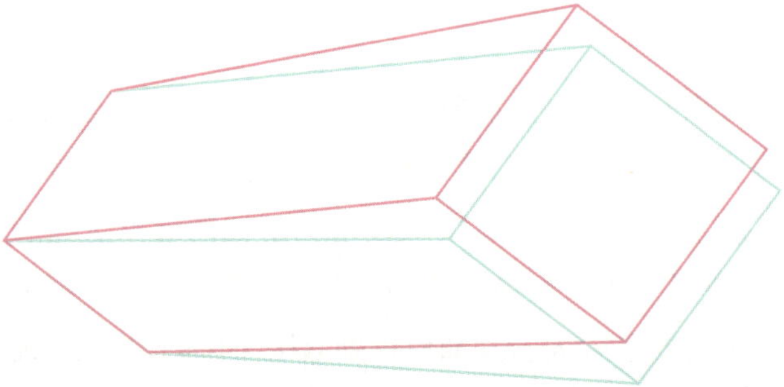

图 12 立方体的变形浮雕,可用红蓝 3D 眼镜观察

正式改造变形

数学基础

现在,我们接着以数学方式发展以上的泛泛而论。

我们需要一些几何背景。我们将把我们的三维世界抽象地建模为一个欧几里得三维空间,记作 ε。你可以把 ε 视为 $\mathbb{R}^3$。ε 中的点 O 将表示观察者眼睛的位置。设 $\varepsilon_O = \varepsilon \backslash \{O\}$ 是除点 O 以外的三维空间。我们想要对物体进行建模。我们定义一个物体是一个 ε_O 的闭集，一个场景表示物体的有限并集。术语“闭”是一个拓扑概念。我们简要地回忆一下数学家的一些术语，然后详细解释它们。在这一点上，我们需要艺术家的勇气。坚持到底，因为这些术语都将在以后变得更加具体。

定义 1. 设 S 是一个拓扑空间的一个子集。如果 P 的每个邻域都包含一个非 P 的 S 中的点 Q，则我们说 P 是 S 的极限点。S 的闭包是 S 与其极限点的并集，用 $cl(S)$ 表示。如果 $S = cl(S)$，则 S 是闭集。S 的余数是 S 的闭包减去集合本身，记为 $\mathrm{Re}\, S = cl(S) \backslash S$。

直观地说，一个集合的极限点是一个可以无限接近而不脱离集合的点。闭集是那些包含其所有极限点的集合。点、线段、直线、平面、圆和球面都是闭集。举一个反例，取集合 $S = \overline{AB} \backslash \{A, B\}$，一个线段去掉了它的端点。仍然可以在不离开 S 的情况下无限地接近 A 和 B，所以它们是 S 的极限点。但它们不在 S 中；因此，S 并不是闭集。

我们将发现，前面提到的集合自然会缺少极限点。由于各种原因，我们不喜欢这样，所以我们会把它们添加进去。数学家们用一个奇特的名字来称呼这种把缺失的点添加回去的过程——他们称之为“取闭包”。S 的闭包是包含它的最小闭集。所以，回到没有端点的线段 S 的例子，S 的闭包，记作 $cl(S)$，是完整的线段 $\overline{AB}$，它包含了它所有的极限点，因此是一个闭集。最后，我们把 S 的余数定义为需要添加到集合 S 中去的极限点的集合，只有把它们添加到集合 S 中，才能使得集合成为闭集。因此，$\mathrm{Re}\, S = cl(S) \backslash S$。在我们的例子中，余数是线段所缺失的端点的集合 $\{A, B\}$。

如果没有拓扑结构，我们就不能真正谈论闭集、紧致等等。集合上的拓扑结构是一组规定，规定了哪些子集是开集（开集是闭集的补集）。在接下来的内容中，我们想研究来自眼睛 O 的视觉射线的集合。我们将看到如何在这些射线的集合上建立一个拓扑结构。首先让我们定义什么是射线。

如果对于 S 的任意两点 A 和 B，线段 $\overline{AB}$ 都在 S 中，我们就说集合 S 是凸的。

直线 l 上的点 O 把 $l \backslash \{O\}$ 分成两个不相交的凸集 l_1，l_2。我们说 l_1 和 l_2 都是直线 l 上的一条原点（或顶点）在 O 处的射线。我们将射线解释为从 O 到无穷远的有向半直线（l_1 和 l_2 从 O 出发，分别奔向相反的方向）。请注意，射线

缺少原点 O。例如,如果 $\vec{v}$ 是一个向量,那么射线是 $O+a\vec{v}$ 的集合,其中 $a\in R^{+}$。对于 $P\neq O$,$\overrightarrow{OP}$ 表示以 O 为原点通过 P 的射线。这与向量的记法相同,但我们将以上下文来消除歧义。注意,射线的通常定义包括原点;我们没有,因为我们不希望不同的射线相交。因此,一条起源于 O 的射线包含在 ε_O 中。

设 $\mathfrak{R}_O$ 表示起源于 O 的所有射线的集合。设 S_O^2 表示中心为 O 的单位球面。在射线集合和球面之间有一个典型的同构:我们将每条射线和它与球面的交点对应起来。这种双射赋予射线集以球面拓扑结构,赋予它闭集、极限点等概念。因此,我们将自由地交替使用射线或球面上的点。

作为数学对象的变形

上面定义的径向遮挡原理表示了一个相对于参照点 O,即观察者的眼睛,各点之间彼此等价的概念。当该原理有效时,就视觉感知而言,沿着从眼睛出发的射线在几何上互相对准的两个点是等价的。因此,如果两个物体的所有点都彼此对准,或者等价地,如果它们生成相同的从 O 出发的视觉射线集,那么它们是等价的。我们将这个集合表示如下:

定义 2. 我们说一个物体 Σ 相对于 O 的视锥是原点为 O 的由 Σ 生成的射线组成的集合,我们 $C_O(\Sigma)$ 来表示,因此,$C_O(\Sigma)=\{\overrightarrow{OP},\ P\in\Sigma\}$。

现在,根据径向遮挡原理,很自然就能定义两个集合“看起来相同”,如果它们有相同的视锥的话。稍后我们将证明一个比较宽泛的等价表示是更有趣的,我们将称之为变形。现在,为了激发动机,我们将集中讨论更严格的锥形等价的概念。

定义 3. 如果两个物体 Σ_1 和 Σ_2 相对于 O 有相同的视锥,那么我们说它们相对于 O 是锥形等价的。我们将它表示成 $\Sigma_1\overset{O}{=}\Sigma_2$。

很明显,锥形等价事实上是三维物体之间的等价关系,意思是一种具有自反性、对称性和传递性的关系。我们感兴趣的是通过这种关系来研究等价类,以及如何构造这些类的成员。

命题 1. 设 P 和 Q 是 ε_O 的两个点。当且仅当 P 和 Q 在起源于 O 的同一条射线上,$P\overset{O}{=}Q$。

命题 1 表明点对的径向等价原理是定义 3 的特殊情况。这只是源于这样一个事实，即点 P 的锥形是射线 $\vec{P}$。

命题 2. 如果 P、Q、P'、Q' 是 ε_O 的点，使得 $P' \stackrel{O}{=} P$ 且 $Q' \stackrel{O}{=} Q$，则 $PQ \stackrel{O}{=} P'Q'$。

证明. 根据命题 1，三角形 POQ 和 $P'OQ'$ 定义了顶点在 O 处的相同的角。角内的每条射线与 $\overline{PQ}$ 和 $\overline{P'Q'}$ 相交于同一个点，从而在两条边和锥形的射线之间建立了一个双射。

我们可以将线段 AB 的射线锥表示为 $\angle AOB$。

注 2. 证明不适用于直线，因为三角形没有捕捉到直线的整个视锥。事实上，这个命题对直线来说是错误的。

推论 1. 如果 γ 是一条具有参数 $g:[0, 1] \longmapsto \angle AOB$ 的连续曲线，满足 $g(0) \stackrel{O}{=} A$ 和 $g(1) \stackrel{O}{=} B$，则 $\gamma \stackrel{O}{=} \overline{AB}$。

注 3. 这是图 3 中曲线 $A''B''$ 的情形。

命题 3. 如果 $\triangle PQR$ 和 $\triangle P'Q'R'$ 是顶点在 ε_O 中的三角形，满足 $P' \stackrel{O}{=} P$、$Q' \stackrel{O}{=} Q$ 和 $R' \stackrel{O}{=} R$，则 $\triangle PQR \stackrel{O}{=} \triangle P'Q'R'$。

证明. 对于三角形的边，根据命题 2 的结果成立。设 I 是其中一个三角形，比如说 $\triangle PQR$ 的内点。然后设从 O 经过 I 的射线与 QR 交于点 J。由于 $\overline{QR} \stackrel{O}{=} \overline{Q'R'}$，所以在 $\overline{Q'R'}$ 上有一点 J'，使得 $J' \stackrel{O}{=} J$。

与前面的命题一样，这并不能推广到由三角形定义的全平面。

注意，线段是具有两个端点的凸集合，三角形是具有三个端点的凸集合。该结果适用于一般的凸组合。

作为上述命题的推论，如果 Σ 是一个由顶点和线段组成的图（如图 3 的立方体），我们可以沿着来自 O 点的射线自由滑动到每个顶点，得到的图将与原图具有相同的视锥。通过三角剖分从图中得到的多面体也是如此（有几种与图兼容的面可供选择）。移动顶点所创建的新多面体等价于原图。

推论 2. 如果 S 是一个连续曲面，其边界变形为 $\triangle ABC$，并且 S 包含在由 $\triangle ABC$ 定义的实角中，则 $S \stackrel{O}{=} \triangle ABC$。

注 4. 在处理计算机图形学时，上述命题可以很容易地由参照物获得变形。例如，使用 Geogebra 软件（Hohenwarter，2002；Hohenwarter et al.，2013）就非常容易在来自 O 点的射线上自由滑动以得到图 3 所示的变形多面体，甚至把这些边变形成简单曲线。桑切斯-雷耶斯和查肯（Sánchez-Reyes and Chacón，2016）做了一些类似的事情，使用贝塞尔三角形（Bézier triangles）和 NURBS 获得参照物体的变形。

正如我们所看到的,命题 2 并不能推广到全直线。平面 H 上的直线 l 将该平面划分为不相交凸集的并集 $\pi=\pi_1 \cup l \cup \pi_2$,其中 π_1 和 π_2 是 l 两侧的半平面。l 的锥形由以下命题所刻画。

命题 4. 设 l 是 ε_O 中的一直线。O 和 l 定义了一个平面 $\pi_O(l)$。设 l_O 为平行于 l 且穿过 O 的直线。l_O 将 $\pi_O(l)$ 分成两个不相交的半平面。那么 $C_O(l)$ 是通过包含 l 的那个半平面的射线集合。

我们注意到,虽然 l 在 ε 中是闭集,但它的锥形在 $\mathfrak{R}_O$ 中不是闭集。这在后续讨论中将会变得很重要。缺了两条射线,锥形无法成为闭集,这是两条方向完全相反的射线,它们的并集是 l_O。它们代表 l 的视锥的极限,但并不属于它。直观地看,当视线接近无穷时,它越来越接近于 l 的平行线,但永远不会达到它。读者可能认为直线 l_O 在经典透视中就是通过与投影平面相交来定义 l 的消失点的直线。我们这里没有投影平面,但这条线仍然很重要:

命题 5. 设 l 和 l' 是 ε_O 中的直线。当且仅当 l 和 l' 同 O 组合所定义的平面相同且 $l_O=l'_O$ 时,就有 $l' \overset{O}{=} l$。

在线性透视中,l_O 被用于构造 l 的投影。将 l 和 l_O 的交点与投影平面连接起来即可进行构造。这是线性透视的一个基本定理(Andersen, 1992: 12),但无法将之应用于变形,因为我们没有投影平面。我们将进一步看到一般的投影面无论如何都不会与 l 相交。但是我们有以下类似的构造,利用 l_O 和 l,以一种标准方式得到一个与 l 相关的圆弧。

命题 6. 存在一个圆心为 O 的圆 C 与 l 相切。设 $\ell_O(l)$ 为 C 与 l_O 在和 l 同侧的 $\pi_O(l)$ 之半平面上的交点,则 $\ell_O(l)$ 和 l 定义了来自 O 的相同的射线锥。

证明. 经过点 O 的垂直于 l 的线与 l 相交于点 I,它是 l 上到 O 的距离最小的点。因此,圆心为 O 且经过 I 的圆将与 l 相切(图 13)。这个圆与 l_O 相交于两点 V 和 V^*,分别位于直径两端。考虑通过剔除对极点 V 和 V^* 所得到的半圆 VIV^*。这条弧上的点与锥 $C_O(l)$ 上的点之间存在一一对应关系,对于 l 上的每个点 P,$\overrightarrow{OP}$ 与弧的交点即是对应点。

乍一看,这是个不错的结果。存在一个标准的圆弧与直线具有相同的视锥。但是有一个问题。读者可能已经注意到,我们没有说这些是等价的物体对象。

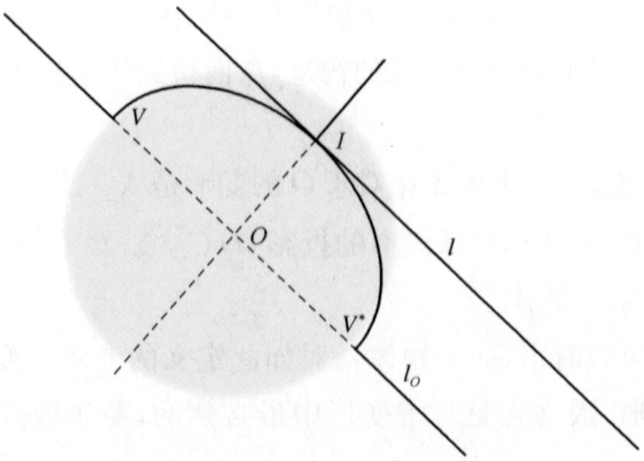

图 13　直线视锥的典型经线表示

对于有端点的圆弧和没有端点的圆弧，这都是错误的。没有端点的圆弧与直线具有相同的射线锥，但它不是闭集；因此，它不是我们所定义的物体对象。具有端点的圆弧是闭集，但它在锥形的意义下并不等同于直线，因为与端点对应的射线不是直线的锥形的一部分。

我们可以用几种方法来解决这个问题，例如，通过改变物体对象的定义，但最令人满意的方案似乎是改变我们对等价的概念。因此，我们通过稍微放宽锥形等价的定义来定义变形等价：

定义 4. 如果两个物体 Σ_1 和 Σ_2 的视锥相对于拓扑闭包是相等的，也就是说，如果 $cl(C_O(\Sigma_1))=cl(C_O(\Sigma_2))$，我们说它们相对于 O 锥形变形等价。我们将其表示为 $\Sigma_1 \overset{O}{\sim} \Sigma_2$。

有些命名法，例如“相对于 O 锥形变形等价”是很难理解的，所以简而言之，我们只说两个物体是变形的，或者它们是(彼此)的变形，或者一个是另一个的变形。这个定义很好地满足了这些表达式的常见用法和我们的技术需求。这些向简洁和习惯的让步不应该使我们忘记：任何变形等价总是相对于一个特定的观察点，所以在心中，这些短语应以“相对于 O”为开头。

命题 7. 如果 Σ_1、Σ_2 是两个满足 $\Sigma_1 \overset{O}{=} \Sigma_2$ 的物体，那么 $\Sigma_1 \overset{O}{\sim} \Sigma_2$。

显然，锥形等价意味着变形等价。因此，我们得到的锥形等价方面的结果对于变形仍然有效。

现在让我们重新考虑一下以上定义的标准半圆。如果我们加上它的端点，通过取它的闭包，它变成了直线 l 的变形。这两个点非常重要。它们是 l_O 与球面的交点;因此它们对于平行于 l 的每一条直线都是相同的。因此,它们将是所有平行于 l 的直线的交点。l_O 的两条射线从经典透视推广了消失点的概念。

我们可以推广我们对直线所做的构造,从而得到任何物体的标准变形,以及消失点集:

定义 5. 我们说,一个物体 Σ 相对于 O 的变形是 $\Lambda_O(\Sigma)=cl(C_O(\Sigma))$。当上下文清楚时,我们用它在单位球面上的投影 $cl(C_O(\Sigma_1))\cap S_0^2$ 来表示它。我们也称后者为 Σ 的标准变形。

从定义 4 中可以看出,一个物体是对如此定义的变形的变形。它的球面变形被称为标准变形,因为它是二维变形中最自然的,源于射线空间与球面的一致性。

定义 6. 我们说,$V_0(\Sigma)=\mathrm{Res}(C_O(\Sigma))=cl(C_O(\Sigma))\backslash C_O(\Sigma)$ 是物体对象 Σ 相对于 O 的消失集。我们把消失集的点称为消失点。我们把消失集的射线与单位球面 S_O^2 上的点对应起来。

消失集是物体对象的视锥的余数,也就是说,必须将之添加进来才能使其成为闭集。这个定义的优点是它适用于任何物体对象,若仅限于线和平面,它就会满足你对经典定义的期望,正如我们将看到的那样。

注 5. 在向艺术家讲授消失点的概念时,很难明确地处理拓扑概念,特别是在很短时间内,比如一次研讨会。于是,更实际的做法是推广始于泰勒的透视传统,简单地将直线的消失点定义为与构成 l_O 的两个反向射线相关的点,然后注意它们位于标准半圆的末端;然后根据定义,平行线有相同的消失点,它们是这些线的相交点。

命题 8. 直线 $l\subset\varepsilon_0$ 的标准变形是单位球的经线。l 的消失集是一对位于经线末端的对极点,它们是平行于 l 且经过 O 的直线 l_O 与球面的交点。

这个命题将透视图变成了球面几何,所以我们可以应用这个学科的工具。参见(Catalano, 1986)和(Araújo, 2018c)。特别地,我们将更多地讨论对极点,所以让我们回忆一下,如果有两个点分别位于球面直径两端,则称它们是对极点。给定球面上的一个点 P,我们用 P^* 表示它的对极点。这个概念可以平凡地延伸到通过球心的相应射线。

这个命题有一个明显的推论,即平行线不仅有相同的消失点,而且这些都是它们的变形的实际交点。这是对平行线在无穷远处相遇这一抽象概念的一个非常具体的替代方案——它们的球面变形实际上在球面上相遇。

推论 3. 如果 l 和 l' 是平行线，则它们的标准变形在它们的消失点处相交。

这是一个优美的统一消失点的观点，不像经典的透视图，一条线有时有一个，有时没有消失点，甚至不像巴雷和弗洛康(Barre 和 Flocon, 1968)的(半)球面透视，那里直线有一个或两个消失点。这种对消失点数不变性的探索可以与数学家坚持重新定义数以确保一个 n 次方程始终有 n 个根的做法相比较。透视的射影平面视图回答了对于对称性的同等渴望，但我们总是有一个消失点。我们目前的变形概念(以及后来的透视)概念将这个点一分为二，因为我们不想要首选轴，而是希望捕捉整个视觉环境。

现在我们考虑这些变形的构造问题。由于一条线的标准变形是一个圆弧，我们可以料到，构造它需要三个点。但因为它是一条经线，而且这两个消失的点是对极的，所以有两个点就足够了。

回想一下，球面上的两点定义了一个通过其中心的平面。该平面与球面的交集是一个半径与球面相同的圆，被称为球面的一个大圆，或测地线。经线是一个大圆的连通的一半，所以可以通过选择两个对极点，然后从测地线的两个可能的一半中选择一个来指定它。这个经线的选择可以通过选择其内部的一个点来完成。但是由于这两个端点是相互对极的(因此知道一个就足够了)，要确定经线只需它的两个点，只要其中一个被指定为另一个的对极点。出于同样的原因，确定一条直线的图像只需要两个点，只要其中一个点被指定为消失点。

命题 9. ε_O 的直线 l 的变形由一个消失点和 l 的一点在球面上的投影所决定。

证明. 消失点 V 和从 l 投影到球面上的测量点 P' 确定了一个通过 O 的平面，因此形成了一条测地线。在这个测地线上直线的像将是经线 $VP'V^*$。

注意，如果直线 l 经过 O，那么它的像只是两个点的集合，它们位于消失点的位置，在这种情况下，它们实际上是投影点。直线本身消失了。泰勒论述了经典透视中同样的情况，这是称之为“消失点”的理由之一，因为在这种退化的情况下这条线“消失”成两个点(Andersen, 2007：175)。我们在这里的定义有一个技术上的不同之处，因为根据定义 6，这两点根本不在我们的消失集中，而从经典透视来看，消失点存在，并且与单个投影点重合。

例 1. 在图 14 和图 15 中我们看到空间直线对 l 和 j 的两个例子，包括它们的消失点和它们的球面变形。

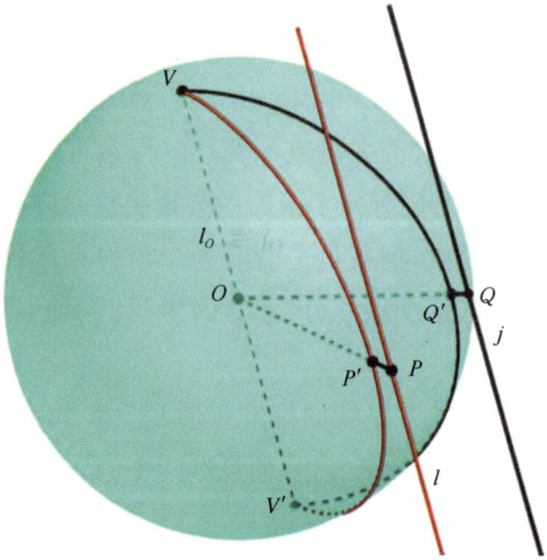

图 14 两条平行线在球面上的变形。这些直线投影为经线，它们相交于两个共同的消失点 V 和 V^*，彼此互为对极点

在图 14 中，我们看到两条平行线。因此，它们平移到原点后一样，所以 $l_O=j_O$；因此它们有相同的对极消失点 V 和 V^*。它们在球面上的标准变形像是在这些消失点上结束的经线。因此，消失点是标准变形的实际相交点。

对于这些球面变形的构造，l 和 j 中的两个投影点 P 和 Q 分别定义了各自的经线，如命题 9 所示。可以在任何地方选取这些点，但一种方法是选取经线与垂直于 l_O 的测地平面的交点。

在图 15 中，我们看到了两条垂直线。现在直线 l_O 和 j_O 本身就是互相垂直的，在 O 处相交，我们得到了两对消失点。经线是通过选取一个额外的点而得到的，也就是两条直线的交点。因此，我们看到只需要选取消失点 V_1 和点 P 就可以得到整个构造。

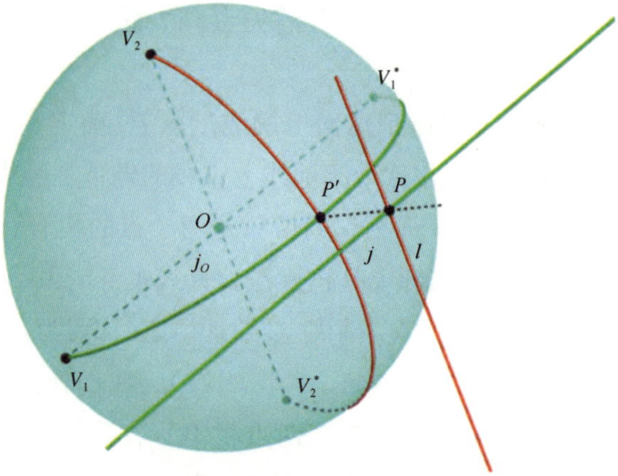

图 15 两条直线 l 和 j 以直角相交。它们在球面上的标准变形产生两对沿着正交线 l_O 和 j_O 定义的测地线以 90°的规则间隔分布的消失点

在图 16 中，我们看到一个立方体的球面变形。立方体定义了六个不同的消失点所组成的集合，这些消失点是延长立方体边的直线的交点。

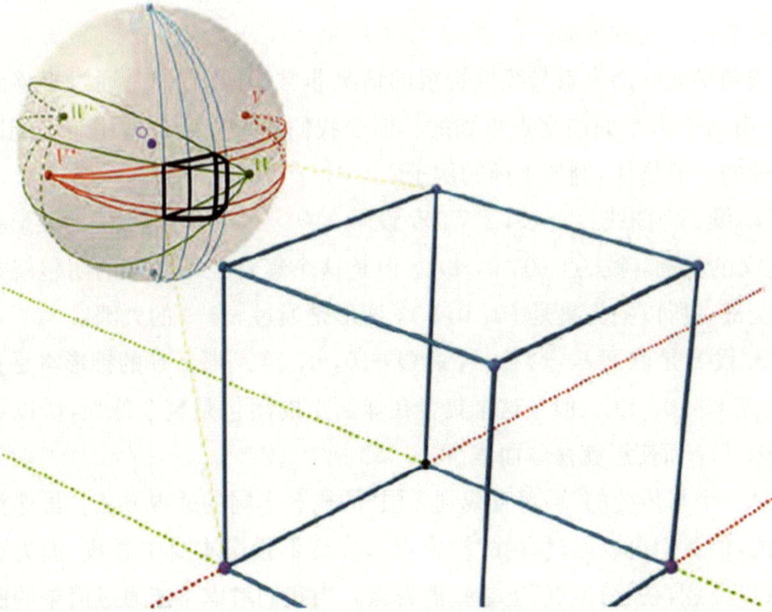

图 16 立方体在球面上的变形。立方体定义了六个不同的消失点的集合，每组平行边有两个

命题 10. 设 σ 是一个不包含 O 的平面。设 σ_O 是平行于 σ 且通过 O 的平面。于是 σ_O 定义了一个球面的大圆，这是 σ 的消失集(图 17)。这个大圆把球面分成

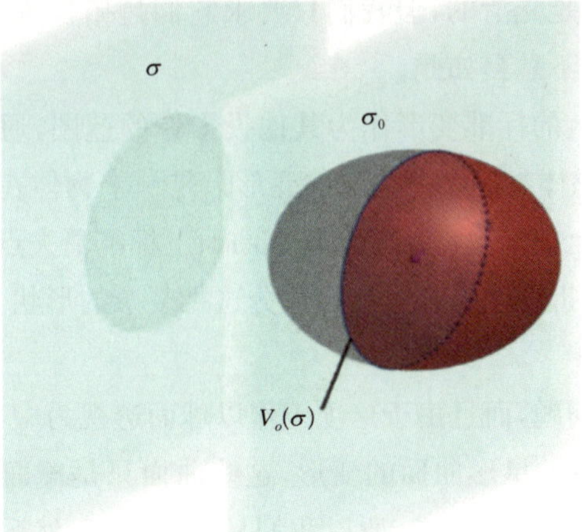

图 17 平面 σ 及其在单位球面上的消失集 $V_O(\sigma)$

两个半球。σ 的变形是在含有 σ 的 σ_O 一侧的半球。

证明. 这种构造类似于标准圆的构造。取一条经过 O 且与 σ 相垂直的直线，这就定义了一个与 σ 相切的球面，其中一半将是 σ 的视锥的像。要得到变形，将其缩小到单位半径的球面。

直线和平面的消失点与线性透视的情况非常相似，它们是通过平移到观测点，然后由与投影平面的交点得到的。但是我们的定义 6 也适用于不能以这种方式处理的一般物体，例如下面的例子。

例 2. 设 l 为曲线 $t \longmapsto (t, t^2, 0)$，设 $O=(0, 1, 0)$。那么 l 的锥形将是由 $z=0$ 定义的大圆，除去点 $(0, 0, 1)$。但是这个集合在球面上的闭包就是这个大圆的全部。所以消失集是 $(0, 0, 1)$，变形是通过 $z=0$ 的大圆。

例 3. 设 S 是曲面 $z=x^2+y^2$，设 $O=(0, 0, 1)$。那么 S 的锥形将是整个球面，除去点 $(0, 0, 1)$。但是这个集合在球面上的闭包是整个球面，所以消失集是 $(0, 0, 1)$，而变形就是球面本身。

这是一个与传统的“顺着直线到无限”的概念不同的透视方法。虽然消失集是相同的，但我们可以通过寻找“缺失点”，在变形投影本身中寻找“消失点”，或者，如果你愿意，在“消失点”上寻找消失点。当我们考虑不能通过简单的曲线参数化(如上面的第二个例子)获得其极限射线的集合时，这也是一个更好的定义。

现在我们定义在任意曲面上的变形及其消失点。

在接下来的内容中，我们将曲面定义为二维流形，也就是说，它在局部上可以映射到平面的一个区域。这些通常是有边界的流形，如一张纸或一个半球体。大多数情况下，它们是光滑的，但我们只要求它们是拓扑流形。大多数情况下，它们是连通的，但并不总是如此。

我们使用球面上的标准变形作为其他投影像的蓝图，通常是部分像。这个想法很简单：一个物体在一个曲面上的变形只是一个物体在一个曲面上的锥形投影的闭包。曲面上的消失点恰好是落在曲面上标准消失点的子集。从技术上讲，如果曲面具有自折叠或有几个连通部分这种复杂的形状，就不能简单地对点进行多次计数。

为了避免这些问题，而且由于这项工作以球面透视为中心，阿劳若(Araújo, 2018c)只定义了紧致的星形曲面的变形，这些曲面只是球面的径向变形。对于大多数目的来说，这已经足够了，所以我们从它们出发，然后简要地讨论可能的推广。

定义 7. 如果来自 O 的每条射线最多与一个紧致曲面 S 相交一次，我们说 S 相对于 O 是星形的，或者它是一个 O 星形的曲面。一个紧致的曲面在 $P \in S$ 处被称为局部 O 星形的，如果存在一个 P 的邻域 B，使每条通过 B 的射线最多与 $S \cap B$ 相交一次的话。

你可以认为一个 O 星形曲面被局部定义为 $f(u) = h(u)u$，$u \in S_O^2$，其中 $h: U \in S_O^2 \to R^+$ 在球面 S_O^2 的 U 区域上。直观地说，$h(u)$ 表示一个比率，使球体的每个点离中心 O 更近或更远。

我们可以在 O 星形曲面上定义变形如下。

定义 8. 物体 Σ 在 O 星形曲面上相对于 O 的变形为 $\Lambda_{O,S}(\Sigma) = cl(C_O(\Sigma) \cap S)$。$\Sigma$ 在 S 上的消失集为 $V_{O,S}(\Sigma) = \Lambda_{O,S}(\Sigma) \backslash [C_O(\Sigma) \cap S]$。

由于锥形投影是一个 O 形曲面上的连续映射，我们得到以下结果。

命题 11. 设 S 是 V 处的一个局部星形曲面。那么 V 是具有消失点 $\overrightarrow{OV} \in \Re_O$ 的直线变形像的交点。

当 S 是一个星形曲面时，我们可以将这些对象非常简单地表示为交集。

命题 12. 设 S 是一个 O 星形曲面。则 $\Lambda_{O,S}(\Sigma) = \Lambda_O(\Sigma) \cap S$ 以及

$$V_{O,S}(\Sigma) = \Lambda_{O,S}(\Sigma) \cap S。$$

也就是说，Σ 在 S 上的变形（消失集）只是变形（消失集）射线与 S 的交集。当考虑一个曲面上变形的实际构造时，我们可以构造一个变形——我们能找到的最简单的变形——然后将它投射到所需的曲面上。特别是，在单位球上的标准变形是一个为其他变形树立的很好的候选典型，因为它是如此的对称。因此，利用 $\Lambda_{S,O}(\Sigma) \overset{O}{\sim} C_{0,S}[\Lambda_{S^2,O}(\Sigma)]$ 这一事实，变形并将其以锥形投射到要求的曲面上是很自然的。

因此，我们不得不以极大的兴趣来研究直线和平面在球面上的投影，以及它在各种曲面上的投影。正如我们已经讨论过的，直线在球面上的投影是经线，每个经线在对极点处结束，它们是消失点。我们现在将考虑这些经线是如何依次投影到不同曲面上的。

例 4. 考虑直线 l 在平面 $\pi \in \varepsilon_O$ 的紧致区域 S 上的变形：这与（线性透视的紧子集）或所谓的斜变形是一样的。令 π_O 为通过 O 的平面，满足 $\pi_O \parallel \pi$。l 在球面上投影为具有消失点集 $\{V, V^*\}$ 的经线。假设消失集在 π_O 上。如果 l 在 π 的一侧，它就会投射到一条直线上；如果在另一边，它就会投射为空集。在任

何一种情况下,对应于消失点的射线都不与 π 相交,所以该线在 π 上没有消失点。如果消失点不在 π_O 上,那么这条线与平面 π 相交于一个点 I,并有且只有一个消失点投射到 π 上,设为 V_π。于是这条线投射到原点在 V_π 的射线上,且经过 I,它在 π 上的消失点是 V_π。由于我们假设 S 是 π 的一个紧(因此是有界)子集,消失点和点 I (以及线投影的无界部分)实际上可能在变形本身之外,但它们仍然可被用于构造。

注 6. 我们可以对比经典透视(或平面变形)与球面变形,前者将一条直线投射为一条直线或射线,而后者将一条直线投射为"线段"(即以消失点为端点的经线)。

例 5. 假设 S 是一个由三个相交平面组成的紧致区域,它们分别是房间角落的地板和墙壁(图 6)。这在局部上与平面变形相同,但在整体上非常不同,因为有些线可能有两个消失点。在渲染线时,我们可以考虑以下策略:在每个平面上绘制直线的两个点,从而找到在投影平面的相交处相连接的两条直线。更有效的方法是,每条线只找三个点,每个平面上一个点,平面相交处一个点。但是由于两个非对极点定义一条测地线,实际上平面上任何地方的两个点必须足以定义所有投影平面上的线。这些结构在立方体变形的情况下是最大对称的,阿劳若等人(Araújo et al., 2019b)将其作为球面透视的一种特殊情况进行了研究。于是,与直线 l 相关联的测地线在立方体上作为六条或四条线段的集合进行投影,可以通过简单的描述性几何结构从任意两点得到。

例 6. 设 S 为圆柱形的紧致区域,O 在圆柱形外(图 18 和图 7)。这是一个我们只能在星形曲面上投影的很好的例子。虽然圆柱形不是从 O 出发的星形曲面,但我们可以将圆柱体的近端区域视为投影表面,它从 O 处看是可见的,排除远端遮挡部分,从而获得一个星形子集。一般的非竖直线将定义一个平面,该平面切割圆柱形形成一个椭圆。一条直线将投影为一个椭圆的弧,最多有一个消失点。一大类线在圆柱面上根本没有消失点,因为 l_O 不会与它相交。如果沿竖直线上切割圆柱面并将其等距打开(展开),椭圆将转变为正弦曲线段。参见(Apostol 和 Mnatsakanian, 2007)。

例 7. 假设 S 是一个圆柱面,和前面的例子一样,但是现在 O 在它的轴上(图 19)。现在一般的测地线将投影在椭圆上,一半在经过 O 的水平面的上方,一半在下方。这条线将投射成其椭圆的一个圆弧,以直径两端的消失点为端点。在

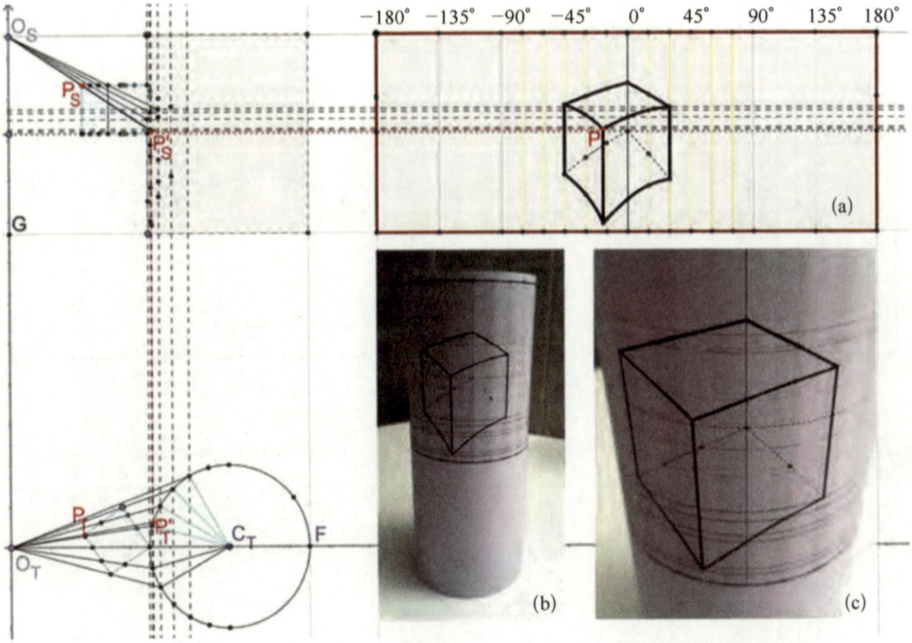

图 18 立方体变形为圆柱面的描述性几何结构。每个点都可在俯视图(左下)上找到，然后将其提升到侧视图(左上)，并通过转换俯视图的角度坐标和传输侧视图(a)的高度在展开(切割和展开)的圆柱体上找到它。矩形可以被切割和卷起以获得圆柱形变形(b)，从由两个投影 O_S 和 O_T 确定的点 O 可以正确地观察到它。从这一点看去，立方体的边看起来是直的(c)

经过 O 的水平面上的直线是特殊情况，投射为水平半圆。沿圆柱轴有消失点的直线将投影为竖直线。

所有的测地线，在打开的圆柱面上投射为正弦线，将共享相同的水平对称轴，因为它们的测地线的平面都与圆柱面的轴线相交于 O 点。这在前一种情况中是不正确的，即一般线的平面可以与圆柱的轴相交于任何点。

更一般的曲面

这一部分是技术上的吹毛求疵，艺术家应该忽略(可能在第一次阅读时都应该忽略)。

虽然星形曲面对于大多数目的来说已经足够了，并且提供了最优雅的理论结果，但它们很难模拟艺术家们在它上面构造的各种各样的真实曲面。通常，这

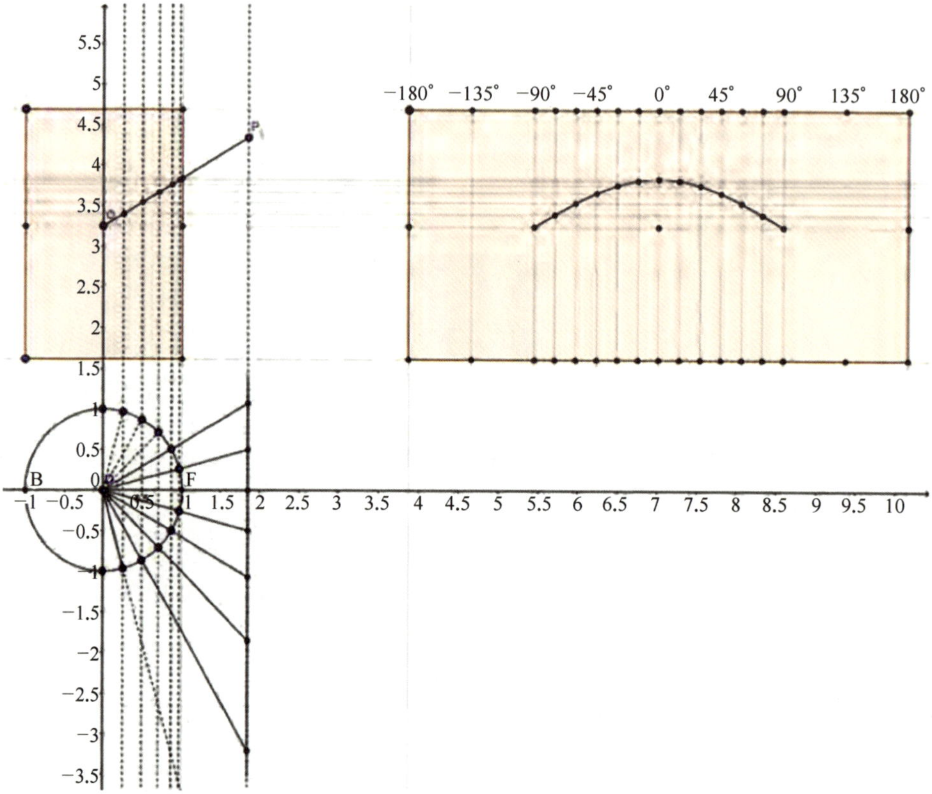

图 19　直线变形为 O 在轴上的圆柱面上的描述性几何构造。展开圆柱面上直线的像是正弦曲线的一半，它的对称轴是水平线，最高点为 O

些曲面可能是相当复杂的曲面，它们以从 O 多次切割射线的方式折叠起来；因此它们是非星形的。通常，它们会有几个连通的组件，有时数量如此之多，将它们建模为点云可能会更好。

事实上，对于一般的变形投影面，最理想的定义是什么是相当值得讨论的。我们的目的不是在这里完成讨论，而只是稍微探讨一下。

首先，我们注意到，我们当然可以推广我们的定义，包括各种各样的曲面，甚至非紧致的曲面，如整个欧几里得平面(在这种情况下，所考虑的形式只是变成了线性透视)。我们会失去一些优雅性，但事情仍然奏效。有趣的是，当我们保持紧致条件但放宽其他条件时，会发生什么。

处理非星形曲面的一种方法是，通过只考虑从 O 点可见的子集，将曲面裁剪或更改为最小的等价星形曲面。我们在例 6 中对圆柱面进行了非正式的处理。我们可以通过推广锥形投影来形式化这个过程，从而考虑遮挡，方法如下：给定点 P 和表面 S，近端锥形投影将 P 映射到最接近 O 的与 S 的交集(理由是远端锥形投影被遮挡)。

定义 9. 从 O 到曲面 $S \subset \varepsilon_O$ 的近端锥形投影是由

$\varphi_{O,S}(\vec{r}) = \{P \in \vec{r} \cap S: \forall Q \in \vec{r} \cap S, |OQ| \geqslant |OP|\}$ 定义的从 $\Re_O$ 到 S 的映射。

注 7. 当曲面为 O 星形曲面时，近锥形映射简化为普通锥形投影 $\vec{r} \longmapsto \vec{r} \cap S$。我们用 $\vec{P} \longmapsto \overrightarrow{OP} \cap S$ 定义的从 ε_O 的映射来识别相应的从 $\Re_O$ 的映射，该映射将每个空间点映射到它在曲面上的锥形投影。

用它们的射线来识别 S 的点，我们可以使用近端锥形投影映射来定义 S 本身的最小等价星形，即与 S 具有相同变形的最小的局部星形曲面。事实上，$\varphi_{O,S}(S)$ 没有双点，只保留了每条通过 S 的射线的近端(最接近 O)的交点。但是由于我们坚守紧集，我们定义 S 的最小等价 O 星为 $S_O^* = cl(\varphi_{O,S}(S))$。由于可能存在多个连通分支，这个曲面通常会有一个非空的重复交集，尽管其中一个测度为零。它几乎在所有地方都是局部星形，也就是说，将有一个测度为 0 的集合 δ，使得 S_O^* 在 $S_O^* \backslash \delta$ 中是局部星形的。我们说具有这个性质的曲面是准星形的。

例 8. 图 20 中的物体对象，由矩形 A，B，C 和 D 的并集定义，不是 O 星形的。取近端投影 $\varphi_{O,S}(S)$ 消除了被 A 遮挡的 B 和 C 部分，留下两个连通分支 A 和 D，除去被 A 的线段 h_1 遮挡的 B 的线段 h_2。通过取闭包恢复该线段，因此 $S_O^* = A \cap B$ 是两个紧致矩形的不相交并集。它只是准星形的，因为 $h_1 \overset{O}{\sim} h_2$ 是一组相对于 O 的双点集。

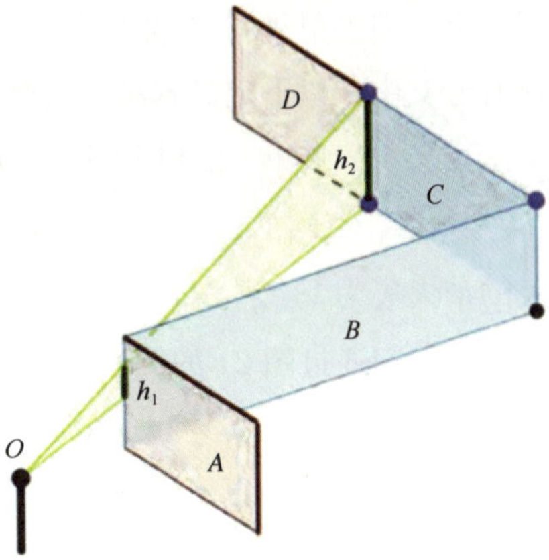

图 20　由矩形 A，B，C 和 D 的并集组成的物体不是星形的。取近端投影 $\varphi_{O,S}(S)$ 消除 B 和 C 部分，留下两个连通分支 A 和 D，除去线段 h_2，通过取闭包来恢复它

必须仔细处理这两个点集。还是例 8，考虑图 21。对准 O 的消失点 V 和 V' 都属于曲面且对应于 $\Re_O$ 上的同一消失点，但却是不同几组直线的交点。我们在定义一般曲面的消失点时必须小心，以避免重复

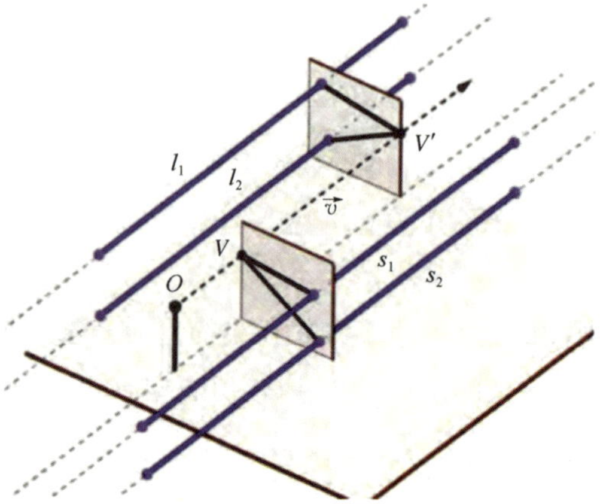

图 21 具有两个连通分支的准星形集合上的变形。点 V 和 V' 在同一标准消失点的射线上,但定义 10 确保 $V(V')$ 仅是平行线族 s_1、$s_2(l_1$、$l_2)$ 的消失点

或出现假的消失点,因为命题 12 的等价性不再有效。

让我们考虑我们的要求:集合 Σ 在 S 上的消失点是由 $V_O(\Sigma)$ 的投影确定的,所以很明显,$V_{O,S}(\Sigma)$ 是 $V_O(\Sigma)\subset\Re_O$ 与 S 的交集的一个子集。但这不可能相等,否则我们会有双消失点。此外,我们也不能将它们定义为 $\varphi_{O,S}(V_O(\Sigma))$,因为有时消失射线与 S 的近端交点并不是投影直线的相交点,它位于一个远端连通分支中。以下定义解决了这所有困难:

定义 10. 物体 Σ 相对于 O 在投影面 S 上的变形是 Λ_O, $\Lambda_{O,S}(\Sigma)=cl(\varphi_{O,S}(C_O(\Sigma)\cap S_O^*))$,其中 $S_O^*=\varphi_{O,S}(S)$ 是 S 的最小紧致星形子集。Σ 在 S 上的消失集为 $V_{O,S}(\Sigma)=\Lambda_{O,S}\backslash[C_O(\Sigma)\cap S_O^*]$。

让我们通过图 21 的例子来看看这是如何奏效的。$S=S_O^*$ 是两个不相交的紧致矩形的并集。点 V 和点 V' 在来自 O 的同一射线上,分别在近端和远端矩形的边上。设 Σ 是直线 s_1、s_2 的集合。根据定义 10,消失集是 V',即投影在远端矩形上的线的交点,而 V 在消失集或变形图像中都不存在。这是因为在 $\varphi_{O,S}(C_O(\Sigma)\cap S_O^*)$ 中,V 和 V' 都不存在,后者只在我们取闭包时才出现。同样,当通过定义 10 计算直线 s_1、s_2 的消失集时,V' 将被忽略,只有 V 将被保留。这就是为什么我们通过拓扑闭包来定义消失集,而不仅仅是来自典型消失集的投影。这样,我们既避免了点的重复,又确保消失集能保持其作为平行线像相交位置的意义。

命题 13. 如果 S 是一个曲面，它的最小等价准星形 S_O^* 在点 V 上是局部星形的，那么 V 是以射线 $\overrightarrow{OV}$ 为消失点的直线变形像的交点。

注意，如果 V 在 $\delta \subset S_O^*$ 中，那么它将只是这些直线之子集的交点（见图 21）。

简化：与艺术家交谈

我们希望在艺术家和数学家的关注点之间保持平衡。定义 10 的技术细节对于前者来说有些难以理解，所以我们有必要找到一类简化。诀窍是如何在不过度撒谎的情况下进行简化。这件事可以这样呈现给艺术家。

我们感兴趣的是在曲面 S 上绘制物体 Σ 的变形图。曲面可以具有任何形状。艺术家坚信，为了绘画的目的，只考虑从 O 处可见的部分。在其他更接近 O 点的锥形阴影中的 S 的点将被丢弃。例外情况是位于阴影的边缘（边界）处的点。允许这些都被保留下来。从这样的裁剪中，我们得到一个工作曲面 S'，这是我们实际绘制的最小曲面。

每一条直线 l 精确地确定两个消失"点" V 和 V^*，它们是来自 O 的与 l_O 平行的射线（为了清晰起见，你也可以称它们为消失射线）。它们恰好总是两条，而且方向彼此截然相反。这些消失射线可以通过一种典型的方式表示为实际的点，通过将它们与 O 的虚"视觉球面"的交点对应起来。当在最小曲面 S' 上绘制变形时，两条消失射线都可能与它相交几次。每条射线与 S' 的多个交点应被视为同一消失点的多重表现形式。例如，V 将表现为点 V_1，…，V_k，我们可以按它们到 O 的距离来排序。然后，所有平行于 l 的在球面 V 处相交的直线将在 S' 上的某个 V_i 处相交。通过在它们的交点附近画线，并观察它们在哪个子曲面出现，可以在后验中找到是哪一个（它将是在 V 的周围包含 l 端点的投影——但是如果继续深入探讨这个抽象概念的话，我们可能就会偏离主题了，所以我们就不深入讨论了）。

这个表述避免了最困难的术语，只需要最低程度的抽象。即使是很年轻的学生也可以很容易地用图形来解释它，但就绘画而言，它包含了上述讨论的要点。在后面的小结中，我们将看到如何通过描述性几何结构以图形方式实现这些概念。

关于紧致性

为什么我们坚持使用紧致的投影曲面？如果我们仔细想想，这很奇怪。这是由阿劳若(Araújo, 2018c)为沉浸式透视的需要而引入的，因为这是一种非常自然的处理，对于这些最常见的透视，即圆柱面和球面情形的一个非常自然的假设。然而，令人震惊的是，它在其通常的表述形式中排除了经典透视，因为无限的和无界的欧几里得平面不是一个紧集。因此，它将线性透视重新定义到平面的有界区域，尽管你想要这个区域有多大，它就有多大。既然我们希望它是封闭的，那么从技术上讲，它将是一个有边界的流形。随着区域增长到无穷大，经典透视将成为退化的极限情况。这类似于正交投影通常被视为锥形投影的极限情况，因为 O 离投影对象越来越远。

正如我们在例 5 中所看到的那样，在我们看来，经典透视仍然是一个基本对象，因为在考虑全平面的情况下，我们对紧致平面变形构建得比较好，但仅作为一种构建手段，最终结果被裁剪到有界但可以尽可能放大的区域(提醒我们亚里士多德哲学中潜在无限和实际无限之间的区别)。即便如此，这也是对经典透视的无限平面的贬低，所以我们必须考虑我们得到了什么回报。

紧致性是一个理想的性质。若问数学家作为数学对象的线性透视是什么，他会坚持它是射影平面。和球面一样，射影平面也是一个紧致平面。就像球面一样，它定义了消失点，将恒定数量的消失点赋予一条线(这个数字在射影情况下是 1，在我们的情况下是 2)。这种一致性令数学家赏心悦目，就像 n 次多项式方程根的数目是 n 一样。在射影平面的情况下，这是通过将实际透视图识别为射影平面图表来实现的。因此，绘画自然地存在于无限平面中。另一方面，这意味着平行于图表平面的直线的消失点实际上不在图表中的任何位置。它只存在于图表的“无穷远点”上，也就是说，在位于图表域之外的一维射影线上。我们发现，这是一种相当无关紧要的满足感。射影平面不是绘图员可以“看到”的曲面；所获得的消失点显得有些虚无。相比之下，球面不仅仅是一种抽象，它存在于要绘制的实际场景中；它是一个与平面本身一样具体的曲面——事实上更是如此，因为它是有界的。它是自然对象中最不需要抽象的，只是普通欧几里得空间的一个有界曲面，然而提供了比无限平面或与之相媲美的抽象射影平面更令人愉悦的结果，它提供了一个使我们得以全方位沉浸式观看的方向上的区别。

通过在紧致曲面上变形而形式化的是绘画本身的概念：结果是真实的，可以实际执行，但可以捕获每条直线的两个消失点。当然，数学家对无限平面的抽象概念没有问题，但有时我们想故意保持有限平面。正如我们可以抽象出无限证明的概念，但在很大程度上决定了有限的、实际上可执行的证明才是我们主要感兴趣的对象，所以在这里，尽管平面透视肯定不是一个有问题的概念——我们当然可以接受完整的欧几里得平面作为射影曲面，并且仍然可以进行我们的工作——我们认为，若要抽象出绘画概念，紧致曲面是我们最感兴趣的对象。实际上，这与绘图员实际上使用的平面透视图或平面变形的方式完全吻合。每幅画都是在有限的画布上绘制的，尽管画布可以随意扩展，没有绝对的限制。绘图员很清楚图形的有界平面和包含它的无界平面之间的区别，尽管它不是图形本身的一部分，但作为一种构造工具可能很有用。绘图员通常不得不使用在图纸外找到消失点的方法来构建图纸内的线条。有一种与实际区别直接相关的透视抽象是很好的。

让我们更一般化：在某种程度上，我们可以说紧有界和封闭的对象是我们能绘制的。我们真的能够绘制直线吗？不，它是无限的。我们不能画出无限的东西。我们画一条线段，最后用省略号结束，表示继续。这是表示无限，而不是绘制无限。但当我们把这条直线以锥形投射到以 O 为中心的球面上时，它就变成了经线。我们现在可以画出来吗？还不能。正如我们所看到的，它不是一条封闭的经线——它缺少了端点，因为这些消失点不属于视锥。我们不能绘制开弧。我们同样只能表示它们，通常通过画一个小圆来表示缺失的端点，但我们无法真正完成绘制没有端点的圆弧的壮举。如何解决这个问题？我们可以直接添加这些端点。在数学中，我们这样做，并给它起一个花哨的名字：取闭包。通过取直线的锥形投影的闭包，锥形成为一个闭合的半平面，经线得到它的端点。我们现在在封闭的、有界的、紧致的球面上有一个封闭的经线——一条紧致的圆弧。对于那些可以实际绘制的东西来说，紧集是正确的数学抽象。

变形的描述性几何构造

在本节中，我们将从绘图员的角度，使用简单的描述性几何，在曲面上构造变形。我们专注于改进的丢勒机器的机械装置，包括物理形式和通过描述性几何结构抽象出来的机械装置。

这是一个与我们目的息息相关的重要问题,但我们首先从一些具有教学性质的侧面考虑出发。

手工制作与数字变形

不可否认的是,目前,数字手段大大简化了变形的实际构造,无论是通过投影映射的二维空间(Inglis, 2018;Monroe 和 Redmann, 1994)还是在通过 3D 建模和打印的雕塑中[我们已经提到过文献(Sugihara, 2015a),但也可见巴勒古扬(Ballegooijen)和柯伊伯(Kuiper)在文献(Dunham, 2019)中的工作]。对于生产的目的来说,这些是最快、最有效的选择,这并没有什么错;工作中的艺术家知道没有欺骗这种东西,无论如何,如果没有这样的手段,就无法实现或至少无法尝试各种各样的变形。然而,过早或过度依赖技术捷径不仅缺乏魅力和智力上的吸引力,而且可能导致受限的结果,因为碰巧提供的工具定义了行动和思想的范围,可以这么说,这是创造性的语言术语(Papert 和 Tuekle, 1991)。即使工具是画笔,但数字工具由于其复杂性和不透明性,这种情况往往会以一些更为隐蔽的方式而发生。这样界定的表达范围对于一些艺术家来说可能是不够的,所以如果他们缺乏对交流所需的基础知识的理解,他们就没有什么求助于开发者的途径。艺术家倾向于适应工具而不是相反,最终不得不追逐不断变化的有缺陷的界面(Coates et al., 2010;Norman, 1990),因此,如果通过忽视基础而获得的时间效益被用来追逐属于从未真正符合广告宣传的工具的短暂知识,那么很难说真的能节省多少努力(Kin 和 Chin, 2019)。这些界面倾向于帮助艺术家使用他们不太能理解的隐含原则,但在困惑的艺术家撞上无知的墙壁之前所能达到的成就是有限的。例如,特雷西·卢西亚尼和伦德伯格(Tran Luciani 和 Lundberg, 2016)报告了数字界面在帮助艺术家创建球面全景图方面的成就,以及报告了由于不知道界面背后的球面透视的本质而最终总是产生的困难。阿劳若(Araújo, 2019a)认为,需要更多的界面来迫使(并帮助)艺术家学习基础,而不是帮助他们避免这种学习;理想情况下,生产软件应该在用户已经掌握了其基本形式的学科之后出现,以避免黑箱思维。此外,对大多数艺术家来说,要理解工具背后的数学和几何基础知识,不应通过形式主义,而应通过具体化形式的手工实践。为此,阿劳若(Araújo, 2017b)以这里讨论的形式提出了变形,作为虚拟和增强现实、360 度摄影和投影映射等技术背后的中心概念;此外,它提出了改进的丢勒机器,通过描述性几何结构进行物理化和“虚拟化”,作为艺术探索的充分物理体现。这引发了一个教学过程，已经在数字媒体艺术博士项目的学生中进行了测试，但也被重新设计和简化，作为一种向年轻学生介绍线性透视和描述性几何主题的新方法（Araújo, 2017c）。在后一种情况下，将变形作为基本概念，将线性透视作为衍生概念，这与通常的做法相反，并用手工制作的结构来表达这一概念，但通过数字手段（如摄影和 VR）显示其变形特性，对以数字媒体为中心的学生来说，这是一个引人入胜的过程。这在葡萄牙九年级学生（约 15 岁）的初步测试中露出了希望。在接下来的内容中，我们以一种反映这里提到的学习路径的方式来呈现变形的描述性几何结构。

丢勒机器来回运行

描述性几何结构足以构建平面和曲线变形。我们将描述一条从平面变形到曲线透视的普遍性不断增强的道路。这既是我们学科的一条描述性路径，也是学生在练习难度和普遍性不断增强时可能遵循的学习路径。将锥形变形作为中心概念整合了这一过程，并将其简化为即使一开始没有正式的透视知识，艺术家也可以在几周内学习变形和球面透视的整个过程（Araújo, 2017b）。

向艺术家讲授变形构造的一种实用方法是从实现一个简单的丢勒机器出发，该机器将螺纹固定在三脚架或其他固定点上，作为观察点 O（图 22）。我们

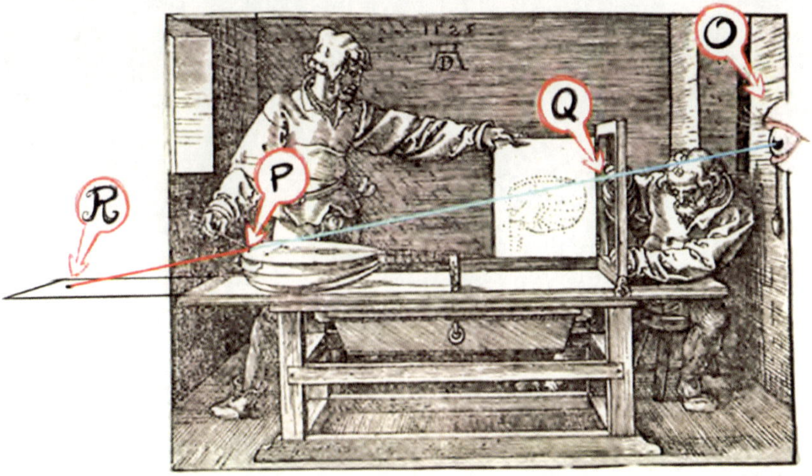

图 22　丢勒透视机可以来回运行，在竖直平面上进行"透视"，也可以在水平面上进行"倾斜变形"。点 P、R 和 Q 都与 O 变形等价，因此对于 O 处的观察者来说应该是不可区分的（假设径向遮挡）（复制阿尔布雷奇·丢勒的印刷品，作者注）

使丢勒机器向前延伸到地平面，而不是像往常一样向后延伸到透视平面。对于物体上的每个参照点 P，我们将线从 O 延伸到 P，并将线与地平面交点的像记为 R。通过这种方式，丢勒透视机变成一台制作变形的机器，可以用来获得倾斜变形，如图 11 和图 23 所示。同样的设置也可以用于获得曲线变形，如图 7 所示，在圆柱面上，只需要更多的点来绘制投影为曲线的每条线段。

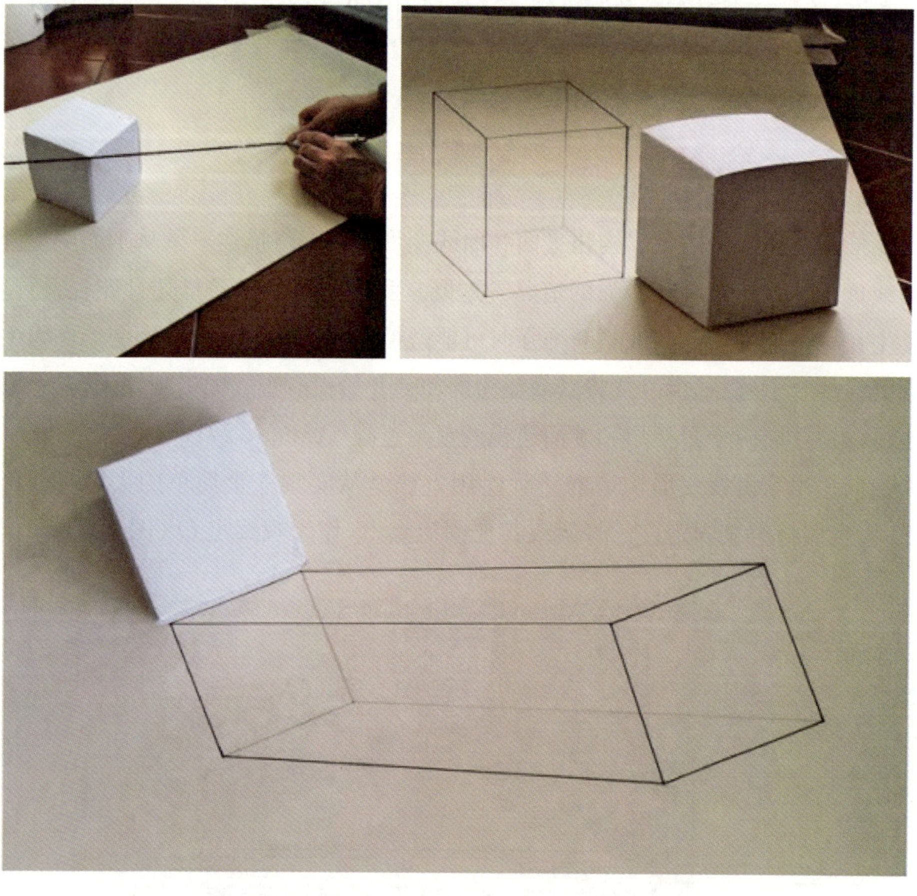

图 23　用固定在一点上的线绳制作立方体变形

丢勒机器的这种机械实现对于在艺术家的脑海中建立变形等价的具体、物理和操作性概念非常重要。这样可以更容易地对其进行图解抽象，省去线绳。具有侧视图和俯视图的简单示意图——最基本的描述性几何概念——允许使用图解“线绳”构造倾斜变形(图 24)。这个过程将变形和它的结构整合在同一张纸上。

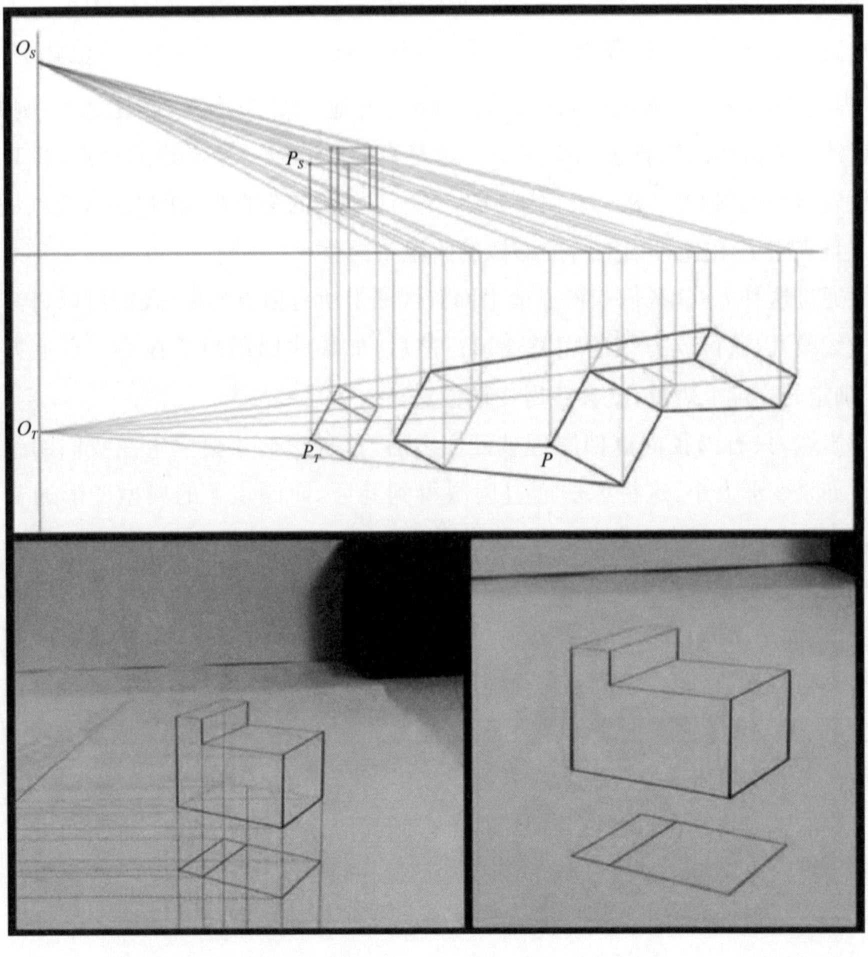

图 24　上图：丢勒机器抽象图，具有穿过立方体顶点线程的平面图和立面图。变形是在俯视图上实现的，应该用眼睛在 O_T 上方 O_S 高度处观察。下图：从点 O 处观察的变形视图（学生曼努埃尔・弗洛雷斯的作品）

以图 24 中的一个学生习作为例。我们首先使用地平面作为水平折叠线，建立投影对象的正交俯视图和侧视图（“平面图和立面图”）。我们通过在水平面上绘制 O 的投影 O_T 并在侧视图中将其高度固定在 O_S 处来确定 O 的位置。对于所示例子，更容易从底部顶点的俯视图开始绘制对象，然后沿折叠线将其提升到侧视图，例如，从图中点 P_T 的俯视投影开始，确定其在折叠线上方的高度，沿垂线将其提升以获得其侧视图 P_S。然后，要将对象的变形绘制到地平面上，从侧视图开始，因为侧视图中的射线与地平面具有真正的交点。如果投影的交点是交点的投影,则称交点为真交点。例如,取顶点 P,$\overrightarrow{OP}$ 投影为 $\overrightarrow{OP_S}$,由于地平面垂直于侧视图上的折叠线,射线 $\overrightarrow{OP_S}$ 与地平线有一个真正的交点,也就是说,$\overrightarrow{OP}$ 与地平面交点的侧视图是投影射线 $\overrightarrow{OP_S}$ 与地平线的交点。相比之下,例如,该射线与立方体的竖直边的交点不一定是真的。获得与地平线的交点,将其竖直放置以与射线 $\overrightarrow{OP_T}$ 相交。由于 $\overrightarrow{OP_T}$ 是经过 $\overrightarrow{OP}$ 的竖直平面的投影,交点是真的并且等于 P 在地平面上的变形像的俯视图。

通过这种方式,我们获得了地平面俯视图上所有顶点的像,我们可以将其连接成线段,以获得立方体的完整变形。然后,如果我们用眼睛在 O_T 点上方由 O_S 确定的高度上观察,就会获得变形错觉。

当然,只有当径向遮挡原理被证实之后,这种影响才会发生在我们的感知中。如果变形太小,这将无法通过肉眼得到验证,而课堂上的典型变形通常太小,原理不成立。然而,相机——尤其是手机的小型传感器相机,具有大景深和近焦距——正是模拟完美单眼观察者眼睛的合适工具。我们在这里展示的大多数变形,都是用 A4 到 A3 的小纸片绘制的,在这种情况下,都是无法真正欺骗肉眼的小建筑,但它们在相机上完美地展示了它们的魔力。学生们,尤其是年轻的学生,似乎发现这一额外的步骤不仅仅是为了方便,实际上是一种附带的魅力,一种在本质上可安装程序的数学技巧。

我们可以将这种描述性几何结构推广到其他许多情况;事实上,我们可以用它作为借口来讲授描述性几何的所有常见操作,将物体投影到以任意角度倾斜的平面上,或投影到圆锥面、圆柱面、球面或其他各种类型的曲面上。也可以考虑阴影的问题,既有我们上面考虑过的体积阴影,也有投影阴影(图 25),其构建方式与我们构建倾斜变形的方式大致相同,因为机制完全相同,只需要我们将点光源视为图 24 中的附加锥形顶点。浮雕变形(图 12)也很容易以这种方式构建。

可实现的结构以及描述性几何技术的应用如此之多以至于阿劳若(2017c)提出了将变形作为年轻学生进入描述性几何的一条途径,因为它具有激励的可能性,而且与该学科中的许多其他结构不同,变形提供的练习不需要行家,这意味着在大多数情况下,学生可以在没有老师告诉他的情况下,独立地观察练习是否执行得当。这解决了描述性几何的许多困难,主要是学生无法想象正在实现的空间结构,另一个是缺乏实现结果的强大动力。

图 25 投影阴影的变形结构，使用正交投影（学生玛丽亚・比安奇・阿吉亚尔的作品）

在通过该方案可获得的许多结构中，让我们考虑一对将在我们向透视研究的过渡中派上用场的结构。借助描述性几何，我们重新审视圆柱面的情形。

首先，重新考虑例 6（图 18），将立方体投影到圆柱面上，点 O 位于圆柱面外部。在这种情况下，与地平面上的倾斜变形的情况相反，正是俯视图提供了更容易的出发点，因为来自 O_T 的射线与圆柱面有真正的交点，圆柱面投影为圆。因此，如图 18a 所示，可以从俯视图中的 O_T 对具有俯视图 P_T 的立方体的顶点 P 进行投影，直到它碰到圆柱面圆形边界中的点 P'_T；在竖直方向上升高该点，以与同一射线 $\overrightarrow{O_S P_S}$ 的侧视图相交，找到 P'_S。通过向扁平化圆柱面视图发送水平线来传输 P'_S 的高度，水平线与标记了通过 O 且定义俯视图中的角度 $\alpha = \angle P_T C_T F$ 的径向平面之位置的竖直线相交，交点处即可找到 P 的像，其中点 F 与圆柱面切割点成 180°。

接下来考虑例 7（图 19 和 26）的情形，其中 O 在圆柱体轴上。以相同的方式进行投影，如图中立方体的顶点 P 所示。例如，假设立方体的水平边穿过图中的点 P 并在点 F 上方结束。该线段包含在一条投影为曲线 VPV^* 的直线中。

正如在例 7 中所提到的那样，该曲线是正弦曲线。在水平的特殊情况下，很容易理解为什么要使用描述性几何（一般很容易通过一点三角几何得到它）。人

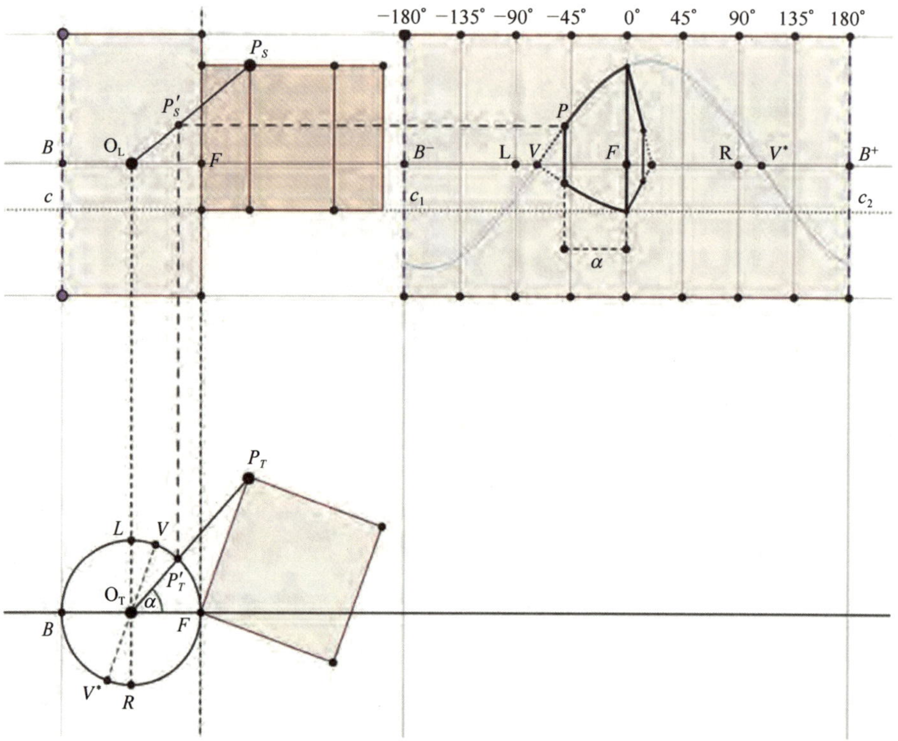

图 26 从立方体到圆柱面的圆柱形变形。扁平化圆柱面(右上角)上的像是圆柱形透视。它将非竖直线转换为正弦曲线。请注意,蓝色正弦曲线定义了通过点 P 的立方体的上边

们总是可以旋转水平面,假设它在侧视图中投影为一个点,如图 19 所示。然后,对该线上的任何点 Q 来说,其正交投影 Q_T 在俯视图中形成的角为 $\alpha = \angle Q_T O_T F$,将在俯视图的水平线 $O_T F$ 上投影为 $\cos\alpha$,并且该测量值将向上传递到侧视图的直线 $O_L P_L$,因此等于 $m\cos\alpha$,其中 m 由 $O_L P_L$ 的斜率确定,因此对于直线上的所有 Q 都是常数。一旦圆柱面被扁平化,竖直方向上的测量值就被保留下来,而水平方向上的测量值与角度 α 成线性关系,因此 Q 沿着直线滑动所获得的曲线与 $\cos\alpha$ 成比例,是正弦曲线。

回到图 19,由通过 P 的水平边定义的直线,通过平移到 O 得到其消失点 V 和 V^*,与圆柱面相交。绘制正弦曲线本身有几种方法。在图 19 所做的变化中,可以简单地在俯视图圆上绘制与规则角度间隔相对应的点,并将这些点投影到平面图上,然后进行插值。更有趣的是,可以注意到正弦曲线是由其任意两个

(非对极)点定义的，例如 V 和 P。一个好的选择是 V 和曲线的顶点，在那里它达到最大值。该顶点在俯视图中的投影正是直线的透视图与经过 O_T 的正交线相交的点。给定 V 和顶点像，很容易在平面视图中绘制正弦曲线。

透视

我们从一开始就考虑线性透视和曲面透视，将其作为从变形衍生而来的概念。我们现在可以发展这种想法。

让我们再次直观而宽泛地开始：在我们看来，透视只是曲面变形的平面表示，就像地图是地球表面的平面表示一样。这就是一切。我们希望这些映射有特定的属性，所以我们需要一些技术细节，但这是需要记住的主要想法。

曲面透视概念有一个复杂的过去，其历史记述时常令人困惑。这些困难与其说来自对过去的误解，不如说来自那些留在现在的误解，历史学家必须在这些误解的负担下工作。如果没有对这些透视的正确定义，很难说莱昂纳多或让·富凯(Jean Fouquet)是否是曲线透视的先驱(Andersen，2007)。通常，原始资料来源和历史学家都无法将透视和相应的变形区别开来。这种区别澄清了这个主题，是我们这里的重点。透视是“曲线”的问题相对来说是次要的。我们把将空间直线投影到平面曲线的透视定义为曲线透视。这当然包括圆柱面透视和通常的球面透视。请注意，“曲线”不能仅仅意味着光滑的曲线；否则，它会产生一个奇怪的结果，即至少有一种透视(立方体的情况)是球面的，而不是曲线的(在这个透视中，空间直线投影为线段集)。但我们不会太在意这一点。曲线将由定义 11 产生，因为需要将紧致变形投影到紧致平面集上，同时保留其主要拓扑特征，如消失点。我们与其将定义的透视说成是曲线的，不如说成是中心的(锥形变形的副作用)和紧致的。

我们将通过考虑最简单的曲线透视来诱发我们对透视的定义：圆柱形透视。它有一个悠久的历史。无论你认为它是由赫德曼 1853 年的论文(Herdman，1853)定义的还是由巴尔达萨雷兰奇 1557 年(Kemp，1990：175)的透视机定义的，曲线透视肯定是 1900 年瓦雷(Ware，1900)的教科书的内容，在 20 世纪早期被军事气球飞行员用于炮兵侦察(军事航空部 1918 年)。它的各方面是现代读者所熟悉的，因为它对应着普通全景摄影。

在图19和图26中,我们已经悄悄遇见了圆柱形透视。我们看到,为了在圆柱面上构造对象(此处为立方体),在轴上有O点,首先可以方便地在平面和立面中绘制场景,通过在平面上切割和展开圆柱面将其压平为矩形,并将对象投影到该矩形上(图26的右上角)。然后,一旦完成投影,就可以将矩形再次卷起,并沿竖直边缘黏合,在三维空间中形成紧致的圆柱面,由此在其表面上产生的像将成为圆柱面变形。在矩形上绘制的辅助平面,卷起了变形,就是我们所说的圆柱形透视图。请注意,这纯粹是为了方便。根据定义,通过锥形投影得到了空间圆柱面上的变形。但在实践中,我们发现在平面上画画很方便。这类似于制图学,为便于提供平面图,人们牺牲地球仪特征的精确形状和度量。所以,对我们来说,透视仅仅是这样的:空间变形的平面图——一种平面表示。平面表示不仅更容易绘制;它允许他们一眼就能捕捉到整个图像,但代价是引入光学变形。这通常是使用它的原因,比如让·福奎(Jean Fouquet)的《查理四世皇帝抵达圣但尼大教堂》(*Arrival of the Emperor Charles Ⅳ at the Basilica in Saint Denis*),那里的变形与圆柱形透视非常相似,跟线性透视相比,可以使我们能够一眼看到街道上更远的地方。

与制图的情形类似,我们必须为这种便利性付出代价,因为变形会导致感知的不准确。即使在圆柱面等距展开到平面上的情况下也是如此。例如,参见法布里提乌斯的代尔夫特视图(View of Delft, 1652)(图27)。平面圆柱形透视

图27 代尔夫特与乐器销售商摊位的视图。目前在伦敦国家美术馆展出。显然是圆柱形透视图,尽管我们对其构造方法一无所知(卡雷尔·法布里蒂乌斯,1652)

图，尽管它包含了圆柱形变形的所有信息，并且与之等距，但它不再是一种视觉错觉；不存在点 O，没有任何点可以重现原始物体的效果——视锥不再对准；因此它不再是变形。所以图片中的直线都变形了。图 19 的直线图像看起来一点也不像一条直线（正如我们所看到的，它是一条正弦曲线），而图 26 上的立方体看起来一点也不像一个立方体。非竖直的线是弯曲的；这本身不是问题，因为它们在变形中也会发生弯曲，从 O 点看，它们仍然是直的。问题在于，在透视上，它们不仅是度量上的，而且是根本上的光学变形；不存在任何一点 O'，从这一点看去，它们看起来都很直。透视图是一种表示，一种视觉信息的存储，但它并不是模仿。

当然，即使没有经过训练，它仍然可以被解读到一定程度。但我向任何人提出挑战，要求他们准确无误地区分圆柱形透视图中哪些线是真正弯曲的，哪些线只是通过投影弯曲的——这在经典透视图中很容易做到。除非极度依赖上下文，否则未经训练的眼睛很难完成这项任务。圆柱形透视仍然能唤起对场景的感觉，但不再模仿它。

让我们更精确一点。我们将透视视为从三维空间到平面紧致区域的映射，由一个两步过程来定义：第一步是变形，从三维空间到曲面 S，第二步是 S 的扁平化。变形完全由 S 和 O 的选择决定；扁平化是一种更任意的映射，就像在地图学中一样。因为我们想要保留视觉信息，如果不是视觉方面，我们就有一些要求。首先，我们希望它是一个双射，这样信息就不会丢失了。然后，我们希望它是一个同胚（连续的，且逆也是连续的），以保持拓扑结构，从而保持消失集和它们的相交性质。最后，我们希望它能尽可能光滑。我们还有第二组更模糊但更重要的要求：我们希望它能保留尽可能多的模仿，虽然它不会是一种变形，但它应该在某种程度上可被识别为一幅画；它应该彰显它所代表的视觉存在——或者至少是智力上的识别。最后，它应该可以通过基本的方法来求解。这意味着你应该能够用手、直尺和圆规，或其他一些简单方法，以足够的精度，在合理的时间内绘制出来，即我们希望它是为人类而不仅仅是为计算机而设计的透视图。

我们发现，即使是前三个技术，其要求也太高了。我们需要比较仔细地解读它们。看看图 26 中圆柱形的情况，原因就会很明显了。圆柱面是一个可展曲面；它可以展开到平面上，保持曲面上的距离。直观地说，我们想说，扁平化是将圆柱面映射到矩形的展开映射。但这不是对紧致矩形的双射。设 c 是经过 B 的线段，圆柱形在此被切割，设 c_1 和 c_2 是矩形对应的竖直边。c 的每个点都被映射

到 c_1 上的一个点和 c_2 上的另一个等价的点,所以这个"投影"甚至根本就不是一个映射。

我们要解决这个问题,首先注意到扁平化 π 几乎处处都得到了很好的定义,即在圆柱面 S 的一个稠密开子集上。也就是说,它在 S 除去它的边界与竖直线段 c 的并集上定义良好。这投影到一个排除 c_1、c_2 的开矩形,并且是在这个开矩形上的同胚。此外,逆 π^{-1} 可以唯一地扩展为一个从完整的紧致矩形到完整的圆柱面的连续映射 $\tilde{\pi}$。我们只把 c_1 和 c_2 映射到 c,因为映射在这个方向上没有唯一性问题。除了技术细节之外,我们还得到了我们想要的映射。我们将圆柱形透视定义为 π 与锥形投影的复合,将透视像/消失集定义为变形/消失集的像,其中我们将通过 $\tilde{\pi}$ 而具有相同像的任何点看成相同的点。

我们将使用这个例子作为一般情况的模板,如果 π 可以像我们刚才举例说明的方式扩展到一个连续的映射,那么称它是一个扁平化。我们根据以下定义对其进行形式化,改编自(Araújo, 2015):

定义 11. 设 S 是一个 O 星形曲面。设 U 是 S 的一个稠密的开子集。我们说, $\pi: U \to R^2$ 是 S 的扁平化,如果 π 是对 $\pi(U)$ 的同态,并且存在连续映射 $\tilde{\pi}$: $cl(\pi(U) \to S)$,使得 $\tilde{\pi}|_{\pi(U)} = \pi^{-1}$。我们说 $p = \pi \circ \varphi_{O,S}$ 是与扁平化 π 相关的透视,其中 $\varphi_{O,S}$ 是锥形投影。设 $\tilde{p} = \varphi_{O,S}^{-1} \circ \tilde{\pi}$。给定一个对象 Σ,我们说 $\tilde{p}^{-1}(\Sigma)$ 是 Σ 的严格透视像, $\tilde{p}^{-1}(V_O(\Sigma))$ 是 Σ 的消失集,并且认为 Σ 的透视像是其严格透视像与消失集的并集。

下面的集合在讨论透视时通常很有用。它是我们必须从 S 中取出的最小闭集,使得 π 有良好的定义。

定义 12. 给定 S 的扁平化 π,我们称 $cl(\pi(S))$ 点的子集为爆破(blowup),其中 $\tilde{\pi}$ 不是单射。

几何学家可能会注意到,我们在这里滥用了"爆破"这个术语,这在其他几何领域很常见,它的意思是,用射影线替换一个点。在这里,它实际上只是边的黏合(识别)产生的集合。我们用"爆破"来类比鱼眼透视的重要情况,其中一个点将被识别为一个圆,或者更精确地识别为该圆定义的射线或方向的集合。这类似于通常的一个点的爆破感,大致是用一条射影线替换这个点。

例 9. 再以图 26 中的圆柱形的情形为例。设 $O=(0, 0, 0)$;设圆柱形的半径为 $r=1$,其顶边界位于 $z=\pm h$ 处。假设我们在通过 $B=(-1, 0, 0)$ 的竖直段 c 处切割圆柱形。然后,在柱坐标中,我们定义 $\tilde{\pi}(\theta, z)=(\cos\theta, \sin\theta, z)$,

因此爆破集是 $B=c$，并在 $S\backslash c$ 中隐含地定义了 π。定义了 π 后，圆柱透视由蕴含其中的 $p=\pi\circ\varphi_{O,S}$ 所定义。

如上所示，空间竖直线变形为圆柱体上的竖直线，而非竖直线则变形为椭圆。他们通过 π 的透视像是我们上面通过圆柱面展开得到的曲线：正弦曲线的弧。例如，在图 26 中，穿过 P 并有消失点 V 和 V^* 的直线定义了一个通过 O 的平面，该平面与椭圆上的圆柱相交，椭圆透视映射到蓝色的全正弦曲线。线本身就是弧 VPV^*，正弦曲线的一半。这些可以被视为通过所讨论的平面（对应线）的标准变形的大圆（对应经线）的圆柱形扁平化所得的像。

请注意，尽管 π，即扁平化，是更直观的概念，但 $\tilde{\pi}$，即其逆的闭包，是更自然的映射，处处都有定义，通常更容易进行分析，如例 9 所示。这在几何学中很常见。

定义 11 只是一种技术方法，用来确保物体的透视像及其消失点只是透视像中与之前在变形中定义的集合相对应的集合。正如我们前面所述，一切重要的东西都已经在变形的层面上被定义了，透视被降级为方便表示的最后一步。当然，这并不否认透视在技术上和美学上的重要性，也不否认其结构的复杂性，但澄清了它的意义。特别是消除了长期存在的概念错误，如“我们在经典/球面透视中看到了吗”或“线性透视是否会导致变形”。不是说我们需要回答这些问题；相反，我们证明它们很不好。这个问题没有意义，因为我们根本没有“从透视看”，无论这个透视是什么。透视是一个变形中的信息映射，当径向遮挡被证实时，变形是一个模拟物体[一种视错觉(a trompe l'oeil)]。

的确，我们可以或多或少模糊地说，一些透视比其他透视更好地保存了场景，也就是说，比其他的“更接近”模仿。有多接近取决于我们使用的度量方法。(Araujo, 2016)谈到了透视的阅读模式。例如，圆柱形透视有一个自然的阅读模式，当半径为 r 的圆柱形展开时，我们可以想到眼点 O 被转换成一条漂浮的水平线，平行于图片的中心轴，保持恒定距离 r。自然阅读模式是眼睛水平移动，在图片移动时扫描图片，一次扫描一条竖直的细条。在运动的每一点上，观众面前的竖直线——而且只有这一条——会发生变形。相比之下，从鱼眼的角度来看，如果与实际物体的观察重叠，只有变形的中心点及其周围的一个小邻域才会显示出最小的差异。请注意，我们小心将“用实际物体观察”，而不是用“它的像”，否则我们将陷入试图定义“像”之含义的困难境地。模仿检查不是通过比较“像”，而是通过观察成对的物体对象(可能是体积或曲面上的图形)，不能区分它们之间的区别，至少在一些明确的实验意义上是这样的(例如，立方体线框变形的顶点看上去与它试图模仿的真实立方体的顶点占据着相同的位置吗)。

从这个意义上说，我们确实看到古典透视在透视的各种形式中占据了一个特殊的地位，因为它是唯一一个仍然是变形的透视。这是因为变形已经在一个平面上了，所以扁平化映射只是恒等映射。透视的阅读模式与变形的阅读模式相同：它包括把你的眼睛放在 O 点上，并自由地旋转到图片平面上的任何一点。所谓的透视变形发生在大角度的视角中，只是因为所讨论的图片是以这样的比例制作的，使观察者无法在不打破径向遮挡原理要求的情况下占据 O 点。通常这种情况发生是因为透视是以这样的比例绘制，眼睛必须非常接近图片平面。当然，观众离开 O 点去更仔细地观察一些细节，或者如果他在拥挤的房间里从某个任意的点观察照片，这种错觉是不会起作用的。但变形只在 O 点起作用。责怪它不起作用，就等于责怪叉子不是勺子。

球面透视

我们已经看到，在变形中，球面变形占有特殊的地位，因为它与射线 $\mathfrak{R}_O$ 的空间或视球的概念有着天然的联系。出于同样的原因，球面透视在透视中也具有特殊的重要性。

当然，虽然球面变形是唯一的，但球面透视是无数的。根据定义 11，球面的每个图表都定义了一个扁平化，因此也定义了一个球面透视。事实上，每一个中心透视(即使是经典透视，如果限制在平面的一个紧致子集上)都可以被正式地视为一个球面透视；因此，这个术语只和我们添加的条件一样有趣：例如，我们可以区分整个球面透视，即球面的所有点都有透视像的透视。每一个球面透视，虽然它拥有相同的视觉信息，并会产生相同的变形，但作为绘制类型它都有自己的视觉特征和艺术可能性。这些视觉特征具有各种传统媒体(Araújo, 2019b; Barre 和 Flocon, 1968; Casas, 1983; Michel, 2013; Moose, 1986)以及纯数字可视化(Correia et al., 2013)所探索的表示可能性和表达可能性，并且越来越多地被作为混合沉浸媒体进行研究(Araújo et al., 2019a; Olivero 和 Sucurado, 2019)，一种艺术表达模式，允许手工绘画，通过沉浸式数字方式实现可视化。

一个有趣的问题是我们如何求解球面透视，求解在这里意味着通过简单的几何构造(如直尺和圆规构造)给出一种系统性的方法来找到和绘制所有消失的直线和平面集。

注意，根据命题10，由于直线的透视像是平面消失集的子集，并且由于平面像由它们的消失集界定，因此获得了所有消失集也就获得了所有直线和平面图像；因此，我们可以说，求解消失集是透视的真正主题。

我们已经看到，球面透视的消失集都是由球面的测地线决定的。这表明，如果这不是一个算法，至少是一个解决球面透视的策略：求解给定球面透视图时，应该始终不关注直线本身，而是关注完整的测地线，根据其投影特性，通过扁平化，关注测地线的分类，并关注绘制每类测地线的有效方法。

在这方面，我们将发现所有球面透视都有共同的特征，以及每个透视都有独有的特征。常见的是透视投影的第一步，因为它只是在球面上的变形；特别的则每个球面透视都有自己的度量特征，彼此可能会有很大的不同。它也有自己的拓扑性质，但这些方面的变化在设计上比度量的变化更有限。定义11确保了 π 在爆破集之外是连续的，因此拓扑变化将完全取决于这个集合，这意味着爆破是透视图的基本特征。

这种透视观首先陈述并应用于方位等距透视图的情况（Araújo，2018c），后来被用于解决等距柱状透视图的情况（Araújo，2018b），然后是立体透视的情况（Araújo et al.，2019b）。人们已证明，从扁平化中分裂出来的变形，以及关注完整的测地线而不是单个直线，对这些透视是一个优雅的解决方案。在此之前，唯一被系统地解决的球面透视是半球面情况下的方位等距，这意味着实际上只有一半得到了解决。这是巴雷和弗洛康（Barre 和 Flocon，1968）的透视，在20世纪60年代被解决，它被渲染成类似于“鱼眼”相机的图像。全方位等距情况只能通过定性的方法（Casasas，1983）或非正式的网格方法（Michel，2013）来解决，这缺乏巴雷和弗洛康解的一般性。因此，存在一种奇怪的情况，第一个球面透视不（完全）是球面，随后的透视也不是（正式的）透视。

在文献（Araújo，2018c）中描述和实现的方法不仅能够将巴雷和弗洛康的透视扩展到整个球面，而且简化了他们用于前半球的解决方案，将其简化为两个不同的类别，将重点放在测地线而不是直线上，提供了更清晰、更统一的问题视图，即使只绘制直线的正面部分，能够调用每个点的对极点（以及任何消失点对）进行辅助构造是有帮助的。

对于等距柱状的情况，以前只通过计算或通过固定的网格结构来处理它，以固定的间隔计算等距柱状网格，并用于指导绘制。在文献（Araújo，2018b）中更一般的方法自然导致了对透视平移对称性的利用，该平移对称性可以与动态移动网格系统一起使用,该系统允许以良好的近似绘制所有直线(Araújo, 2018a, 2019a)。

立方体透视的情况很有趣,因为将它视为球面透视(Araújo et al., 2019b)大大简化了之前的方法(Oliveroet et al., 2019;Rossi et al., 2018),将其视为六个相关经典透视的结合。把一组经典透视看作是球面透视是一种简化,这似乎一点也不明显。

在所有这三种情况下,该方法都通过理解扁平化及其爆破集,根据球面的测地线在平面上的投影方式对其进行分类,并找到一种方法,通过简单的构造来呈现每一类。为此,理解对极点以及如何绘制它们是至关重要的,因为消失点对的对偶性通常会导致可以利用的对称性。由于这些都是曲线透视图,绘制直线投影需要近似值,在这些透视图中,操作次数应保持在最低限度。这需要仔细利用扁平化产生的对称性。一个普遍的哲学原则是,不仅透视图本身,而且辅助图都应该发生在平面的紧子集中;简而言之,一切事物都应该是有界的。

我们在这里不会详细探讨球面透视的实际结构,将其留给本书的另一章(见第 19 章,“球面透视”)。我们只将其中两种情况的基本性质联系起来,看看它们如何符合上述一般方案。

在方位等距透视[图 28(上)]的情况下,扁平化的方法是选择参照点 B(表示“后退”),松开那里的经线,在不拉伸的情况下将其拉直,以获得一个以 B 的对极点(表示“向前”)为中心的圆盘。如果我们引用 F 和 B 作为球面的“极点”,那么 FB 经线扁平化为圆盘的射线,“平行线”扁平化为圆,赤道的像将内圆[正面视图,在图 28(右)中渲染为黄色]与外环分开,并渲染后视图(见图 29 中的例子)。除 B 以外,所有点的扁平化都是一一对应的。取闭包,我们得到一个紧致圆盘,与外边界圆(爆破集)一起完全映射到 B。扁平化保持了每个 FB 经线之上的度量,虽说自然不是整体上的保持。这种度量的保持使测量得以进行,所以绘制这个透视图需要在构造过程中仔细注意这些特殊的经线。这个透视的自然测量标准是角度对,球面上的每个点都是通过一对角度来测量的,一个角度选择其所在的 FB 经线,另一个角度选择从 F 出发沿着所选经线滑过的长度。至于测地线,它们可以分为两类:通过 F 的测地线渲染为直径,其他所有测地线都渲染为闭合曲线[见图 28(右)]。对于后者,如巴雷和弗洛康(1968)所示,一半的测地线将在前盘中呈现为圆 c 的圆弧[图 28(右)中的黄色];另一半可以被绘制成点 P 的轨迹,点 P 移动以保持与沿着连接 P 与 F 的直线与之相对 c 的点相距

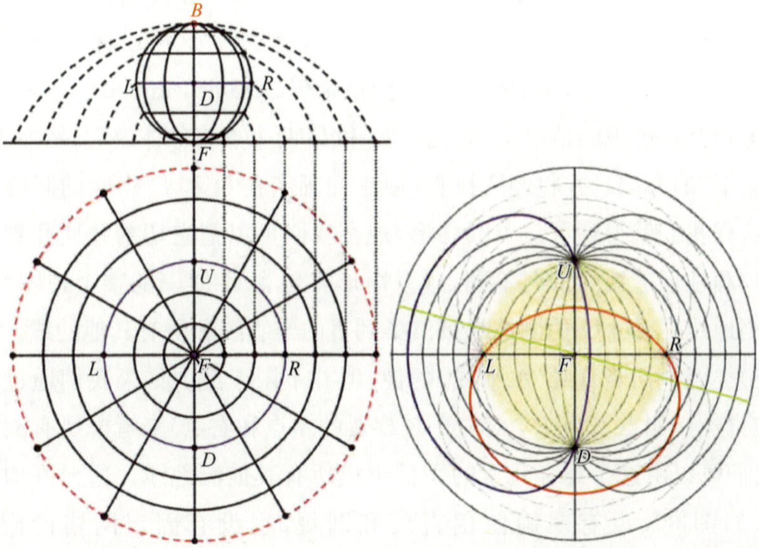

图 28　球面的方位等距扁平化。左图：爆破点 B 将球面映射到以 F 的像为中心的圆盘上，F 是 B 的对极点。通过 F 将测地线映射到圆盘的直径。右图：绿线是通过 F 的测地线。不通过 F 的测地线（蓝线和红线）映射到闭合的凸曲线，黄色内盘中的圆弧是很好近似，代表观察者前方的空间

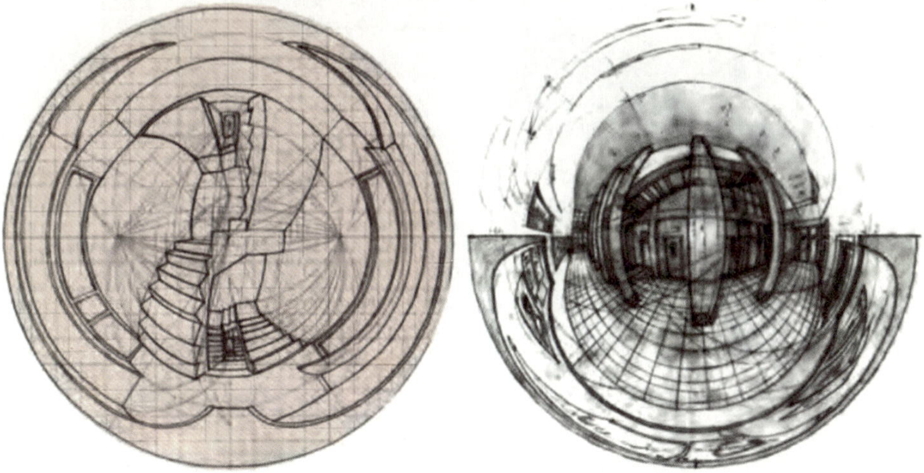

图 29　两幅手工绘制的城市场景图，通过（Araújo，2018c）（左）和（Araójo，2019b）（右）中描述的过程得到。所有的线都包含在方位等距扁平化测地线的像中（作者绘制）

直径一半的距离。如(Araújo, 2018c)和本书第 19 章“球面透视”所述,在固定点上滑动的标尺所对应的机械过程可以绘制该轨迹。这可以通过使用围绕 F 的透视图的旋转对称性,来简化为移动网格系统(Araújo, 2019b)。

在等距柱状透视的情况下,我们在 U 和 D 两个点将球体放大(例如表示“向上”和“向下”的方向),并将经线拉直,使它们固定在 U 和 D 中间的圆圈上(“赤道”)。这样我们就得到了一个圆柱形,现在我们可以把它切割并展开到一个矩形上。与圆柱形透视的情况不同,这个矩形将包含 O 周围的整个视图的记录。有两类测地线:通过 U 的测地线被渲染到直的竖直线和所有其他的线。第一种(第二种)类型包括竖直线(水平线)的像,但并不限于此。如果我们通过赤道上的两个对极点(如点 L 和 R,对应于观察者的左点和右点)来考虑所有测地线的集合,我们可以由这个集合元素的平移生成所有其他测地线。这允许构建复杂的场景,如图 30,没有明确使用直尺和圆规,也没有固定网格的限制[见(Araújo, 2018a, 2019a)]。如(Araújo, 2018b)所示的。当这些测地线的顶点(最高仰角点)较低时,它们与正弦曲线非常相似;因此,此透视图就像低高度下的圆柱形透视图(见图 30)。随着高度的上升,测地线图像收敛到一个方波,但即使是高度更高,它们仍然可以由描述性几何结构以良好的近似方式加以渲染。

图 30 球面变形及其等距柱状透视。球面透视由作者现场绘制。扫描后,在电脑上转换,然后打印并粘贴在球面上,以获得相应的球面变形(作者要感谢博士生卢卡斯 · F. 奥里维罗制作了图左上角的三维模型)

在图 30 中，我们可以看到一幅使用文献（Araújo，2018a）中的滑动网格方法绘制的等距柱状球面透视图，在它上面，我们看到了同一个场景的球面变形；这幅画被计算机转换成正弦投影，然后打印并粘在一个球上。这再次表明，透视的目的往往在于成为变形的蓝图，而不是相反。我们将透视定义为变形的扁平化，因为变形是唯一确定的对象；但同样，变形在实践中经常被视为平面透视的折叠。

透视问题

我们在这里研究变形的视角主要是出于用透视解决概念问题的愿望。我们将首先讨论这些问题是什么。

听到透视竟还有概念上的问题，人们可能会倍感惊讶。今天，线性透视普遍用于表示平面上的三维场景。大多数工作的艺术家和建筑师理所当然地认为它是一种环境的客观图像，并将其与摄影表现联系起来。数学家认为它是一个很容易理解的概念，将其作为射影几何的严格应用（见第 4 章“透过玻璃看”）。

然而，透视的本质和意义自一开始就一直是争论的焦点。我们可以把这看作是欧几里得观点和莱昂纳多观点之间的争论。

欧几里得和心理物理学

我们可以说，我们在本章中对变形的看法是对欧几里得《光学》首次提出的概念的回顾，并增加了消失点。或者，换句话说，欧几里得光学第四公理是已知最早变形概念的先例。

公理 1. （欧几里得《光学》第四公理）在较大角度内看到的东西看起来更大，在较小角度内看到的东西看起来更小，在相等角度内看到的东西看起来大小相同（Burton，1945）。

欧几里得在这里假设，对于视觉感知，一个物体所依赖的视角及其所感知的大小是一回事。对于一个没有其他刺激物的简单物体来说，这显然是正确的。也就是说，如果我们在白色背景上取一个黑色的球，并使其对着越来越大的角度，观察者肯定会报告一个更大的表观尺寸。但当涉及复杂的视觉环境时，这是一个很大胆的命题。例如，艾宾豪斯错觉（Ebbinghaus，1902）表明，可以感知到的彩色圆圈的大小在很大程度上取决于其附近其他彩色圆圈的分布。到底发生了什么仍然是一个值得争论的问题，对此存在着几种理论（Roberts et al.，2005）。当考虑到整体变量时——而不是非常可控的局部实验——这对于视觉现象来说并不罕见。类似的问题也出现在颜色理论中，局部现象被很好地理解并展现出数学上的优雅,而整体理论是令人困惑且很难定性的。所以我们不能考虑“曲面尺寸”这个词。天文学家用这个欧几里得意义上的术语来简单地表示实心角的大小,而在感知研究中,表现大小是指人类所报告的对大小的主观印象。

在后一种意义上,欧几里得的断言过于绝对,忽略了背景问题。尽管如此,对第四公理的详细的局部解释确实认为这是经验事实。就像我们之前说的,它定义了一个隐含的经验范围,其中它是真实的,因此它是一个有趣的概念,因为这个范围恰好是相关的。

尽管如此,在我们自己的工作中,我们选择了一条不同的,尽管相关的道路。我们关心的不是大小,而是形状;不是物体锥形的大小,而是锥形本身。我们的径向遮挡原理既不暗示也不被欧几里得光学第四公理所暗示。但强调视角,没有参考任何投影曲面、视图的各向同性,以及视锥作为物体的函数而不是某个中心轴的概念已出现于欧几里得之前,阅读他的定理表明,他心中有与我们相似的东西。不同之处在于他对无穷大的回避。因此,我们可以说,这里发展的工作澄清了欧几里得的观点,并添加了无穷远点的概念——如果你愿意的话,就是紧致性。回顾欧几里得的著作,注意到他的观点在那么早的时候就具有这样的普遍性,相比之下,线性透视的姗姗来迟似乎是普遍性的倒退,这是一种过于特殊的表示理论,这一点给人留下了深刻的印象。

莱昂纳多的公理和悖论

莱昂纳多认为阿尔伯蒂提出的透视法在概念上存在许多问题。他区分了“自然”和“偶然”两种观点。这与自然透视(即光学,作为对光和视觉感知的研究)和人工透视(即线性透视)之间更常见的区别有关(但不完全相同)。莱昂纳多反对线性透视中在单点观察时放置眼睛的要求,并认为球形画布会使透视更加自然;他似乎认为,如果没有这一点,有一幅非常遥远的画布也是可以的。在这一点上,他似乎关心曲面法线相对于视角的倾斜[在肯普的观点(Kemp, 1990)中,画布的缩短与画面的缩短一样多]。“画布的远视”当然只不过是指倾斜变形的效果。

莱昂纳多最大的困难,或者至少是存在于我们这个时代的困难,是基于以下公理,他认为这是一个自然透视的要求:

公理 2. 莱昂纳多公理:在同等大小的物体中,离眼睛最远的物体看起来最小。

这一点本身并没有争议。但他随后令人困惑地将这个概念与完全不同的、实际上互不相容的概念联系起来，因此它们应该用度量上更小的投影来表示。这与欧几里得第四光学公理形成了鲜明对比。

他给出了一个至今仍被称为莱昂纳多悖论的例子（图 31）：沿着平面投影移动的球面锥形投影实际上随着其远离观察者而增长（见 Araujo，2016）。这个“悖论”真的不是一个悖论。的确，透视图会变大，但投影与观察者之间的距离也在增加，投影的外观尺寸会减小。根据欧几里得第四公理，远端球和它的投影看起来都比近端球小。莱昂纳多真正反对的可能是度量表示的属性和角度/视觉属性之间的差异。他想要一个具有适当的模仿视觉特性的透视，而不需要站在一个点 O 上的透视。他希望度量特性和角度特性应该满足他的公理。因此，他偏爱球形画布。在这一点上，我们将当前工作中分离的两个概念：视角和变形混为一谈。这种混淆作为一种哲学上的困难一直持续到 20 世纪。事实上，在今天，讨论这些问题的方式仍然是一个难题。这导致人们提出了一些错误的问题，比如“透视”是否是“变形”，或者它是否“自然”，或者它是否与我们的观察方式相对应。如果我们将模仿和表现、变形及其透视的扁平化的概念分开来看，这些问题就会消失。因此，可以指出悖论不是这样的——它没有指出线性透视在实现目标方面的失败，而只是一种抱怨，从一个角度来看，线性透视并没有像莱昂纳多所希望的那样有效。但我们很难认为这是透视的缺陷，就像莱昂纳多未能满足一致的要求一样。人们不能同时要求保持角度上的和线性上的度量。线性透视（如平面变形）并不能保持后者，这不是一个缺陷，而是数学上需要保持前者的特征。

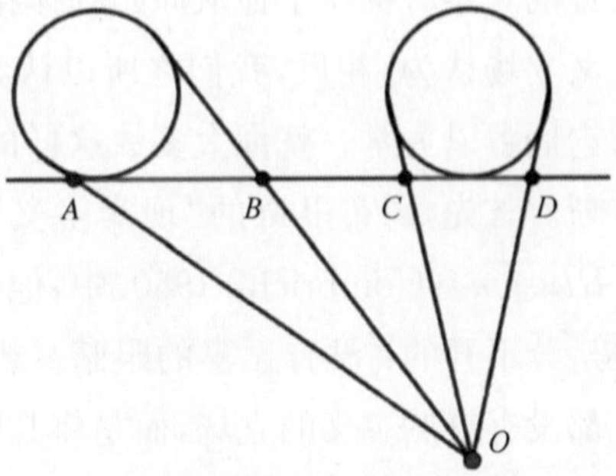

图 31　莱昂纳多悖论：即使相应的球体离 O 更远，也有 $|AB|>|CD|$

这种将变形的模拟作用与透视的表征作用区分开来的持久失败可能是由于线性透视和平面变形是同一个物体对象（“扁平化”是微不足道的）；变形和对应透视之间的这种区别只发生在线性透视的情况下，这种巧合可能使人们更难理解这两个概念之间的区别。不幸的是，最“明显”的观点实际上是一种非常奇特的观点。很久以后，在处理圆柱形透视时，甚至在机械和理论上很好地处理了绘图本身的实际困难时，这个问题仍然存在争议（Kemp，1990：175）。

对球面透视发展的影响

在20世纪,由莱昂纳多开始的讨论出现了特别令人困惑的转折,从现实主义和传统主义学派之间的辩论中产生了大量的论文。一种简化的观点是以恩斯特·冈布里奇为代表的现实主义立场,将客观品质归因于透视图模仿现实的能力。这种能力来自于这样一个事实,即通过透视规则实现的图像为位于适当位置的观察者提供了他从原始物体接收到的同一束光线。古德曼所倡导的传统主义立场认为,相反,我们之所以认为经典透视图是现实的,只是因为我们已经对它们习以为常。就像大多数这样的辩论一样,事情并不像这幅速写漫画那么清晰。首先,冈布里奇的"现实主义"立场并不明确。在《艺术与幻觉》(*Art and Illusion*)(Gombrich, 1960)中,他认为没有解释就没有现实,而且视觉与概念化是分不开的:没有无辜的眼睛。吉尔曼(Gilman, 1992)认为,辩论的任何一方都没有自然主义的立场,而是将其视为传统派之间的争论,冈布里奇只是一个在透视方面有特殊顾虑的传统派,古德曼认为这在冈布里奇的总体立场下是令人费解的矛盾。冈布里奇的反对与其说是反对感知需要解释的论点,不如说是反对这种解释只是一种文化建构。根据米特洛维奇(Mitrovc, 2013b)的说法,正是这种强有力的文化相对论观点认为,感知现实的整体是由文化所构建的,相关的集体主义概念与冈布里奇相斥。这些立场很复杂,弗格斯滕(Verstegen, 2011)认为,冈布里奇和古德曼都"让无关的问题给他们对(非)传统观点的讨论增添了色彩"。尽管如此,对立的立场一直被争论,令人困惑,在如此多的小冲突中,学者的职业生涯可以仅仅建立在对这类争论的统计之上。与大多数此类辩论一样,拳击手们姗姗来迟,疲惫不堪地得出了一个明显的结论,尽管很新鲜,但他们拒绝理智地得出这一结论:两种极端立场都不成立(Frigg 和 Hunter, 2010: xx),而有趣的问题是纯粹的光学模仿和惯例究竟是如何相互作用的。

然而,幸运的是,我们在这里并不关心如何证实如此复杂的事情。古德曼提出了一个著名的观点,即表示不能是相似的,因为相似是对称的(A 与 B 相似意味着 B 与 A 相似),而表示不是对称的(一幅画可能表示一匹马,但马不表示它的画)。

我们认为,在我们目前的表述中,我们将相似问题(变形等价,确实是对称的)与表示问题(透视不是;A 是 B 的透视但并不意味着 B 是 A 的透视)分离开来了。

所以,我们对用古德曼设定的条件来处理这场辩论不感兴趣。我们已经回答了：线性透视不是传统的——它是唯一一个透视，也是一种变形，而变形是一种光学原理，变形是一个建立在客观经验事实之上的光学原理：线性遮挡原理。

然而，我们仍然关心这场辩论，因为它影响了当代对透视和变形的纯粹模仿可能性的理解。这尤其不幸，因为古德曼的观点在进入模仿领域时处于最弱的状态，并被广加驳斥——例如，参见（Mitrovc，2013a）。想想《艺术语言》(*Languages of Art*)（Goodman，1968）中那个臭名昭著的短语。古德曼暂且承认透视的模仿特性，但他谴责这种错觉之发生所需的“非凡”（如他所称）要求：

> 必须在远处从一个窥视孔里看这幅画，脸朝正，一只眼睛闭着，另一只眼睛一动不动。还必须通过窥视孔，从给定（但通常不相同）的角度和距离，用一只不动的眼睛观察物体。否则，光线将不匹配（Goodman，1968：12）。

如前所述，观察的条件似乎确实很好，这让人想起库布里克（Kubrik）的《发条橙》(*Clockwork Orange*)中一个臭名昭著的场景，亚历克斯被绑在椅子上，眼睛睁大，目光坚定地向前看。但更值得注意的是，这一论点不仅在经验主义者的审视下，而且仅仅在游客的审视下也都很容易崩溃。只需轻松地走进罗马圣伊格纳齐奥·德·洛约拉教堂，看看它虚幻的天花板，安德烈·波佐确实使用了“透视”（在我们看来是变形）作为建筑本身的替代品（图 1）。耶稣会士想要一个比它所能承受的更为宏伟的建筑，波佐虚拟地建造了它，经历了一个建筑项目的所有步骤，从平面和立面建筑到透视效果图，最后是变形建筑。在这里，游客注视着绘制的柱子，这些柱子非常巧妙地延伸至真实的柱子，以至于很难辨认缝隙。这些幻觉构建得如此巧妙，以至于很难分辨出弯曲天花板的真实形状。这里没有窥视孔，没有必要闭上一只眼睛，让另一只眼睛不动。古德曼被困在小规模变形的经验里，混淆了尺寸的实际限制和理论限制。波佐有一个高高的天花板供他使用，构建了一个身临其境的变形。在这么大的尺度上，观察者的两只眼睛可以很好地近似单眼工作。此外，头部可以并且被期望可以自由旋转，以凝视周围的错觉。说变形必须“从一定的角度和距离”来看，这是相当具有欺骗性的。必须从某个点上观察它，但在这一点上，眼睛被允许自由旋转。像在圣伊格纳齐奥的波佐天花板（或 19 世纪大规模的全景图中）这样的大规模错觉中，观察者甚至可以打破理论上的限制，轻松应对。一个大圆盘标记着可以观察到波佐错觉的地方，但离它几步远（或高出或矮上几个头）也不会对幻觉产生太大影响。古德曼的论点竟能够在 20 世纪经受住考验,实在令人惊讶,而波佐当时不仅在实践中理解了变形的全部可能性,而且在他的论文中如此雄辩且清晰地表述了它们。如果眼睛不是无辜的,那么心灵就不是无辜的。尽管有眼睛作证,但这只是一个恰当的文化时刻,可以接受这样的争论。在目前的工作中,我们几乎不会参与这些争论,在我们看来,除了它们也被巴雷和弗洛康以大致相同的方式用作他们发展球面透视的理由(Barre 和 Florocon, 1968)或者至少在他们与布利冈共同撰写的旨在证明其数学和概念合理性的论文(Barre et al., 1964)外,这些论点已经严重过时。在后一项工作中,作者试图证明他们在寻找自然透视的背景下选择球面投影(方位等距投影,仅限于一个半球)的合理性,在他们看来,这将满足相当模糊的要求,即"对曲面上的可见元素进行排序,形成一个在观众身上引起体积和空间感的图像"。这种需求(被称为"需求 Δ")有些模糊,作者试图通过一个"基本公理"A 的约束来处理它,在他们看来,这是一个更具几何意义的公理,应该是这种透视的必要条件。这个"公理 A"原来就是莱昂纳多公理(公理 2)。观察作者继续做的事情,人们会发现需求 Δ 中提到的"曲面"实际上被假定为一个平面,而"看起来更小"意味着度量上更小。这和莱昂纳多的概念融合完全相同。作者对线性透视提出了与莱昂纳多和古德曼相同的反对意见,特别是两个通常被归于帕诺夫斯基的反对意见(Panofsky, 1927, 1991),但实际上要古老得多,这两个反对意见假设证明了无论"自然"透视是什么,都不可能是经典透视。

第一个反对意见是:视网膜上的直线投影是弯曲的,而不是直的;因此,我们实际上不能把线看作是直线。这是一个相当粗疏的误解,隐含地假设某种心理剧场,视觉大脑中的某个小人坐在那里观看视网膜图像(然后我们可能会无限地问下去,它的视觉系统是如何工作的?)。事实上,这是一个针对开普勒视觉模型的古老异议,笛卡尔对此的回答是,视网膜中刺激的形状和刺激引起的感觉是两种不同的东西。视网膜图像也是颠倒的,但我们看不到颠倒的世界(Kemp, 1990: 234)。

第二个反对意见是:两条平行线趋于无穷的例子与莱昂纳多的公理相悖,我们从经验中知道,这些线似乎收敛,但从线性透视来看,它们的投影之间的距离保持不变。这混淆了投影的度量特性与从 O 处看去时对这些特性的感知。阿劳若(Araújo, 2016)驳斥了这一点,他指出,如果我们把投影平面放在这些线的顶部,那么这些线将与它们的透视重合。因此,如果声称这些线的透视似乎并不收敛，那就是声称这些线本身似乎并没有收敛。更直白地说，如果一堵长墙的透视画在视觉上不真实，那么真正的墙本身在视觉上也不真实。当然，答案是这两条线及其透视确实会收敛，因为从 O 到这两条线的夹角随着距离的增加而减小，这种减小方式恰好是因为这两条线保持相互间的距离不变。但希克哈特在1623 年也提出了同样的问题，开普勒也以类似的方式驳斥了这个问题（Kemp, 1990：477 - 478）。我们可以补充一点，莱昂纳多的球面悖论有着完全相同的答案：远端球面有最大的投影是没关系的，因为其投影可以从更远的地方看到，这正是使其模仿真实球面的正确方式。

宽容地去除混乱和矛盾的层面，人们在巴雷、弗洛康和布利冈的论点中发现了一个具体而明确的目标：在平面上找到一个投影，该投影应覆盖围绕轴的 180 度视角，投影到平面的有界区域，并在整个表示中具有变形性。这意味着度量特性是为了保持外观（角度特性）。这是对需求 Δ 和莱昂纳多公理的具体诠释。唯一的问题是它做不到，这也是布利冈的结论。所以选择方位等距投影作为可用候选方案之间的更好折衷。这一切都是为了尽可能减少度量变形。因此，Δ 的模糊性——实际模仿的更严格要求是无法满足的。

但是，当然，不管我们用什么词，最终没有人会把球面透视当成真实的东西。当然这只是物体对视觉的唤起，但不是严格意义上的模仿。这并不像作者假设的那样，仅仅来自于球面不可展开的问题。圆柱面是可展的（与平面等距），但展开它会破坏变形效果。在巴雷和弗洛康的球面透视中，没有一点 O 可在表示的锥与被表示物体的锥上造成模仿效果。作者的观点完全错误：球面透视与经典透视不同（也与球面变形不同），它完全是传统的。它需要一个商定的、相当复杂的智力翻译才能被阅读。它的成就有不同的层面：它是半球面变形的平面记录，具有良好的测量特性，而且至关重要的是，它很易于手工绘制，因为它的直线投影是圆弧。作者们追求不切实际的目标，却低估了他们的真实成就——对第一个严格的球形透视的构建方法的合理描述，这对他们自己的作品是不公正的。

这些哲学上的误解不仅仅是学术上的。阿劳若（Araújo, 2016）认为，只关注扭曲的最小化可能是巴雷和弗洛康没有将他们的观点扩展到半球透视之外的主要原因。将他们的观点扩展到一个完整的 360 度视角需要接受相当惊人的度量变形，这将击败他们对线性透视的标准反对意见。

在本章提出的观点中，这些变形不成问题，因为球面透视并不打算争夺“自然透视”的地位,而且根据定义,在它的模仿特性上是有缺陷的。将模仿留给变形过程,我们将所有复杂的现象学、光学和生理学的概念纯粹地结合在我们的径向遮挡原理中。数学发展一旦开始,解释规则和经验动机是不允许进入框架内部的。

在这种观点中,变形模仿和度量变形之间没有矛盾,就像测量和地图制作之间没有矛盾一样。透视是变形和扁平化的遗产的观点也阐明了变形的基本作用和透视的任意性,赋予了球面变形和线性透视双重的作用:在变形中,它赋予球面以标准变形的作用,球面的点用射线识别,因此具有空间点的变形等价类;它给予了线性透视一个特殊的地位,以其最自然主义的倾向证明了现实主义的观点:线性透视确实是特殊的,因为它是唯一一个平凡的扁平化的透视,也就是说,唯一一个仍然是变形的透视。因此,它保持了视觉信息和模仿对象的双重表现作用,客观地创造了一种视觉错觉,与任何惯例无关。

结论

我们提出了一个理论框架,以一种方式来区分并界定透视和变形的概念,从而消除了关于曲线透视是“自然的”或者“符合我们看的方式”的长期争论。人们发现这个问题没有被很好地提出,重新拟订后困难就消失了。我们对变形的看法可以被视为欧几里得光学的更新,对所涉及的假设进行了重新设计,并增加了消失点,从而驯服了欧几里得谨慎避免的无穷大概念。我们做了一个单一的经验假设——线性遮挡原理——抽象成一个简单的几何概念,变形等价,并从那里出发,获得了实用的几何构造和优雅的对称消失集概念。我们从变形的概念推导出紧致中心透视的定义,其中包括所有通常的曲线透视。严格来说,这个类排除了经典透视,因为无限平面不是紧致的,但它包含了线性透视对任何紧致空间的限制,经典透视作为退化的极限情况。然而,这个概念——通过将透视视为两个独立步骤的隐含内容,一个是模仿(变形),另一个是表征(扁平化)——阐明了线性透视的特殊作用,使它在透视学中处于独特的地位,同时也是变形的透视。通过让话语的术语与透视的操作性实践对应起来,我们提供了一种自然地消除了至少可以追溯到文艺复兴时期的哲学误解的语言。

交叉引用

变形：透视与反射之间

透过玻璃看

球面透视

致谢 A · B · 阿劳若由葡萄牙国家基金 FCT 通过项目 UIDB/Multi/04019/2020 资助。

参考文献

Andersen K (1992) Brook Taylor's Work on Linear Perspective: A Study of Taylor's Role in the History of Perspective Geometry. Including Facsimiles of Taylor's Two Books on Perspective. Springer, New York, vol 10, pp 1 - 67. https://doi.org/10.1007/978-1-4612-0935-5

Andersen K (2007) The geometry of an art: the history of the mathematical theory of perspective from Alberti to Monge. Springer Science & Business Media, New York

Apostol TM, Mnatsakanian MA (2007) Unwrapping curves from cylinders and cones. Am Math Mon 114(5): 388 - 416

Araújo A (2015) A construction of the total spherical perspective in ruler, compass and Nail. https://arxiv.org/abs/1511.02969

Araújo A (2017a) Anamorphosis: optical games with perspective's playful parent. In: Silva JN (ed) Proceedings of the Recreational Mathematics Colloquium V (2017)-G4G Europe. Associação Ludus, Lisbon, pp 71 - 86

Araújo A (2017b) Cardboarding mixed reality with Durer machines. In: Proceedings of the 5th Conference on Computation, Communication, Aesthetics and X, pp 102 - 113

Araújo A (2017c) A geometria (descritiva) da anamorfose e das perspectivas curvilíneas. In: Workshop "Matemática e Arte", Sociedade Portuguesa de Matemática, pp 101 - 108

Araújo A (2017d) Guidelines for Drawing Immersive Panoramas in Equirectangular Perspective. In: Proceedings of the 8th International Conference on Digital Arts - ARTECH2017, ACM Press, Macao, China, pp 93 - 99. https://doi.org/10.1145/3106548.3106606

Araújo A (2018a) Let's Sketch in 360°: Spherical Perspectives for Virtual Reality Panoramas. In: Bridges 2018 Conference Proceedings, Tessellations Publishing, pp 637 - 644

Araújo AB (2016) Topologia, anamorfose, e o bestiário das perspectivas curvilíneas. Convocarte-Revista de Ciências da Arte 2: 51 - 69

Araújo AB (2018b) Drawing equirectangular VR panoramas with ruler, compass, and protractor. J Sci Technol Arts 10(1): 2 - 15. https://doi.org/10.7559/citarj.v10i1.471

Araújo AB (2018c) Ruler, compass, and nail: constructing a total spherical perspective. J Math Arts 12(2 - 3): 144 - 169. https://doi.org/10.1080/17513472.2018.1469378

Araújo AB (2019a) Eq A sketch 360, a serious toy for drawing Equirectangular spherical perspectives. In: Proceedings of the 9th International Conference on Digital and Interactive Arts, ACM, Braga Portugal, pp 1 - 8. https://doi.org/10.1145/3359852.3359893

Araújo AB (2019b) A fisheye gyrograph: taking spherical perspective for a spin. In: Goldstine S, McKenna D, Fenyvesi K (eds) Proceedings of Bridges 2019: Mathematics Art, Music, Architecture, Education, Culture, Tessellations Publishing, Phoenix, Arizona, pp 659 - 664

Araújo AB, Olivero LF, Antinozzi S (2019a) HIMmaterial: exploring new hybrid media for immersive drawing and collage. In: Proceedings of the 9th International Conference on Digital and Interactive Arts, ACM, Braga Portugal, pp 1 - 4. https://doi.org/10.1145/3359852.3359950

Araújo AB, Rossi A, Olivero LF (2019b) Boxing the visual sphere: towards a systematic solution of the cubical perspective. UID per il disegno (2019): 33 - 40. https://doi.org/10.36165/1004

Baltrušaitis J (1983) Les Perspectives Dépravées. Flammarion

Barnard ST (1983) Interpreting perspective images. Artif Intell 21(4): 435 - 462

Barre A, Flocon A (1968) La Perspective Curviligne. Flammarion, Paris

Barre A, Flocon A, Bouligand G (1964) Etude comparée de différentes méthodes de perspective, une perspective curviligne. Bulletin de la Classe des Sciences de La Académie Royale de Belgique 5(L)

Belisle B (2015) Nature at a glance: Immersive maps from panoramic to digital. Early Popular Visual Culture 13(4): 313 - 335

Burton HE (1945) Euclid's optics. J Opt Soc 35(5): 357 - 372

Cabezos Bernal PM (2015) Imágenes estereoscópicas aplicadas a la representación arquitectónica. PhD Thesis, Universitat Politècnica de València

Casas F (1983) Flat-sphere perspective. Leonardo 16(1): 1 - 9

Catalano G (1986) Prospettiva Sferica. Università degli Studi di Palermo Coates P,

Arayici Y，Koskela LJ，Kagioglou M，Usher C，O' Reilly K（2010）The limitations of BIM in the architectural process. In：First International Conference on Sustainable Urbanization（ICSU 2010），Hong Kong，China

Collins DL（1992）Anamorphosis and the eccentric observer：inverted perspective and construction of the gaze. Leonardo 25(1)：73 - 82

Correia JV，Romão L，Ganhão SR，da Costa MC，Guerreiro AS，Henriques DP，Garcia S，Albuquerque C，Carmo MB，Cláudio AP，Chambel T，Burgess R，Marques C（2013）A New Extended Perspective System for Architectural Drawings. In：Zhang J，Sun C（eds）Global design and local materialization，vol 369. Springer，Berlin/Heidelberg，pp 63 - 75. https://doi.org/10.1007/978-3-642-38974-0_6

Correia V，Romão L（2007）Extended perspective system. In：Proceedings of the 25th eCAADe International Conference，pp 185 - 192

Čučaković A，Paunović M（2016）Perspective in stage design：an application of principles of anamorphosis in spatial visualisation. Nexus Netw J 18(3)：743 - 758. https://doi.org/10.1007/s00004-016-0297-5

Dept of Military Aeronautics USMADA（1918）Panoramic drawing，one-point and cylindrical perspective. G.P.O.

Draper SW（1978）The Penrose triangle and a family of related figures. Perception 7(3)：283 - 296. https://doi.org/10.1068/p070283

Dunham D（2019）The Bridges 2018 mathematical art exhibitions. J Math Arts 1 - 15. https://doi.org/10.1080/17513472.2019.1654330

Dutour É（1760）Discussion d'une question d'optique. l'Académie des Sciences. Memoires de Mathematique et de physique presentes par Divers Savants 3：514 - 530

Ebbinghaus H（1902）Grundzüge Der Psychologie. Verlag von Viet & Co.，Leipzig

Escher MC（1958）Belvedere

Escher MC（1972）The Graphic work of M. C. Escher — Introduced And Explained By The Artist，New，Revised and Expanded Edition. Ballantine Books，New York

Fasolo M，Mancini MF（2019）The "Architectural" Projects for the Church of St. Ignatius by Andrea Pozzo. diségno（4）：79 - 90. https://doi.org/10.26375/disegno.4.2019.09

Foley JD，Van FD，Van Dam A，Feiner SK，Hughes JF，Angel E，Hughes J（1996）Computer graphics：principles and practice，vol 12110. Addison-Wesley Professional

Frigg R，Hunter M（2010）Beyond Mimesis and Convention：Representation in Art and Science，vol 262. Springer

Gay F，Cazzaro I（2019）Venetian perspective boxes：When the images become environments. In：Luigini A（ed）Proceedings of the 1st International and Interdisciplinary Conference on Digital Environments for Education，Arts and Heritage. EARTH 2018. Advances in Intelligent Systemsand Computing，vol 919. Springer，Cham pp

95 - 105. http://doi-org-443.webvpn.fjmu.edu.cn/10.1007/978-3-030-12240-9_11
Gilman D (1992) A new perspective on pictorial representation. Aust J Philos 70(2). https://doi.org/10.1080/00048409212345061
Gombrich EH (1960) Art and illusion; a study in the psychology of pictorial representation. Pantheon Books, New York
Goodman N (1968) Languages of art: an approach to a theory of symbols, 2nd edn. Hackett Publishing Company, Indianapolis
Grau O (1999) Into the belly of the image: historical aspects of virtual reality. Leonardo 32(5): 365 - 371. https://doi.org/10.1162/002409499553587
Herdman WG (1853) A treatise on the curvilinear perspective of nature; and its applicability to art.John Weale & co., London
Hohenwarter M (2002) GeoGebra: Ein Softwaresystem für dynamische Geometrie und Algebra der Ebene. PhD thesis, Paris Lodron University, Salzburg, Austria
Hohenwarter M, Borcherds M, Ancsin G, Bencze B, Blossier M, Delobelle A, Denizet C, Éliás J, Fekete Á, Gál L, Konečný Z, Kovács Z, Lizelfelner S, Parisse B, Sturr G (2013) GeoGebra 4.4
Huffman DA (1968) Decision criteria for a class of "impossible objects". In: Proceedings of the First Hawaii International Conference on System Sciences, Honolulu
Huffman DA (1971) Impossible objects as nonsense sentences, Machine Intelligence 6. Machine Intelligence 6: 295 - 323
Huhtamo E (2013) Illusions in motion — media archaeology of the moving panorama and related spectacles, 1st edn. Leonardo Book Series, The MIT Press
Inglis T (2018) Constructing 3D perspective anamorphosis via surface projection. In: Bridges 2018 Conference Proceedings, Tessellations Publishing, pp 91 - 98
Kemp M (1990) The science of art. Yale University Press, New Haven and London
Kim Y, Chin S (2019) An analysis of the problems of BIM-based drawings and implementation during the construction document phase. In: 36th International Symposium on Automation and Robotics in Construction, Banff. https://doi.org/10.22260/ISARC2019/0025
Kulpa Z (1983) Are impossible figures possible? Signal Process 5(3): 201 - 220. https://doi.org/10.1016/0165-1684(83)90069-5
Michel G (2013) 'L'oeil, au Centre de la Sphere Visuelle. Boletim da Aproged (30)
Mitchell R (1801a) Plans, and views in perspective, with descriptions, of buildings erected in England and Scotland: and also an essay, to elucidate the Grecian, Roman and gothic architecture, accompanied with designs. Wilson & Company
Mitchell R (1801b) Section of the Rotunda, Leicester Square | British Library - Picturing Places. https://www.bl.uk/collection-items/section-of-the-rotunda-leicester-square
Mitrović B (2013a) Nelson Goodman's arguments against perspective: a geometrical

analysis. Nexus Netw J 15(1)：51－62. https://doi.org/10.1007/s00004-012-0133-5
Mitrović B（2013b）Visuality after Gombrich：the innocence of the eye and modern research in the philosophy and psychology of perception. Zeitschrift für Kunstgeschichte 76(H. 1)：71－89
Monroe MM，Redmann WG（1994）Apparatus and method for projection upon a three-dimensional object
Moose M（1986）Guidelines for constructing a fisheye perspective. Leonardo 19(1)：61－64
Morehead JC Jr（1955）Perspective and projective geometries：a comparison. Rice Institute Pamphlet-Rice University Studies 42(1)：1－25
Necker LA（1832）Observations on some remarkable optical phænomena seen in Switzerland; and on an optical phænomenon which occurs on viewing a figure of a crystal or geometrical solid. Lond Edinb Dublin Philos Mag J Sci 1(5)：329－337. https://doi.org/10.1080/14786443208647909
Norman DA（1990）Why interfaces don't work. The art of human-computer interface design 218 Oettermann S，Schneider DL（1997）The panorama：history of a mass medium，vol 2. Zone Books，New York
Olivero LF，Sucurado B（2019）Inmersividad analógica：Descubriendo el dibujo esférico entre subjetividad y objetividad. Estoa Revista de la Facultad de Arquitectura y Urbanismo de la Universidad de Cuenca 8(16)：80－109
Olivero LF，Rossi A，Barba S（2019）A codification of the cubic projection to generate immersive models. diségno (4)：53－63. https://doi.org/10.26375/disegno.4.2019.07
Panofsky E（1927）Die Perspektive asl'symbolische Form'. Vortrage der Bibliothek Warburg 1924－1925，vol 320
Panofsky E（1991）Perspective as symbolic form. Zone Books，New York
Papert S，Turkle S（1991）Epistemological Pluralism. In：Idit，Papert，Harel S (eds) Constructionism，Ablex Publishing Co.，pp 161－191
Penrose LS，Penrose R（1958）Impossible objects：a special type of visual illusion. Br J Psychol 49(1)：31－33. https://doi.org/10.1111/j.2044-8295.1958.tb00634.x
Roberts B，Harris MG，Yates TA（2005）The Roles of Inducer Size and Distance in the Ebbinghaus Illusion (Titchener Circles). Perception 34(7)：847－856. https://doi.org/10.1068/p5273
Rossi A，Olivero LF，Barba S（2018）"CubeME"，a variation for an immaterial rebuilding. In：Rappresentazione/Materiale/Immateriale Drawing as (in) Tangible Representation，Cangemi Editore，pp 31－36
Rossi M（2016）Architectural perspective between image and building. Nexus Netw J 18(3)：577－583. https://doi.org/10.1007/s00004-016-0311-y
Sánchez-Reyes J，Chacón JM（2016）Anamorphic free-form deformation. Comput Aided Geom Des 46：30－42

Sánchez-Reyes J, Chacón JM (2020) How to make impossible objects possible: Anamorphic deformation of textured NURBS. Computer Aided Geom Des 78: 101826. https://doi.org/10.1016/j.cagd.2020.101826

Spencer J (2018) Illusion as ingenuity: Dutch perspective boxes in the Royal Danish Kunstkammer's "Perspective Chamber". J Hist Collections 30(2): 187 - 201

Sugihara K (1982) Classification of impossible objects. Perception 11(1): 65 - 74. https://doi.org/10.1068/p110065

Sugihara K (2000) "Impossible objects" Are not necessarily impossible - mathematical study on optical illusion -. In: Goos G, Hartmanis J, van Leeuwen J, Akiyama J, Kano M, Urabe M (eds) Discrete and Computational Geometry, vol 1763, Springer, Berlin/Heidelberg, pp 305 - 316. https://doi. org/10. 1007/978-3-540-46515-7_27

Sugihara K (2015a) Ambiguous cylinders: a new class of impossible objects. Comput Aided Drafting Des Manuf 25(4): 19 - 25

Sugihara K (2015b) Height reversal generated by rotation around a vertical axis. J Math Psychol 68: 7 - 12

Sugihara K (2016) Ambiguous Cylinder illusion. https://www.youtube.com/watch? v=oWfFco7K9v8

Sugihara K (2018) Topology-disturbing objects: a new class of 3D optical illusion. J Math Arts 12(1): 2 - 18. https://doi.org/10.1080/17513472.2017.1368133

Termes D (1998) New perspective systems. self-published

Tomilin MG (2001) Anamorphoses-optical oddities of the Renaissance or sources of the science of image processing? J Opt Technol 68(9): 723. https://doi.org/10.1364/JOT.68.000723

Tran Luciani D, Lundberg J (2016) Enabling designers to Sketch Immersive Fulldome presentations. In: Proceedings of the 2016 CHI Conference Extended Abstracts on Human Factors in Computing Systems - CHI EA '16, ACM Press, San Jose, California, USA, pp 1490 - 1496. https://doi.org/10.1145/2851581.2892343

Verstegen I (2011) Come dire oggettivamente che la prospettiva è relativa. Rivista di estetica (48): 217 - 235

Verweij A (2010) Perspective in a box. In: Architecture, mathematics and perspective. Springer, pp 47 - 62

Vuibert H (1912) Les Anaglyphes Géométriques. Librairie Vuibert, Paris

Wade NJ, Ono H (2012) Early studies of binocular and stereoscopic vision 1. Jpn Psychol Res 54(1): 54 - 70

Ware W (1900) Modern perspective: a treatise upon the principles and practice of plane and cylindrical perspective. The Macmillan company, New York; Macmillan & co., ltd., London

Wheatstone C (1838) Contributions to the physiology of vision. Part the first. on some remarkable, and hitherto unobserved, phenomena of binocular vision. Philos Trans R Soc Lond 128: 371 - 394

Wheatstone C (1852) Contributions to the physiology of vision. Part the Second. On some remarkable, and hitherto unobserved, phenomena of binocular vision (continued). Philos Trans R Soc Lond 142: 1 - 17

10

变形：透视与反射之间

阿戈斯蒂诺·德·罗莎和阿莱西奥·波尔托

目录

摘要

本文共分为两部分：第一部分论述让·弗朗索瓦·尼塞隆(Jean François Niceron，1613—1646)的透视与艺术作品。尼塞隆著有两部作品(第二卷在他死后出版)——《视觉锥体》(*La Perspective Curieuse*)(Paris，1638)和《光学奇迹制造者》(*Thumaturgus Opticus*)(Paris，1646)，这两部作品成为17世纪透视研究的里程碑。尼塞隆的表达世界在他生命的早期阶段就发展成极具欺骗性的作品。

第二部分描述了一个未执行的科学别墅项目的数字解释，在那里我们可以发现由主教卡米洛·潘菲利枢机(Camillo Pamphilj，1622—1666)委托使用的镜面和透镜的神奇仪器。该项目是由建筑师弗朗西斯科·波罗米尼(Francesco Borromini，1599—1667)和神父伊曼纽尔·迈尼昂(Emmanuel Maignan，1601-1676)在17世纪上半叶末构思的。波罗米尼以其建筑作品而闻名，他使用两种不同的对称方案绘制了建筑平面图和正面图。迈尼昂写了一份21个科学实验的清单，其中大多数是按建筑比例缩小的，代表了巴洛克时期对光学、日晷、真空、声学、磁学等方面的实验研究。此外，还将研究以圆锥镜为工具的光学实验，这些圆锥镜可以产生猫眼变形，平面镜可以将阳光投射到建筑物中并被用来开发猫眼日晷。

尼塞隆和迈尼昂的认识论研究是笛卡尔和霍布斯(Hobbesian)思想的综合。他们的作品往往是对当代哲学立场的真实反映，同时又在内容和形式上保持了风格的自主性。

关键词

变形；透视；光学；反射光学；折射；巴洛克

引言

单词 ἀναμο΄ρφωσις(变形)这个词在词源上来源于希腊语，前缀 ἀνα 有向上、向后、回到之意，词根 μορφη΄有形式之意(De Rosa 和 D'Acunto，2002)。根据尤尔吉斯·巴尔特鲁什艾蒂斯(Jurgis Baltrusaitis，1984)的说法，这个词首次出现在加斯帕·肖特(Gaspar Schott，1608—1666)的论文《大自然和艺术的普遍魔力》(*Magia Universalis Naturae et Artis*)(Paris，1657—1659)中，并在《牛津艺术辞典》(*Oxford Companion to Art*)中得到确认。

在艺术领域中，变形是指平面图像的精确类别或以强烈变形的视角表示的三维结构。在真实的正面结构中，这些图像不能立即被识别，只有从精确的角度观察才能完全理解。在其他情况下，由于它们在被称为变形镜的凸面、球面、圆柱面、圆锥面或金字塔面反射镜上的反射，变形是可以识别的(Kuchel，1979)。根据凯里奇·安德烈(Kirsti Andersen)的说法，我们可以在第一种情况下讨论直接变形，而形容词“反射的”指的是第二种情况(Andersen，1995)。变形图像在几何创作和实现上都与线性透视(人工透视)的规则密不可分。正如巴尔特鲁什艾蒂斯(Baltrušaitis)所肯定的那样，他们可以被认为是构成一种投影式“堕落”之透视的艺术表达。这些非传统的图像来源于严格的欧式构造——首先考虑到一个人的观点是独一无二的，就好像观察者只有一只眼睛一样(作为独眼观察者)。

考虑到莱昂·巴蒂斯塔·阿尔伯蒂(Leon Battista Alberti，1435/1973)和皮耶罗·德拉·弗朗西斯卡(Piero della Francesca，1472/1984)的论文中揭示的代表性惯例，变形图像超越了文艺复兴时期将表现空间与自然光学体验空间相结合的典型需求。在几何上即使是正确的，变形的图像在观察者看来就像一个图形谜，其中具体的代表的选择与强大的神秘象征主义，甚至与魔法和仪式结合在一起。这些特征是由强大的变形所表现出来的。16 世纪上半叶，人工透视规则的变革几乎完成。与 14 世纪透视表现规则相比，观察者的倾斜位置只是变形的越界特征之一。传统文艺复兴透视的这些变化在即将到来的世纪专著中得到了描述，并成为艺术家的参考，开始成为“……表演者，其壮观的表演迸发出了奇迹和神秘的火花、隐藏的有趣故事和突然揭露的真相”(Gilman，1978)。不可避免的是，变形现象最重要的作者或科学传播者是光学师和学生，他们研究属于宗教秩序的透视(Cojannot-Le Blanc, 2006)，如耶稣会士成员和隐修会士。在巴洛克时期，僧侣们使用这种古老的秘密透视(perspectiva secreta)代码来传达信息或隐藏的寓言。

根据巴尔特鲁什艾蒂斯的说法，“……这一过程被描述为一种技术上的奇观，但包含了抽象、强大的光学错觉机制和对人工现实的哲学思考。变形是一个谜、怪物和天才。尽管它属于奇奇怪怪的世界，一向藏于一个收藏柜和庇护所，但它往往超出了密封的框架。”(Baltrušaitis, 1984)。

在 17 世纪，对变形类型的研究达到了前所未有的理论深度和图形技术水平，这在以前的论文或艺术成就中只被简单提及。在 17 世纪初，萨洛蒙・德・考斯(Salomon de Caus, 1576—1626)和皮埃尔・赫里贡(Pierre Hérigone, 1580—1643)都考虑到了变形的主题，但这一主题最详尽的注释出现在居住在罗马的两位宗教作家所写的科学文献中。最精确的著作是由隐修会修士让-弗朗索瓦・尼塞隆创作的《视觉锥体》(1638)，该书在尼塞隆去世后的 1646 年以拉丁文出版，由马林・梅森编辑整理，新标题为《光学奇迹制造者》。

这最后一部作品必须被认为是尼塞隆多年来一直在进行的编辑计划的部分实现。不幸的是，宗教秩序的承诺和他的早逝阻止了他的计划。直接和间接变形理论正是围绕尼塞隆和他的朋友伊曼纽尔・迈尼昂的设想而展开的，他们都在 17 世纪上半叶罗马蒙蒂修道院生活和工作(马丁，18 世纪晚期)。

巴黎和罗马之间的变形：反射关系

图 1 中的画像描绘了一个年轻的修士，面容憔悴，胡子几乎看不出来，身穿束腰外衣，头戴典型的隐修会僧帽(Withmore, 1967)。他手里拿着最新论文的草稿，这是他在 1646 年 9 月 22 日去世前仍在研究的论文。由于尼塞隆在他的书出版之前去世，米歇尔・拉纳(Michel Lasne, 1595—1667)的版画实际上看起来是一个时空悖论。事实上，尽管他看似持有这本书的平面图，但他的作品直到他死后才被出版。在尼塞隆拿着的竖直平面图中，我们可以读到：“F.伊恩・弗朗西斯库斯・尼塞隆/德利纳罗马萨尔 1642/伊塔提斯苏 29”。这些词暗示了初稿写作的时间。当时恰逢尼塞隆第二次在罗马逗留(1641 年 1 月

至 1642 年 4 月)，他正在写拉丁语版(Niceron，1646)和他的《视觉锥体》(*La Perspective Curieuse*，1638)的相关版本。这篇论文揭示了被称为变形的透视艺术的异常秘密。由于这篇论文是用法语写的，所以其他欧洲学生无法阅读。尼塞隆选择的插图是第 13 幅，描绘了三角形命题，致力于“具有正方形棱锥的星形球面”的透视表示(Niceron，1646)。主题的选择可能与新主题有关，象征着拉丁版与法语版相比有了扩展——以图形的方式表出。

图 1　来自隐修会的 R. P.乔安尼·弗朗西斯库斯·尼塞隆于 1646 年 9 月 22 日去世，享年 33 岁。雕刻。(M. 拉纳，巴黎，18 世纪上半叶)

尼塞隆在 1613 年 7 月 5 日出生于巴黎(Withmore，1967；Roberti，1902—1908)；他在尼吉恩·查洛修道院(现为帕西修道院)加入了隐修会，在那里当一名见习修士。1632 年 1 月 26 日，尼塞隆度过了他的见习修士生涯，被允许从事这一职业，并前往皇家广场修道院(巴黎)。他的第二个名字叫让，取自他的叔叔，也是一名隐修会僧侣。1631 年，18 岁的尼塞隆在见习期间创作了他的第一幅艺术作品：雅克·德·奥佐莱斯·德·拉佩耶尔(Jacques d'Auzolles de Lapeyere，1571—1642)的变形肖像(图 2)，他是著名的《美居慈善》(*Mercure Charitable*)的作者(d'Auzoles de Lapeyere，1638)。这本书的封底上有详细的时间顺序。这是一幅由让·皮卡德(Jean Picard)勾画和雕刻的畸变图像，如果在水平面上看，它会显得扭曲，但如果被放在里面的圆柱形镜子反射，就能辨认出来。这张照片显示了作者的“修正”肖像——奖章形状——尼塞隆将其定义为“编年史图章”。在雅克·德·奥佐勒斯(Jacques d'Auzolles)画像的时代，很明显，尼塞隆不可能读到笛卡尔(1596—1650)的一些开创性作品(Rodis-Lewis，1997)，如《折射学》(*Dioptrique*，1637)或《几何学》(*Géometrie*，1637)，这些作品通过解决感官方面不可避免的错误来关注感知主题。由于两位作者都曾在皇家广场(巴黎)隐修会的修道院图书馆(Krakovitch，1981)学习过，他们之间肯定磋商过。这个组织聚集了许多学生，除了阅读珍贵的图书和古版书(incunabula)以外，他们还参加了马林·梅森(Marin Mersenne，1588—1648)神父的知识分子圈子，梅森是欧洲学会的秘书。每周六在他的修道院房间里举行这些会议。从他的第一次艺术和科学经验来看，尼塞隆的作品试图摆脱力学定律这一无法改变的观念，以便区别“……这是一种避免将表象简化为惰性物质定律的策略，或者更确切地说，找到一种方法，通过这种方法，物质实体的表象本身是可辨别的，并以精神为导向，反映出它们的差异性和原则性，而不是被简化为广义的大小、严格的机械模型和空间方面的附加部分”(Baitinger，2006)。

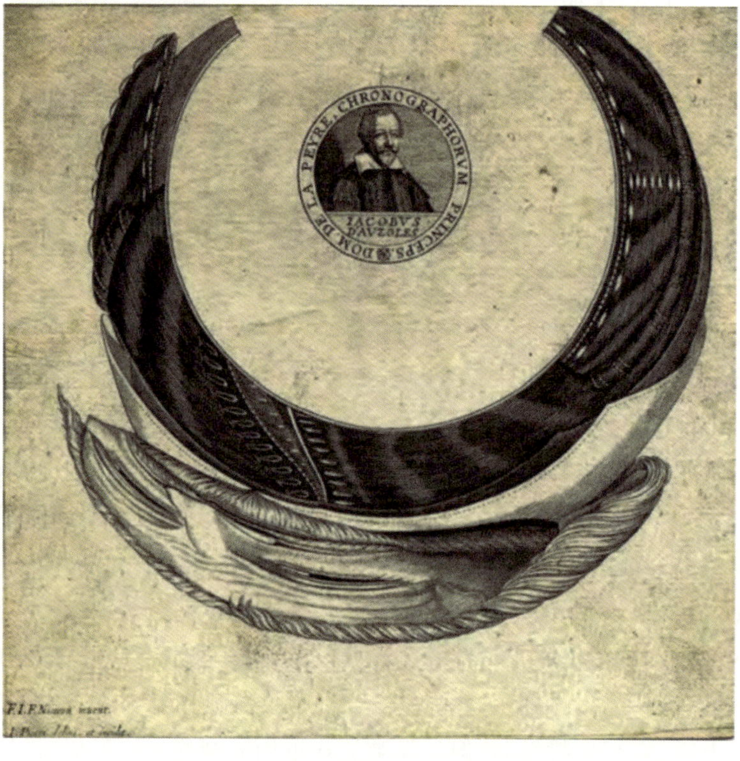

图2 雅克·奥佐尔斯·德·拉佩耶的变形肖像。雕刻
(尼塞隆，坎塔尔省档案馆，欧里亚克，奥弗涅，1631)

尼塞隆很可能于1627年在巴黎见过第一个猫眼变形。它们很可能与画家西蒙·乌埃(Simon Vouët，1590—1649)从君士坦丁堡回国时进口到法国的外来样品相似，1611年至1612年，他在这里习得了这些技术。大约在1635年，巴黎的尼塞隆创作了四幅油画(50 cm×66.5 cm)，它们都属于这类图像，可以被归

入“猫眼再生装置”的范畴；它们通过柱面镜的反射而确定下来。如今，它们被保存在巴贝里尼宫的国家古代艺术画廊(罗马)。他们描绘的是：在十字架前的路易十三、路易十三、圣弗朗西斯科·迪·保拉以及婚礼场景。尼塞隆通过运用几何结构获得由变形图像所创造的反射重建的惊人效果。这些几何结构在他死后得到了修改和编辑，也出现在他的“白话文”专著(1638)中，是基于法国数学家让-路易·沃勒扎德(Jean-Louis Vaulezard)在其《透视》(*Perspectivae Cilindrique et Conique Ou Traite des Apparences Vues Par Le Moyen des Miroirs*)中为学生开发的结构……(Paris, 1630)。

年轻的让·弗朗索瓦表现出对数学研究的特殊倾向以及对反射光学和折射学的显著兴趣，但也没有忽视他之前对神学和哲学学科的研究(在他的第一篇论文中)。同年，25 岁的尼塞隆在巴黎为皮埃尔·比莱恩(Pierre Billaine)出版了《视觉锥体》，即《神奇效果的人工魔法》(*Ou Magie Artificielle des Effets Mervellieux* ..., 1638)(图 3)。这受到了所罗门·德·考斯(Salomon de Caus)和让-路易·沃勒扎德著作的影响，事实上，他比大多数著名前辈更具独创性。对开本包括 20 张没有编号的页，120 张编号的页(包括几何前言，必要的定义和Ⅰ～Ⅳ卷)，另外 2 张无编号的页和 25 幅版画(Vagnetti, 1979)。这些版画是琼·布兰钦(Joan Blanchin)以尼塞隆的绘画为基础雕刻的，尼塞隆在艺术世界的绘画能力，正如他之前的著作所证实的那样，似乎是毋庸置疑的。

尼塞隆深知透视技术在 16 世纪到 17 世纪早期所达到的复杂水平，他研究的变形问题，在今天可以被定义为“射影”的前卫作品。实际上，他放弃了在此之前被广泛运用的实用权宜之计，“……因为这是一件无足轻重的事，不需要任何透视知识”(Niceron, 1638)。

尼塞隆在他的论文中展现了对透视理论深刻的理解，就像他的意大利、法国和德国的前辈们一样。隐修会的神父在这门学科的发展中起着重要作用。他在解释性议题上采用了“阿基米德式”方法，而不是柏拉图式方法，这些议题更侧重于应用，而不是推测性的抽象。光学的领导地位很快就确立了。笛卡尔在他的《折射学》(*La Dioptrique*)序言中断言：视觉在一切感官中占主导地位。尼塞隆用清晰严谨的语言提出并解决了线性透视的诸多问题。这一理论解释被布兰钦的漂亮蚀刻版画所强化。尼塞隆神父并不想提供对以前最好的论文进行总结的批评性文章，而实际上要处理“……从好奇心的角度出发也很好，虽然这种透视效果娱乐了他，并分散了他对严肃的神学研究的注意力，可倒也不会让好奇的人

图 3　尼塞隆的《视觉锥体》,即《神奇效果的人工魔法》(皮埃尔·比莱恩,巴黎 1638)

感到不快"(Niceron, 1638)。

从批判的角度来看,尼塞隆的理论和实践工作似乎与伊曼纽尔·迈尼昂神父(1601—1676)的工作密切相关。这两个人之间的关系迫使我们去调查罗马修道院遗址上的《光学奇迹制造者》的推理和艺术活动。如今,在修道院朝北的走廊里，人们仍然可以欣赏到这个非凡的猫眼星盘(catoptric astrolabe，1637)(De Rosa，2013)。沿顺时针方向走的时候，第二个长长的走廊后面摆放着让-弗朗索瓦·尼塞隆神父用蛋彩画创作的“透视画”(1639—1640)。尼塞隆承认，这种变形的照亮头部的效应启发了迈尼昂神父(1642年)的变形作品，这是一幅描绘骑士团创始人、来自保拉的圣弗朗西斯的灰色画作(Fiorini Morosini，2000)。这些壁画很可能是两人在罗马修道院内安静的氛围中描绘的。在尼塞隆29岁的时候，从1639年5月25日到1640年3月28日，他第一次在意大利逗留期间，他和迈尼昂的弟弟住在同一所蒙蒂修道院(AGM n.d.)。

正是在这里，尼塞隆在从1639年到1640年代早期之间完成了这幅巨大的变形彩色壁画，然后于1644年在巴黎皇家广场隐修会总部复制了这幅壁画，尽管有很大的差异。这幅画描绘了福音传道者圣约翰在帕特莫斯岛撰写福音书的场景(De Rosa，2013)(图4a，b)。1642年，迈尼昂神父也在同一个地方创作了一幅变形的纯灰色画像：保拉的圣方济各在祈祷，代表教团创始人(Cenal，1952；Baltrusaitis，1984；De Rosa，2013)(图5)。这幅作品于2009年2月被修复了，即使尼塞隆的画有一部分丢失了，但这幅艺术品仍然完全可以理解。起初，这幅壁画被认为是一幅泥灰壁画。这一信息具有重要意义，因为对尼塞隆的生活和学习的履历分析尚未揭示任何高级艺术学徒的具体信息。由于迈尼昂绘制的圣弗朗西斯的变形像和猫眼日晷(图6)都是用同样的技术创作的，我们可以推断出这两位学者选择这种方法是因为它不需要太多的专业知识。尼塞隆在装饰和设计领域已经表现出卓越的技艺，他选择灰泥壁画创作可能是因为其明显的表现性、简单性和绘画速度。此外，它代表了一种理想的技术，能够将复杂

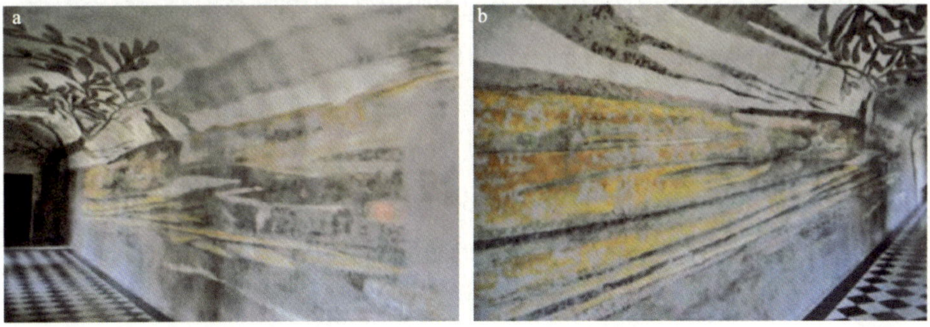

图4 J. F.尼塞隆的《福音传道者圣约翰在帕特莫斯岛撰写福音书》(1639—1640。彩色壁画。罗马蒙蒂修道院，变形图像。)(作者摄)

图5 E.迈尼昂的《保拉的圣方济各在祈祷》(1642。泥灰壁画。罗马蒙蒂修道院。变形图像。)(作者摄)

的光学数学定理迅速转化为绘画。尼塞隆把这幅壁画看作一个整体,并没有考虑在画的过程中对图像进行检查和修正,因为倾斜位置会产生强烈的光学变形,可能会使每天完成的工作变得难以控制。

虽然我们没有关于保拉的圣弗朗西斯的参考资料,但从投影而非机械的角度看,圣约翰对倾斜图像的转移已经出现在《视觉锥体》第二本书(1638)的命题二中,特别是在接下来的三个推论和版画 12 和 13 中,在那里,尼塞隆表示:"提供描述任何类型的人物、图像和图片的方法,就像前面陈述的椅子一样,也就是说,以这样一种方式,它们从表面上看起来很混乱,从某种角度(观察)它们完美地表现了给定的物体对象"(Niceron, 1638)。正如尼塞隆在他的《光学奇迹制造者》中回忆的那样,在这幅壁画上,一段长长的古希腊铭文出现在书脊上,内容如下:"光学的启示录,启示录的见证人"(Niceron, 1646;De Rosa, 2006)(图7)。这句话显然是关于顿悟的力量(apokalypsis 的意思是启示),一方面暗示了作品本身的变形魔术,只有从一个特定的角度观察(几何和空间上的固定),它才会揭示其内容,另一方面暗示了圣约翰所扮演的神学角色(Bessot, 2005; Fratini Moriconi, 2010; De Rosa, 2013)。圣约翰是唯一一个眼睛足够敏锐的人,这使得他能够思索《世界的真光》(*True Light of the Word*)。实际上,就像

图 6 E.迈尼昂的《猫眼日晷》(罗马蒙蒂修道院。带有日晷的走廊和放置瞄准镜的窗台图像。)(作者摄)

福音书作家的兽首所具有的特征一样，鹰是唯一能够在高空翱翔并直视太阳而不会失明的生物。尼塞隆将这只鹰描绘在圣像旁边略向前的位置，因此，从正面观看时，它的喙头和展开的一只翅膀(另一只似乎被壁画严重受损的部分墙壁所覆盖，丢失了)成为背景的一部分。这是一幅《圣经》中的风景，落日被浓烟笼罩，象征着基督再临的前奏。也许,选择这样一个非典型的主题(为尼塞隆的壁画)的原因要从这种关键的联系中找。由于圣约翰的形象并不是法国隐修教徒们特别崇敬的对象,因此,他一定是因为复杂的伦理哲学意义而被选中的。一方面,他能够把逻各斯一词带给上帝,从而使基督教文化与犹太-希腊化的世界观相调和。另一方面,他对信仰的见证并没有刻意的抽象,他在福音中只提到"……我们听到的,我们亲眼见到的,我们的手触摸到的……生命是显而易见的"。因此,他是鲜活圣言的见证人,这是约翰喜欢用来被定义(约翰第一书信)的一个形容词。即使是隐修会的神父们(尼塞隆绘画作品的同时代人)也是变形术的视觉畸变的第一批见证人:他们首先感到震惊,然后又对其持续的光学合成和分解感到放心。这一见证行为是由尼塞隆赋予他的绘画的视觉本质,从中仍然可能看到一种属于笛卡尔推理的东西。

图 7 J. F.尼塞隆的《传道士圣约翰在帕特摩斯岛撰写福音书》(1639—1640。彩色壁画。罗马蒙蒂修道院。细节。)(作者摄)

可能正是这种文化环境影响了拉丁语铭文"CITRA DOLUM FALLIMUR"("我们被欺骗,但并无恶意")(图 8),该铭文写在圣约翰后背一根树枝的吊带上。弗拉蒂尼和莫里科尼认为(Fratini 和 Moriconi, 2010)这句话引自吉多巴尔多·德尔·蒙特(Guidobaldo del Monte, 1545—1607)著名的《透视六书》(*Perspectivae Libri Sex*)(Del Monte, 1600)标题中的格言。尼塞隆在他的两篇论文中经常提到这位作者，强调其严格的数学和原始投影透视方法——有时过于抽象和复杂。这是对最具权威性的科学源泉之一的致敬，笔者从中获益良多。所描述的引文包含在一幅壁画变形中，是对怀疑行为的批判性反思。这些绘画和装饰作品不仅装饰了罗马和巴黎的隐修会修道院，还提供了一个培育实验光学和形象绘画的温床，这些实验在理论上得到了详细阐述，因此在文献和研究中得到了实验验证；另一方面，这些作品也引发了对笛卡尔迷宫、视觉镜像以及由此产生的虚假信念的深刻思考。在《光学奇迹制造者》(1646)的第 33 张版画上(图 9)，尼塞隆提供了可能用于实现罗马修道院变形工作投影方法的图形总结。

图 8　J. F.尼塞隆的《传道士圣约翰在帕特摩斯岛撰写福音书》(1639—1640。彩色壁画。罗马蒙蒂修道院。细节。)(作者摄)

当然，他在巴黎的变形姊妹篇中也使用了这种方法。该图像很容易辨别：它以黑白两色创作，相对于墙壁表面倾斜放置，在圣约翰重新构图的肖像中插入正交线网络。在书(第二册，命题十一，推论三)中，尼塞隆澄清了肖像主题的性质，以及为衣服选择的颜色——绿色和为神圣斗篷选择的颜色——紫色，但没有指出灵感的来源："在画家中，人们普遍接受这样一个事实，即当他们在表示传教士圣约翰的形象时，他们用绿色代表长袍，用紫色代表斗篷"(Niceron, 1646)。这是根据记忆重建的——显然是为了教育的目的——尼塞隆的巴黎变

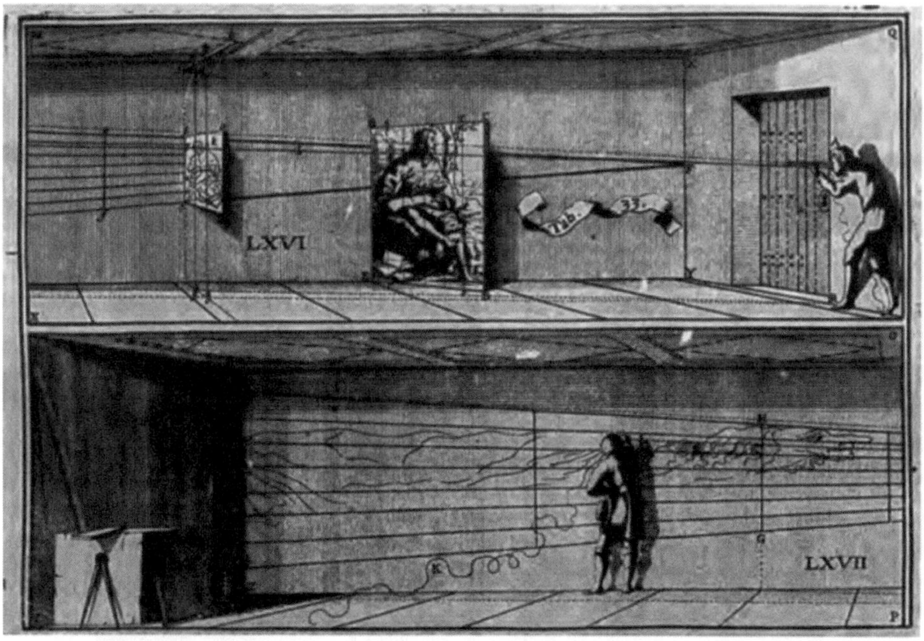

图 9　J. F.尼塞隆的《光学奇迹制造者》(巴黎 1646。第二卷,十一个命题,版画 33)

形画大约建于 1645 年(皇家广场修道院画廊),在他死之前不久,按照精确的装饰程序执行。尼塞隆这样描述他在巴黎的工作:“……相反,通过在巴黎绘制的这幅图,我们直接在 BCDE 中展示了原型,通过曝光的方法,投影被倾斜地转移到墙上。正如我们已经说过的,这并不能被视为带有斜射的裸露投影,但在其中,我们可以直接看到许多其他并不令人讨厌或并不丑陋的物体:在这里,我们将它们列出并提供一个例子,尤其是因为在特定的情况下,可能会尝试类似的复制,甚至得到一个更美丽、更优雅的复制。”(Niceron, 1646)这幅变形画的尺寸非同凡响,因为它被放在一条过道上:“……二十四英尺长(33.78 m),上面提到的图像投影在至少 8 英尺高(2.60 m)的墙上,覆盖了 54 英尺长(17.54 m),眼点距离墙壁或画作表面五英尺(1.62 m),视线垂直于墙,它只高出地面四英尺半(1.46 m)。由于我们放置的面板尺寸有限,我们无法用这些比例描绘出给定的数字。”(Niceron, 1646)

尼塞隆的绘画发明必须克服之前所做的一切,因为选择了一个与基督教如此相关的宗教主题(时代的终结与新王国的开始对圣徒的启示),但也因为变形肖像中隐藏的风景必须展现出比在 E. 迈尼昂的《罗马的圣约翰》和《保拉的弗朗西斯》

中看到的第二种更富有戏剧性的注解水平。画面被柔和的色彩和脆弱的外表所遮蔽，因此“……我们不再从遥远而倾斜的角度观看”(Niceron, 1646)。沿着门廊行走，人们可以这样描述它：“……在绿色束腰外衣的黑暗和阴影褶皱中，[……]错综复杂的森林和密不透风的树木。在束腰外衣更明亮的部分或前景中，[……]取而代之的是金黄的麦穗和已经成熟的收成。在他的坎迪德腰带上，流淌着河流和山泉的流水；在那本打开的书的白纸上，有一个巨大的湖泊，里面有港口、海滩、船只和捕鱼的场景等。在头部，有洞穴、悬崖、岩石和建筑：更确切地说，是整个巴比伦城的废墟，我们甚至在旁边放着吹小号的天使”(Niceron, 1646)。

只有离开尼塞隆所定义的“观察点”(也许是在通往巴黎修道院图书馆的走廊门槛处)，《启示录》的各个章节才出现了幻觉和谜团，这些幻觉和谜团在越来越强烈的视觉眩晕中被形象地再现，如此引人注目，以至于作者本人不愿意自我庆祝。如果不是出于纯粹的修辞目的，作者不得不承认，所有这一切都是传道士书上的希腊文字所讲的。“光学的启示录，启示录的目击者……因此，在翻开的书页里，在字里行间，在诗句之间，我们描绘了土地的犁沟，犁沟中是放牧的羊群和看守羊群的牧羊人；所以，在《启示录》第十四章中，我用戴着传道士的紫色斗篷来代表丰收，据说将马集合起来有一千六百个竞技场那么大；另外，我们表示了那个在天上坐在云端的人，他把镰刀沉入地下，派天使去收割葡萄园里的葡萄。相反，甚至从面部特征来看，通过应用适当的颜色，我们小心地画一个桶，装着碾碎的葡萄，流动的收获”(Niceron, 1646)。从尼塞隆的罗马画(今天终于可以看到了)和尼塞隆的巴黎变形画(现在已经消失了)的对比中，我们可以清楚地看到，圣人在这两幅画中所采取的姿势是完全不同的。尼塞隆的画是原始变形画的唯一证据。在罗马画中，圣约翰弯着腰走向他正在写《启示录》的那一页。他的目光集中在预言的草稿上，这在《圣经》情节中被具体化了，他被创造出来的变形的身体隐藏在周围环境中。最重要的是，鹰是一个决定性因素，因为他的兽形属性出现在他的身体前面。相反，在巴黎画中，圣人被描绘成一种近乎开放的姿势，不是靠在书上，他的腿紧紧地缠绕在鹰的脖子上。在尼塞隆的绘画中，主人公的目光正好对准巴黎修道院的图书馆。景色几乎没有痕迹(由一棵树和岩石组成，常春藤缠绕在树枝上，岩石被放置在背景中)，似乎暗示着它在变形转变中的“叙事”发展。因此，在形象的比喻结构和《圣经》情节之间的逻辑对应——这本该隐藏在其中——是不可能的，尽管作者在论文中已经对此进行了描述。

在这部作品中，尼塞隆提出了如何将变形应用到巨型墙面上的理论，从而可以创作出像他在罗马和巴黎完成的壁画(图 10 和图 11)。除了在两个著名的隐修会修道院中描绘圣约翰的变形肖像外,作者在巴黎塞纳比画了另一幅加速透视图(可能是用于壁画技术完成的)——根据修道院的编年史,这是一幅"透视图"——主题是抹大拉在圣鲍姆洞穴中的沉思(1645)(图 12a～c),尼塞隆在参观皇家广场时突然去世,随后神父迈尼昂完成了这一作品。我们知道尼塞隆在创作大量巴黎绘画作品时采用了与迈尼昂相似的方法。这直接取自丢勒的"窗(sportello)",作者在《光学奇迹制造者》中对前面提到的版画作了进一步的探讨。尼塞隆还使用了"十字架",连接到一根移动的铅垂线上,该铅垂线可以辨别修复画像中的一个点,从而将其变形地投影在壁画上。这项工作证实了阿尔伯蒂和丢勒的透视法被超越了,就像迈尼昂的透视法一样,现在仍然可见。作品被想象成一扇打开的窗户,这是画家眼中的现实,变形的框架与投影在墙面上的正方形网络内真实绘制的透视图像相吻合。因此,"……将主体与对象分开的视锥

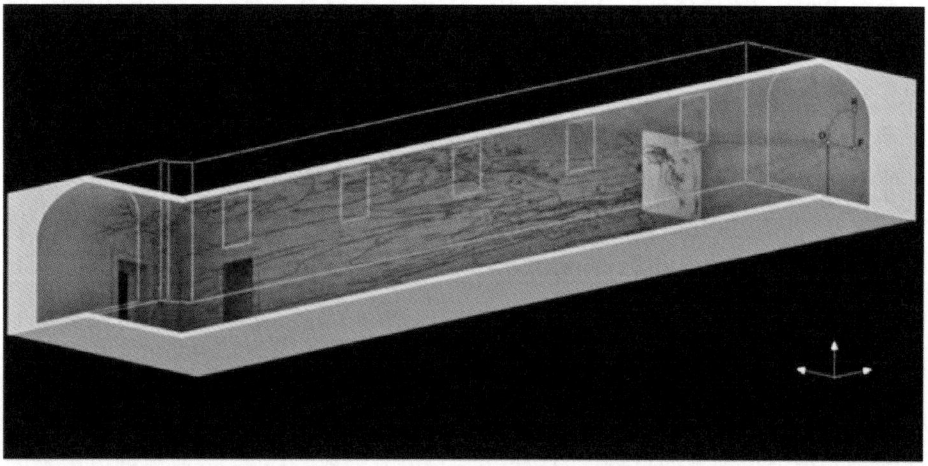

图 10　罗马蒙蒂修道院东部走廊的轴测图。生成变形的投影过程的数字化重建(科西莫·蒙特里昂/伊玛戈·雷鲁姆/尤阿夫提供的数字制作成品)

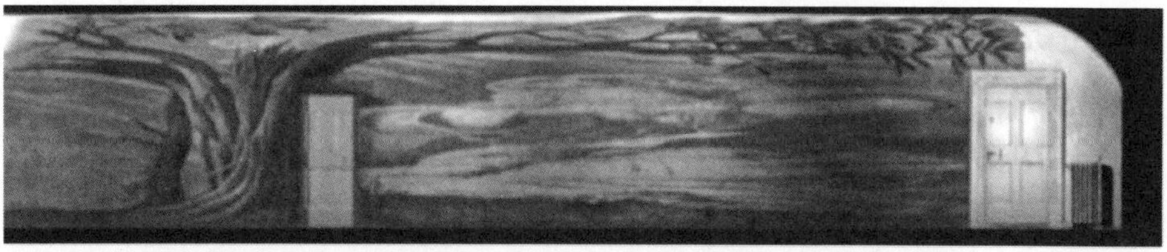

图 11　蒙蒂修道院一楼西侧画廊墙面正射照片。以灰度显示反射率的值的点云的数字细化(克里斯蒂安·波斯卡罗/伊玛戈·雷鲁姆/尤阿夫提供)

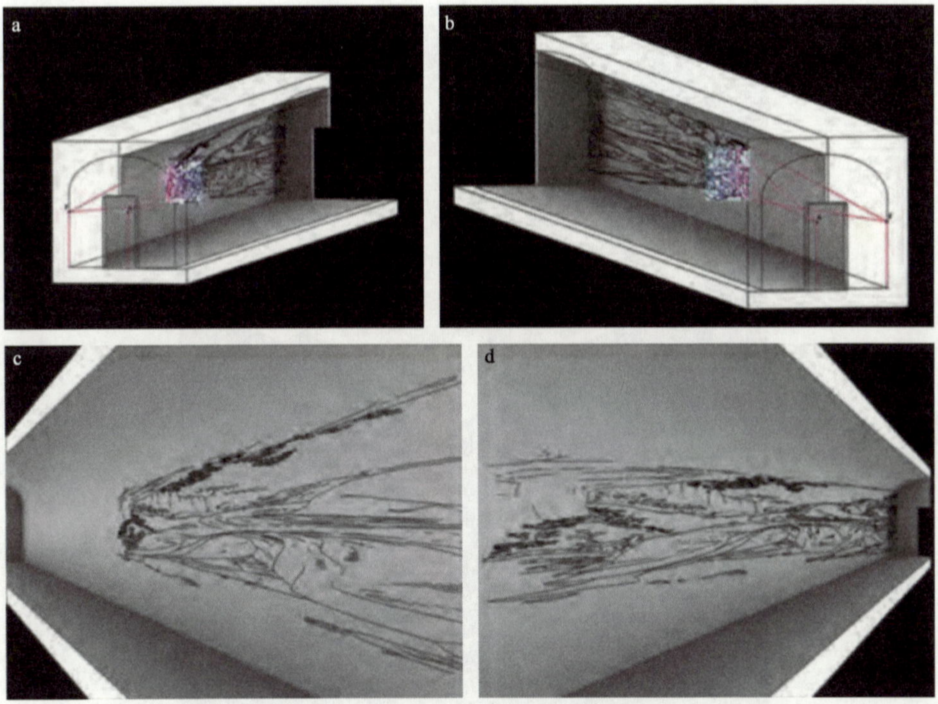

图 12 J. F.尼塞隆的《在圣博姆洞穴沉思的抹大拉》(巴黎 1645)。(a~b) 巴黎皇家隐修修道院北部画廊的数字模型。斜投影、图像和右观察点之间的关系的轴测重建(E.特雷维桑/伊玛戈·雷鲁姆提供的数字制作成品)。(c~d) 巴黎皇家广场隐修修道院走廊的数字模型。从奥贝维利埃走廊到圣约翰的壁画，基督论的不断加强(E.特雷维桑/伊玛戈·雷鲁姆提供的数字制作成品)

的交叉点，或者对象在交叉平面上的简单投影，不再存在。现在，将想象中的投影图像描绘在平面上。”(Ciucci, 1982)。

作为时间之镜子的罗马巴洛克的科学别墅项目

在 17 世纪的罗马这一背景下，一个未建成的项目很好地总结了科学研究，该项目是由建筑师和宗教人士的合作而产生的：弗朗西斯科·博罗米尼(1599—1667)和隐修会修士埃马纽埃尔·迈尼昂(Emmanuel Maignan, 1601—1676)(图 13 和图 14)。这座防御别墅属于维吉利奥·斯帕达(教皇财产秘密掌门人和负责人)所有，由博罗米尼建造于罗马圣潘克拉齐奥门外，作为红衣主教卡米洛·潘菲利的住所。

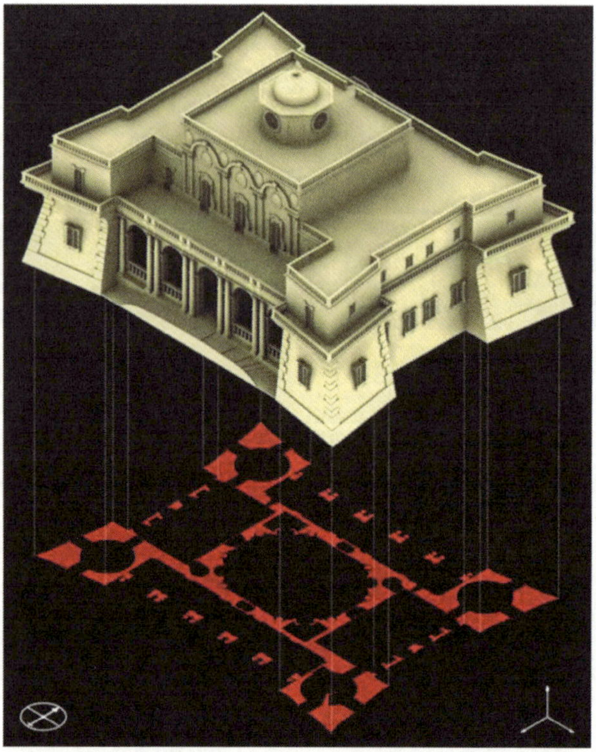

图 13 潘菲利别墅项目的数字化重建：东南等距轴测投影

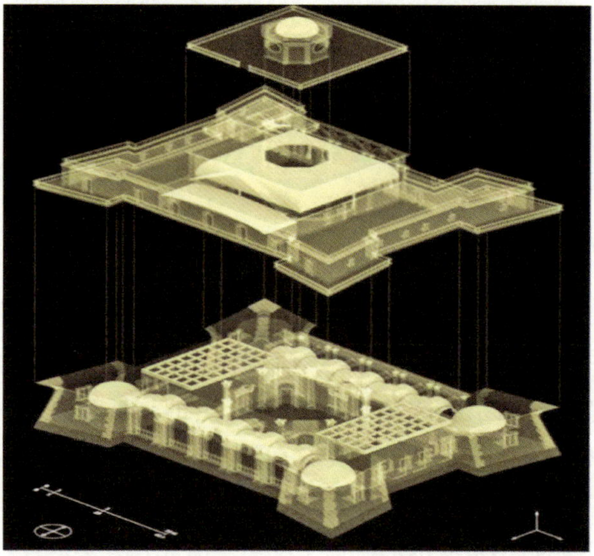

图 14 潘菲利别墅项目的数字化重建：西北轴测分解图。很明显内部有不同的覆盖系统

保罗・波特菲斯将与本项目相关的材料归功于博罗米尼(Portoghesi, 1964)，由两张技术图纸组成，一张提出了两种不同风格的立面图，另一张是由维吉利奥・斯帕达(Virgilio Spada)绘制的草图，与博罗米尼的平面图相比略有改动。在斯帕达的论文中，有一封由博罗米尼写给卡米洛・潘菲利的信，还有一份手稿，其中包括一些题为《装饰红衣主教潘菲利奥花园的数学》(*Mathematics to Adorn the Garden of His Eminence Mr. Cardinal Panfilio*)的纸张。最近发现一份题为《潘菲利阿诺斯数学》(*Mathematica Pamphilianos Hortos Exornans*)的文章。这篇文章是用拉丁文写的，使用的词汇比引用的白话版本更准确。它显示了一个详细且非常准确的科学游戏的清单，这些游戏本可以安装在别墅里。上面提到的"游戏"(奇迹)代表了一些不拘一格的巴洛克人的主要研究领域。这些人物通常属于宗教团体，他们的作品运用了科学、神学和哲学的思辨。该作品的作者是埃马纽埃尔・迈尼昂(1601—1676)，得到保罗・波托盖西和菲利波・卡梅罗塔(Camerota, 2000)的认可，卡梅罗塔是一位来自隐修会的修士，他在罗马的蒙蒂修道院生活和任教多年。

由埃马纽埃尔・迈尼昂撰写的手稿《潘菲利阿诺斯数学》共四页，如上所述，其中描述并设计了一些"数学"奇迹来装饰别墅。这些奇迹被分成 21 个内容的列表，这些内容似乎代表了当时关于光学、日晷学、虚空的存在、声学、磁学等全部"科学实验"知识。在这一点上，我们想要通过数字化重建描述一些使用镜子或镜头、通常采用反射和折射规则的"游戏"。

手稿的第 5 点谈到了北侧的凉廊，在那里人们可以发现一些与猫眼科学有关的奇迹(图 15)。特别是，绘制的扭曲图形将出现在交叉拱顶上。如果直接面对这些图像，它们会显得扭曲，但如果通过超大镜子的反射而观察，就能辨认出来。镜子是圆锥形的，人们必须将镜子对准锥体本身的轴线(图 16)。在让・弗朗索瓦・尼塞隆《视觉锥体》的作品中可以找到参考，他的第三本书明确地致力于"平面镜、圆柱面和圆锥形等方面；以及建立图像、承载和反映与直接看到的东西完全不同的反射方式"(Niceron, 1638)。本文这一部分内容对于迈尼昂所描述的设计是不够的。事实上，《潘菲利阿诺斯数学》引入了一个元素，使得执行变得更加复杂。放置变形图形的表面不是平面，而是由圆柱体的部分组成(彼此正交)，形成具有跨度的肋拱顶。当将原始图形作为反射图像进行正确观察时，它不仅会变形，而且在拱顶肋上的投影也会失真(图 17)。

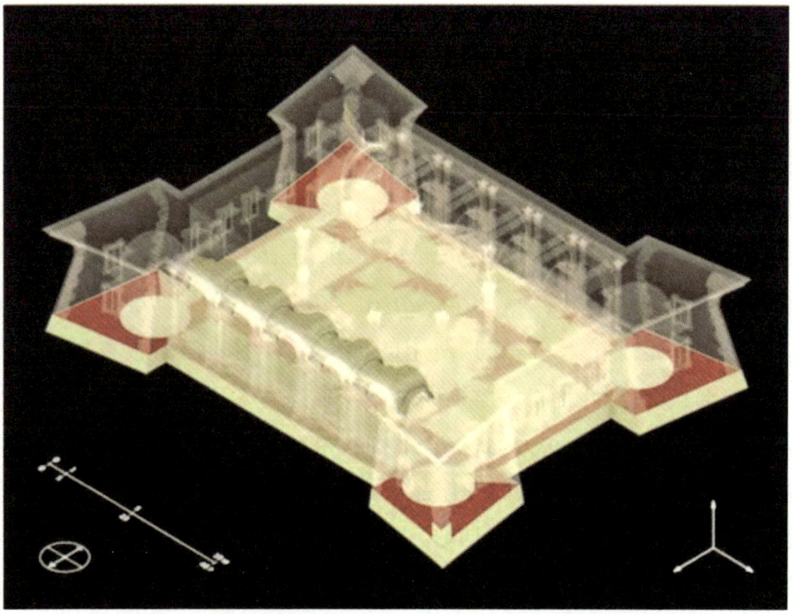

图 15 北部凉廊的十字拱顶,上面绘制了变形猫眼图像

图 16 从这一正确的角度来看位于十字拱顶的锥形镜上的反射,可以识别基督扭曲图像的透视图

图 17 十字拱顶上三个锥形镜透视图

在数字环境下，这个问题可以通过使用一个函数来解决，这个函数可以“反弹”视锥的母线，通过图形的每个点在镜像表面上变形。根据反射定律，入射光线与镜面上该点法线之间形成的夹角必须等于法线与被反射光线形成的夹角(图 18)。为了得到肋骨拱顶上的变形图像，将向量扩展到四根肋骨处就足够了。为这个“游戏”选择的主题是四位教皇和基督的肖像，这是一个折射“游戏”，将暴露在下一个“游戏”中，基督占据了尼塞隆《视觉锥体》的第 25 号版画的中心位置(图 19)。

迈尼昂手稿的第四点描述了另一个光学“游戏”。这正是让-弗朗索瓦·尼塞隆在《视觉锥体》第四卷中提出的。在另一个场合，我们检查了这一节描述的仪器设备，从历史、科学和几何的角度来考查(Bortot，2013)，这需要使用棱镜。这个装置被放置在南面的凉廊中，由一幅画组成，画中展示了一些重要人物肖像。只有通过一个装有多面体透镜的管子才能看到一个人，并且多面体透镜位于由雕像支撑的图纸前方的精确位置上。

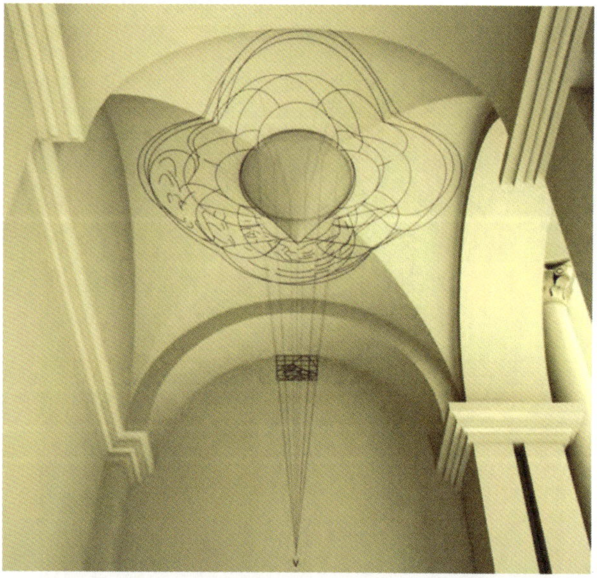

图 18　奇迹 5 重建图：镜像锥反射的可见光线是很明显的(透视图)

图 19　奇迹 5 重建图：在顶部可以看到教皇的图像因变形而扭曲；在中间和底部显示了扭曲主体的正交投影

这位隐修会修士（图 20）在他的作品 23 号版画中准确地描述了这个透镜。相反，24 号版画展示的是一幅素描：一些奥斯曼苏丹的肖像，其中阿穆拉提斯四世（Amurates Ⅳ）站在中间位置。透镜的俯视图出现在左下角，其平行正面投影放在 23 号版画上的寄存器中。在右下角，画的是那个时代“基督教捍卫者”之一的路易十三。这实际上是法国国王的肖像，当通过玻璃镜头提供的单片眼镜观察土耳其人肖像的版画时，可以看到他。根据上述文章所给出的解释，尼塞隆的仪器设备具有深刻的政治影响：奥斯曼帝国的发展对欧洲边境港口所施加的政治

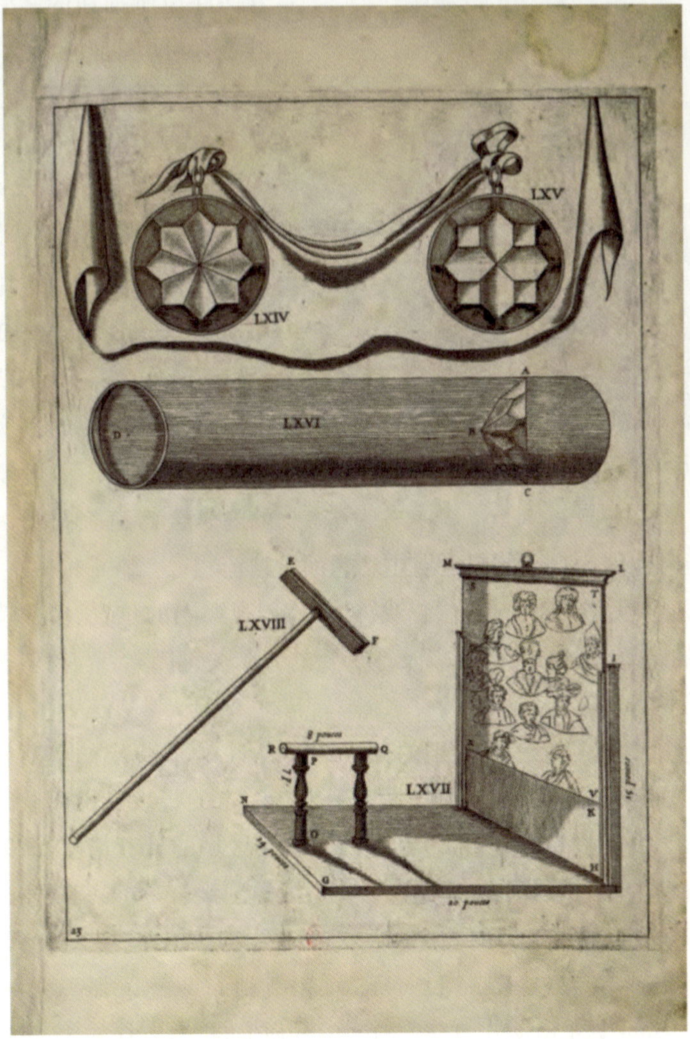

图 20　J. F.尼塞隆的《视觉锥体》(1638)，第 23 号版画

图 21 J. F.尼塞隆的《光学游戏》(1642)。佛罗伦萨伽利略博物馆,1 号室,编号 3196

和宗教压力将造成一种异教徒可能凌驾于基督教之上的集体恐惧。根据一些学者(Siguret, 1993)的观点,这个"游戏"隐藏着一个微妙的讽刺:"12 个土耳其国王的头才抵得上一个法国国王的头。"

佛罗伦萨伽利略博物馆收藏着一件与所描述的装置非常相似的装置,据说是尼塞隆的作品(图 21)。这幅油画还展示了一些土耳其君主的半身像,然而,因为单片镜的原因,这幅油画本来还应该展示托斯卡纳大公爵,费迪南多二世德·美第奇的肖像。托马斯·霍布斯(Thomas Hobbes)在他 1658 年出版的作品《论人》(*De Homine*)中对这个"游戏"的真实创作给出了另一个说明。他可能是在巴黎的隐修会修道院图书馆里看到过这本书,当时他因为自己的封建君主思想而被迫流亡。

下面几个因素保证了光学"游戏"的效率:观察点的位置、单片镜的长度及其与画作的距离、画作的大小,以及最重要的一个关键因素:与材料折射率有关的镜头两侧的倾斜角。

先前使用透镜数字三维重组的分析结果表明,修士提出的奥斯曼人版画不仅仅是一个抽象的方案,而且可以真正用来在一定的折衷意义下获得所描述的效果(图 22)。这种特殊情况的复杂性源于绘画区域的计算精度,该区域旨在将雕刻或绘画从表面"分离",然后通过数字方式重新组合,这要归功于透镜形成了一个完全不同且连贯的图像(图 23)。

由于勒内·笛卡尔(René Descartes)和威利布罗德·斯涅尔·范·罗恩(Willebrod Snel van Royen, 1580—1626)的研究,折射定律在 17 世纪就已经为人所知;现在被称为斯涅尔-笛卡尔定律。在《折射学》的最后一章,笛卡尔描述了

图 22 左图：可以在单片镜内部看到的渲染图；右图：尼塞隆在他的论文中所展示的路易十三的肖像

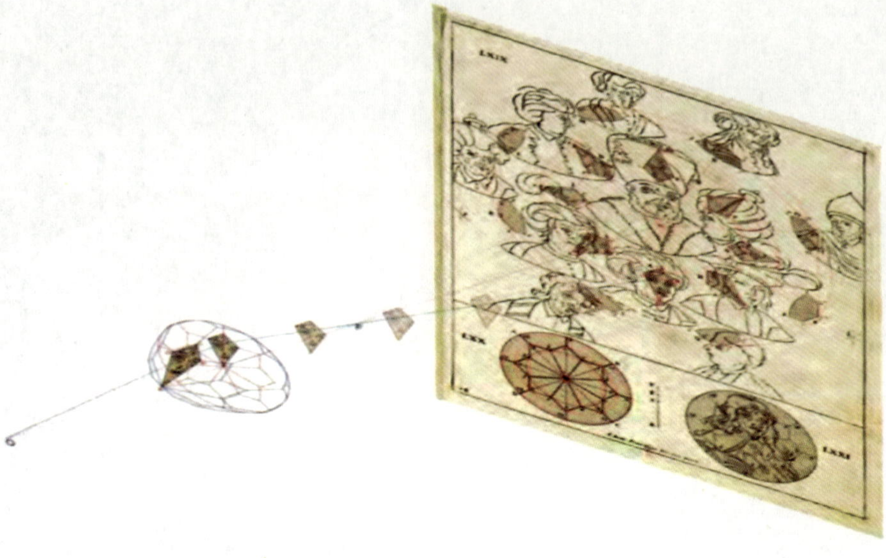

图 23 尼塞隆游戏的映射方案。画作的折射部分似乎与画布表面分离（轴测图）

一种实用的方法，通过一种装有切成楔形的棱镜的装置来测量折射角（Descartes，1637）。这些测量的有趣之处在于可被用于生产科学仪器（望远镜和显微镜）透镜的无晶片。笛卡尔被这些棱镜迷住了，能够创造所谓的“奇迹科学”，并利用它们创造让观察者感到惊讶的“游戏”,但不仅如此。我们知道,以撒·贝克曼(Isaac Beeckman,1588—1637)向笛卡尔提到了科尼利·亚基帕(Cornelius Agrippa)提出的一个假说,根据他的说法,“在月球上写信”,然后向月球上假想出来的居民发送信息是可能的。这位哲学家回答说,根据乔瓦尼·巴蒂斯塔·德拉·波塔(Giovanni Battista Della Porta,1535—1615)的说法,这个实验可以通过使用透镜来实现。这种肯定如此强烈,以至于在1629年11月13日写给镜片加工商让·费里尔(Jean Ferrier)的一封信中,他写道:“我大胆地希望,在你的帮助下,我们将能够确定月球上是否存在生物。”(Shea,2014)

回到“游戏”对“潘菲利别墅的数学”的适用性上,我们应该注意到,在这种情况下,没有什么能阻止我们在手稿建议的区域(图24)安装“游戏”,并将两个带有透镜的雕像放在南部凉廊的左右两侧(图25)。为了简单起见,我们选择了《视觉锥体》的第24和25号版画来展示由装有棱镜的管子所形成的图像(图26)。

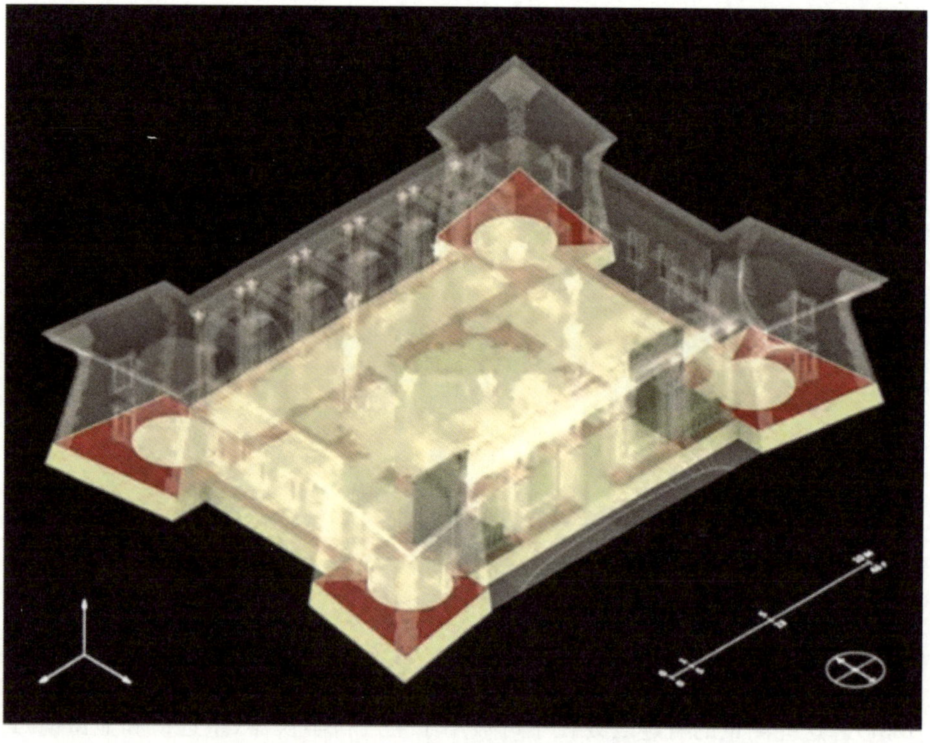

图24 奇迹4所在的南部凉廊别墅区域(轴测图)

图 25　从别墅前花园观察奇迹 4 的透视图

图 26　从南部凉廊观察奇迹 4 的透视图

在迈尼昂关于潘菲利别墅的手稿中，描述了一个日晷，它没有采用传统的日晷投影的阴影，而是在窗台上放置了一个小镜子，使它能够将太阳光反射到半球形的天花板上，只覆盖了位于角落里的塔楼。

罗马的伊曼纽尔·迈尼昂制作的日晷(图 27)是这一奇迹的直接代表。一个放在蒙蒂修道院的回堂里，另一个放在斯帕达宫里，同时，也不能忽视他在罗马逗留前隐修会在奥贝德尔(多尔多涅)、图卢兹和波尔多建造的那些日晷(如今都不见了)。根据詹尼·法拉利(Gianni Ferrari)的说法，最古老的猫眼钟，现在只可见一部分，可能是尼古拉·哥白尼于 1520 年左右在波兰奥尔什丁城堡的一座塔楼中建造的(Ferrari, 2005)。迈尼昂还著有一本关于太阳钟的书，名为《时间透视》(*Perspectiva Horaria*, Maignan, 1648)。相反，从条约的角度来看，尽管没有隐修会神父的条约那么详细，最早涉及这一问题的条约却是犹太人拉菲尔·米拉米(Raffaele Mirami)用白话写成的条约，题为《欧洲条约汇编》(*Compendiosa Introduttione Alla Prima Parte Della Specularia*)，1582 年在费拉拉出版。在科切尔(Kircher, 1635)的书出版之前还有另一本书，由德国耶稣会士格奥尔格·肖恩伯格(Georg Shonberger, 1622)出版。重要的是要确认，米拉米的总结工作总的说来是致力于反射光学，解释了物理几何原理，以及在透视图和几何学上的应用。在最初的几页中，作者声称受到了欧几里得的启发："献给欧几里得、维特隆、阿尔哈泽诺和其他人，他们的智慧启发了这篇文章。"当他不得不解释这类事情的实际后果时，他提到了通过引入"透镜"，使用"这些原理照亮黑暗的地方，将某类阴影[……]转化为太阳钟，并将它们从一个地点转移到另一个地点"(Mirami, 1582)。

图 27　E.迈尼昂，罗马蒙蒂修道院主楼的猫眼象限仪

这个数字模型是受蒙蒂修道院一楼的猫眼钟的启发而建造的。此设备使用四种时间系统："临时时间"系统、"意大利时间"系统、"巴比伦时间"系统以及"天文时间"系统。因为迈尼昂在蒙蒂修道院获得的经验，在斯帕达宫(Palazzo Spada, 1644)的奢华星盘中的时钟也可以在夜间通过投射的月光来读取。这个装置采用了一个圆形的轮子，白天和晚上都可以读数。

忠实于迈尼昂的假设"任何日晷都是一个球体及其圆向某个平面或任何其他类型的平面的某个投影"(Maignan, 1648)，我们重构了一个与罗马纬度(41.9°)相关的理想天球，识别出了停留在它表面上的各种小时线和参照点，这是由于与一些基本几何实体(如光锥、光束和光面)的相交(图 28)。球体及其相关的基本实体的中心与位于窗台上镜子的镜面中心相一致(图 29、图 30、图 31 和图 32)。在这一点上,几何光实体已与覆盖圆形环境的球形拱顶逐一相交,并与镜子所在的理想平面上方的部分墙壁相交,产生了从房间内外可见的密集曲线网络(图 33 和图 34)。

图 28　E.迈尼昂的《时间透视》(1648),第 334 页

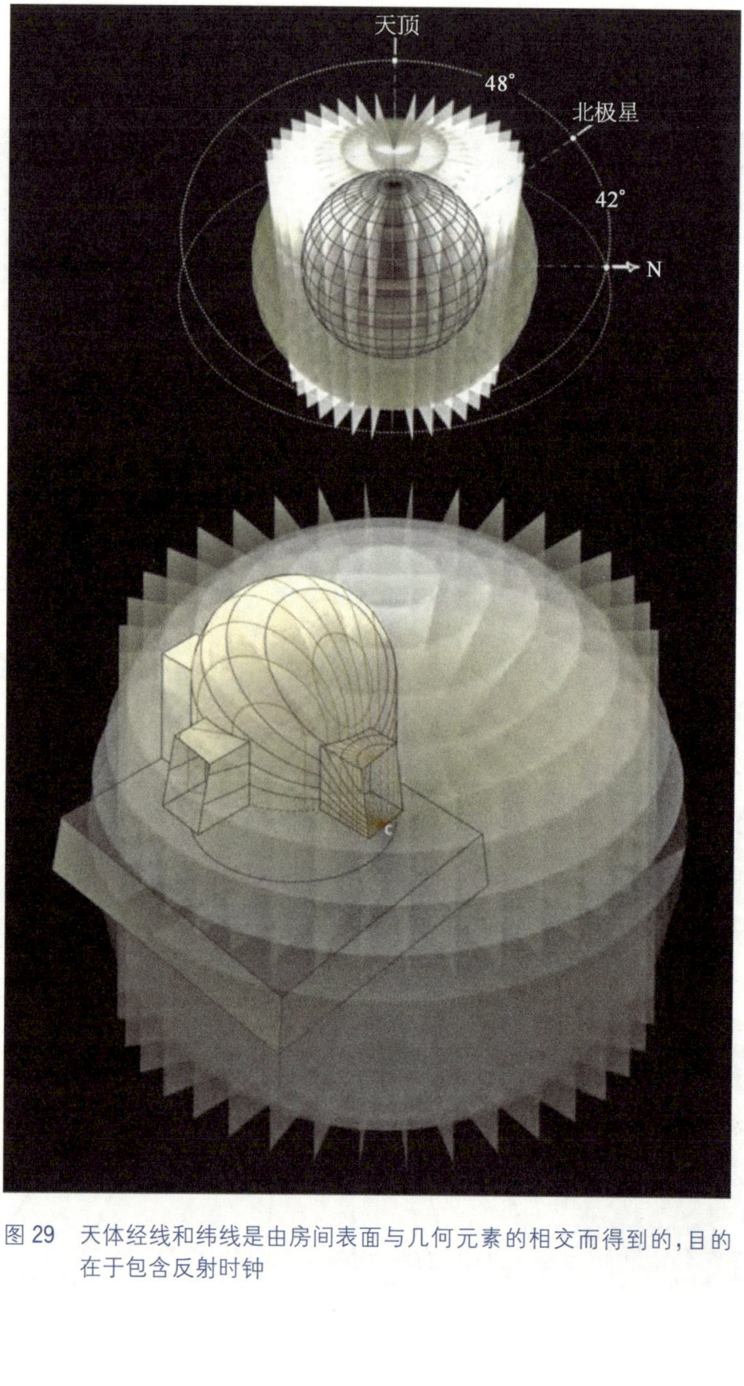

图 29 天体经线和纬线是由房间表面与几何元素的相交而得到的，目的在于包含反射时钟

图 30　由房间表面与几何元素的相交而得到的太阳纬线，目的在于包含反射时钟

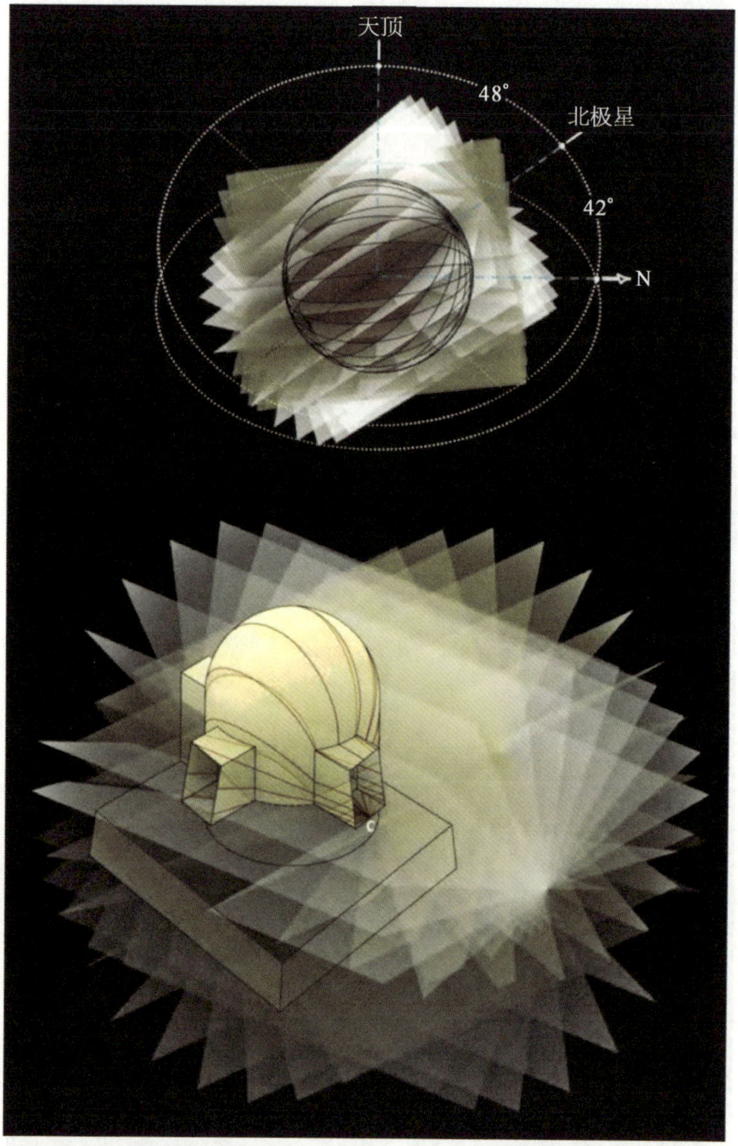

图 31 由房间表面与几何元素的相交而得到的天文线和不等时线,目的在于包含反射时钟

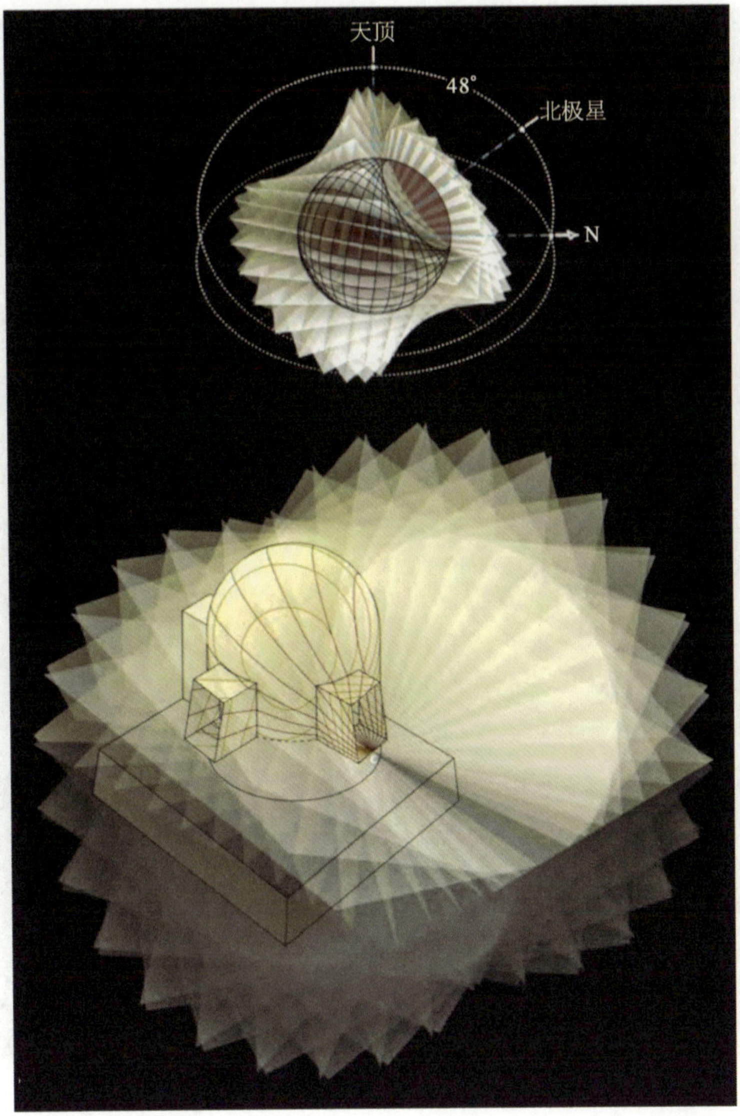

图 32　由房间表面与几何元素的相交而获得的意大利和巴比伦时线，目的在于包含反射时钟

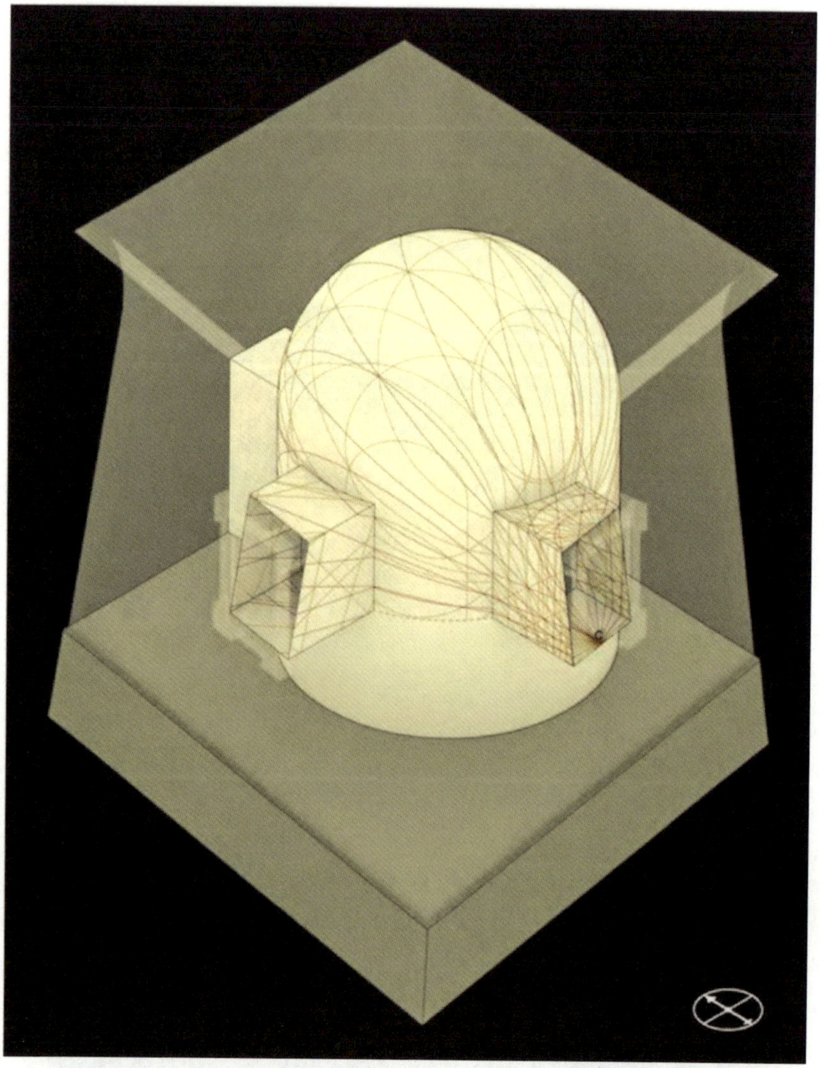

图 33 位于西南房间的太阳反射时钟的时线网(轴测外部视图)

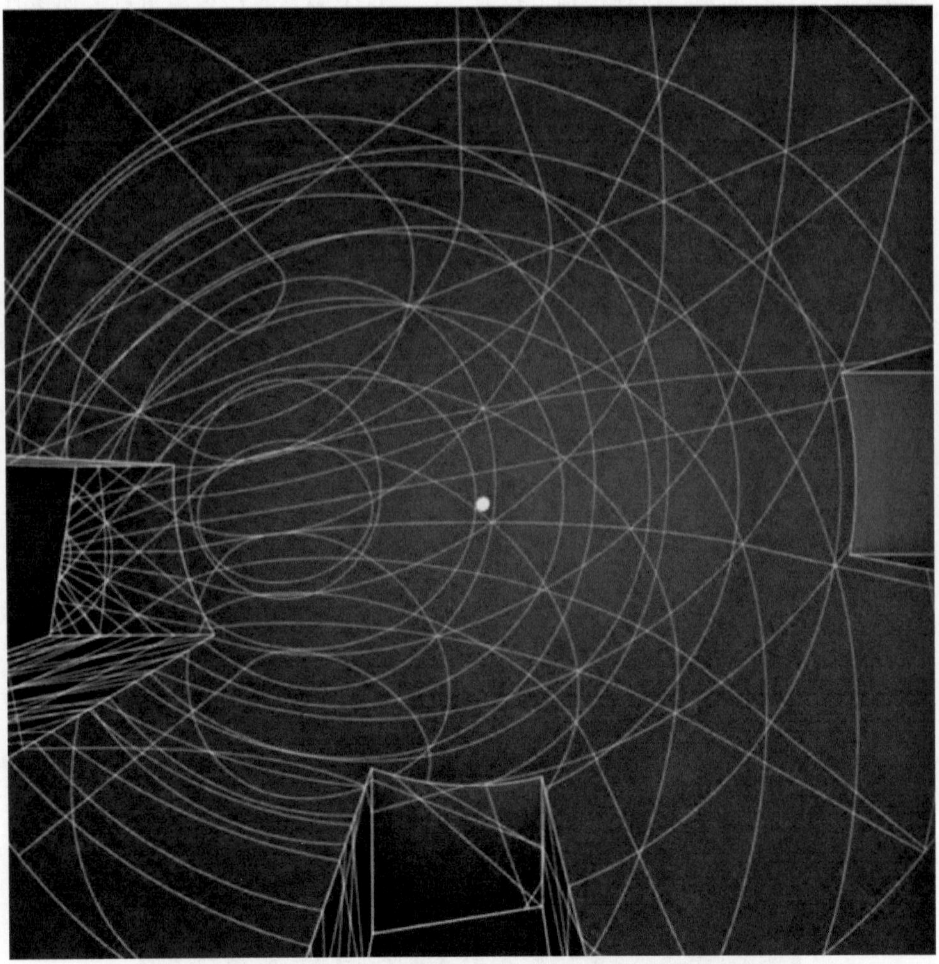

图 34　从下面观察的西南房间内透视图；明显的阳光投射

迈尼昂建议将世界各地的地理位置沿着永恒彩虹的球形穹顶上的投影对齐，这是通过一种叫作东霍雷肖 · 迪奥普特里卡（Iride Horariae Dioptricae）的工具而达到的，在他的论文《时间透视》的第三卷中演示，这样可以确定世界各地正午时间（图 35）。换句话说，弧线的位置将表明太阳所在的平行线。这在一年中有所变化，表明了太阳每天处于天顶的位置。迈尼昂在他的《时间透视》中解释了如何使一个日射镜反射的阳光穿过玻璃圆柱体，从而产生彩虹（图 36）。为了达到想要的效果，仅仅对晶体圆筒的外表面进行抛光是不够的。为了放大折射现象，表面需要切割出许多凹槽。一种变式是使用圆柱镜（图 37），在这种情况下(图 38),柱面镜可以在拱顶上投射光拱。这个装置叫作东霍雷肖・迪奥普特里卡。

图 35　反射太阳钟的内部透视图和被定义为时区的彩虹拱顶上的投影

在迈尼昂手稿的第 10 点和第 15 点,我们可以读到:“在两部分中的一个或另一个,或在两个中,或在任何其他房间,通过折射和反射的艺术,可以制作躺着的或竖立着的图像。特别勾勒出这些不同的客厅,除了第 4、5 和 6 条已经提到的作品之外,你可以用各种各样的镜子排列方式建立其他奇妙的作品。”

由于它们的概念彼此相似,在别墅内的位置也描述得比较模糊,所以将这两个步骤放在一起进行分析。正如我们在手稿中看到的那样,所描述的科学仪器旨在利用猫眼和折射规则,可以放置在任何房间。由于之前的游戏占据了整个

图 36　圆柱形透镜(带外部凹槽)，能够将太阳光分解成明显的光谱

图 37　投射光弧的圆柱面镜

图 38 迈尼昂科学备忘录(第 6 点)中描述的反射太阳钟和光弧拱顶投影的内部透视

一楼,我们认为它们可被放置于一楼朝西的房间(图 39)。这些奇迹还没有被数字化重建,这是由于当时存在大量的可能性导致它们的实现将是非常任意的。我们可以回忆迈尼昂脑海中的一些可能的参考。经过反思得知研究和实验的传统根源于古典传统。欧几里得(公元前 367—公元前 283)是我们所知道的第一篇光学论文的作者,在那里他将他的公设分为两个部分:光学和反射。特别是反射,被分为七个公设,源于克里斯蒂娜・坎迪托(Cristina Candito)观察到的实验结果和主观经验的结合(Candito, 2010)。然而,这些工具的惊人之处来自于亚历山大里亚的希罗(公元前 2 世纪),与手稿第 10 点所描述的内容形成了直接联系。

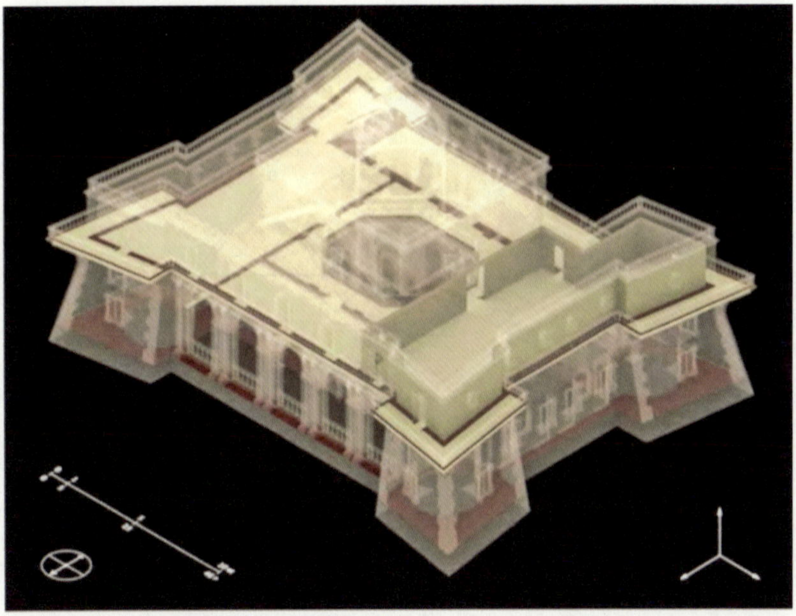

图 39　别墅一楼第 10 号和 15 号奇迹所在的房间

根据尼克斯和施密特(Nix, Schmidt, 1900)的研究，由于以一定角度放置的平面镜所造成的双重反射，观众会相信自己看到了一个飞人(图 40)。维特里欧尼(Vitellione)将恢复并描述同样的效果，他的《利比亚 X 透视》(*Perspectiva Libri X*)出现在迈尼昂的《时间透视》的扉页上。维特里欧尼的论文在几个世纪以来一直作为参考文献，并证明了阿格里帕和德拉 · 波塔(Baltrusaitis, 1981)的作品中对类似设备的描述。他们在书中谈到，平面镜能够显示站立的人物或由反射造成的飞行人物，而不是仰卧着的人物。使用凹面镜，甚至有可能创造出更加神秘的幻觉：根据欧几里得在命题十八中解释的规则，镜像似乎与表面分离，观察者的位置和镜子本身是有几何上的定义的。

反射与折射规则的结合，除了产生幻觉效应外，还引发了一些观察。这些规则为增强视觉的仪器(望远镜、显微镜)的构造、图像再现(魔术灯)和透视表现的科学提供了支持。

由于大多受到公认的理论，菲利波 · 布鲁内莱斯基(Filippo Brunelleschi, 1377—1446)自己使用镜面实现两个著名的线性透视版画，特别是描绘了佛罗伦萨浸礼会(约 1413—1425)的版画。在接下来的几个世纪里，镜子和透镜被组装

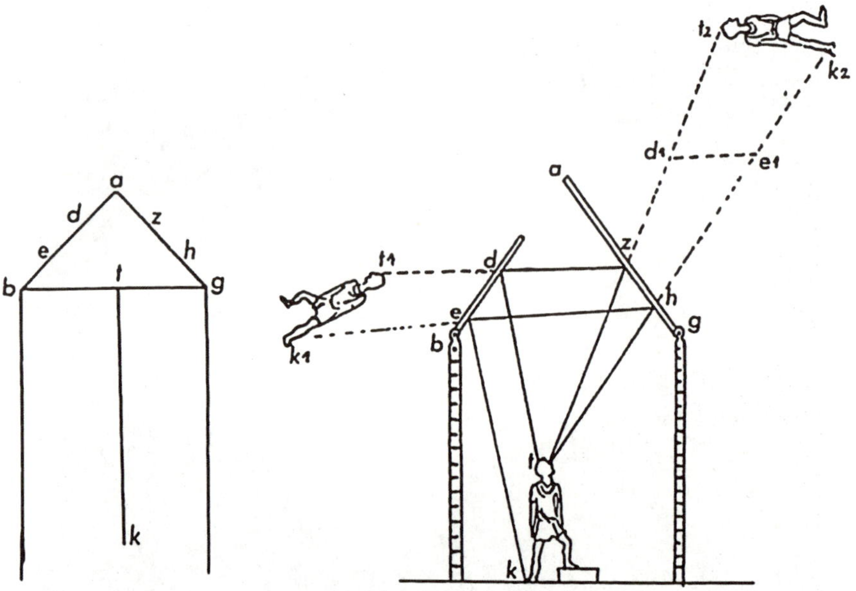

图 40 L.尼克斯，W.施密特，亚历山大的希罗所描述的反射光效应的重建

在一个单一的仪器中，能够再现我们的视觉所能感知的影像。16 世纪是这一设备的历史演变的关键期，为了提高从房间内部投射出来的图像的清晰度，人们在墙上打了一个洞，里边放置一个透镜。中世纪作家，比如阿尔海森(Alhazen)，是主要的支持者之一，他认为暗室隐喻了我们的视觉机制。

根据马丁·肯普(Martin Kemp，2005)的说法，对这一创新的首次引用可追溯到吉罗拉莫·卡尔达诺(Girolamo Cardano，1501—1576)的《事物的精妙》(*De Subtilitate*，1550)；尽管可以在达尼埃莱·巴尔巴罗(Daniele Barbaro，1514—1570)的《透视的实践》(*Pratica Della Prospettiva*，1569)中找到对它的完整描述。

阿奎莱亚的族长建议在凸透镜上使用不透明的滤光器，使光线只能通过其中心部分。这样做可以减少由晶体的曲率所引发的投影边缘像差。由于需要将图像上下颠倒，进一步的创新将在以后出现。因此，斜向引入一个反射镜，在光线穿过透镜后反射光线。通过引入额外的透镜，同样的问题也得到了解决。约翰内斯·扎恩(Johannes Zahn)在他 1685 年出版的论文《人工屈光眼：视觉望远镜》(*Oculus Artificialis Teledioptricus: Sive Telescopium*)中指出，这些暗室变成了便携式箱子(图 41)。

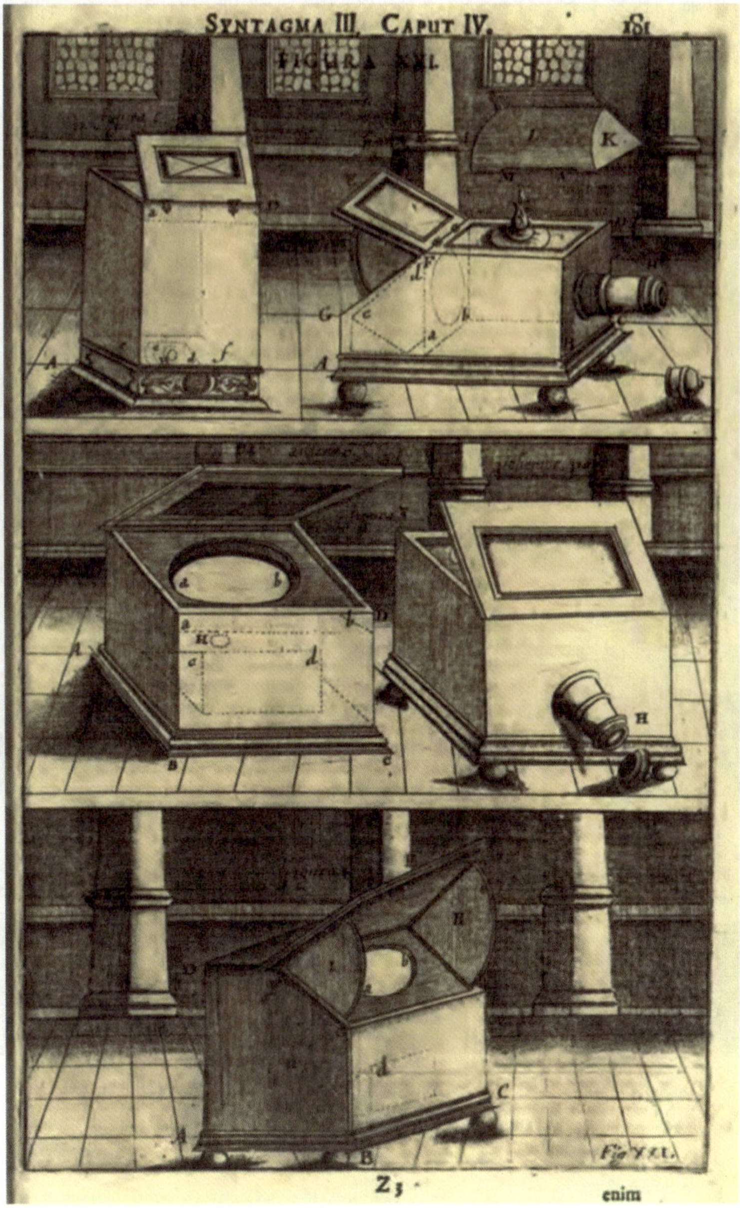

图 41　约翰内斯・扎恩的《人工眼……》(1685)，第 181 页

在所描述的游戏中，为了测量时间的流逝，镜子和透镜被用作变形设备的光学和日晷学工具。从这一点来看，我们可以肯定，由建筑师弗朗西斯科・博罗米尼和修士埃马纽埃尔・迈尼昂所构思的潘菲利别墅项目，受到了让-弗朗索瓦・

尼塞隆的影响,代表了科学设备的奇迹(图 42)。该项目还见证了一种新的研究方法,能够解释 17 世纪的自然规律,同时使参观者生出了一种好奇感。

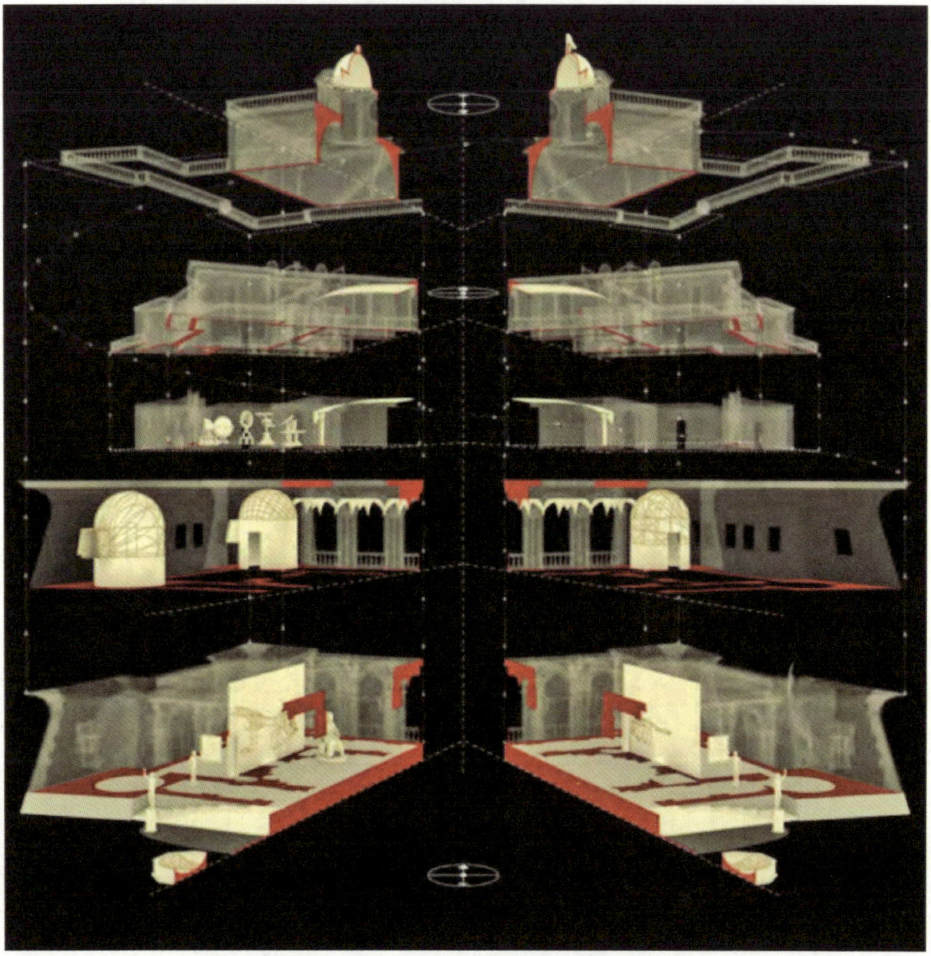

图 42 弗朗西斯科・博罗米尼设计的潘菲利别墅之数字重建的透视分解横截面;显然是由埃马纽埃尔・迈尼昂构思的科学游戏

结论

始于几个世纪之前的两个隐修会成员之间的关系只维持了 33 年,在此即将结束。在处理了占本文绝大篇幅的图形、图案、扭曲、变形和反射之后,最后为读者提供一幅图像是非常重要的。加涅尔在一篇文章(Gagnaire，2003)中给出了一些建议，我们想与读者分享这篇文章，以观察1648年伊曼纽尔・迈尼昂的《时间透视》中刻有命题56的版画(图43)。我们可以发现来自罗马图卢兹(斯帕达宫，今天的意大利国务院总部)的隐修会修士完成的另一个著名的反射日晷的透视图。众所周知，这项工作是在1644年为红衣主教贝尔纳多・斯帕达(Bernardino Spada)而完成的，他是隐修会的保护者。在照片中，他和另外三位访客在一起。他就是最右边的人物，穿着披风，手里拿着帽子，留着明显的山羊胡，就像圭多・雷尼(Guido Reni)在一幅著名的肖像画(1631年)中留下的不朽形象一样。这幅作品现在保存在罗马的博尔盖塞美术馆。其他三个人的身份鉴定更为复杂。红衣主教将目光转向壁画拱顶的一个区域，朝向主角的食指所指的位置。一个穿着披风的贵族正在转过身来，也许是想强化从星盘中发展起来的日晷主题。马裤襟上织着一朵玫瑰，是一个独特的标志，可以追溯其身份：奥尔西尼家族的纹章象征。挨着红衣主教左边，有两个修士面对面。他们戴着一根绳子，代表着隐修会的耐心。我们怀疑其中有一个人是日晷的发明者，更确切地说，是迈尼昂神父。远处的另一个人正直视上方，对这位不知名的绅士所提出的日晷问题表现出兴趣。他凹凸有致的五官、精神饱满的外表和剃光的头发让我们认为他可能就是让-弗朗索瓦・尼塞隆。而转身的修士看起来结实而谢顶，与他的神父级别相称，这让我们认为他可能是迈尼昂神父。马克・阿西斯(Marc Arcis，1655—1739)制作了一个非圣徒传式的半身像，保存在图卢兹美术馆，一个纪念历史上伟大人物的杰出美术馆，以确定迈尼昂在画中的身份。他有“……一张宽阔而富于力量的脸，五官鲜明，眼睛锐利而微微向一侧倾斜，仿佛在观察和沉思。紧闭的嘴唇，线条精细，微微张开，明亮的眼睛暗示着已经提出的问题，仔细地审视着。薄薄的皮革皱褶巧妙地强调着这种小心谨慎的目光，这种内敛的张力在太阳穴上留下了一条轻微突出的血管。在宽阔的正面，形成了一些皱纹，而在头骨的上部和两侧则是桀骜不驯的线条，经由热雕刻，软化并活跃了这种警惕的表情。一种令人敬畏的智慧从一个肥胖男子强健的外表中显现出来”(Julien，2005)。在这幅画中，就像我们在文章中介绍过的拉恩的画像一样，我们发现了一个时空悖论：这一定是尼塞隆的鬼魂，因为他死于1646年，创作这幅画的两年前。自从1642年10月他最后一次在罗马短暂逗留之后，直到他去世之前，尼塞隆从未到过这个画廊。这幅画是在尼塞隆去世后完成的，强化了基于门徒身份的、由两位隐修会成员所共享的关系，具有深刻的人性意义。迈尼昂可能希望他的修士朋友再次出现在他身边，那个与他一起分享着学术和神学上的思考、装饰性建筑项目以及充斥于人造魔法奇迹之中的奇妙景象的朋友，哪怕那只是在一幅画中。

图 43 E.迈尼昂,《时间透视，日晷学的理论与实践四书》，第三卷(罗马,1648)。反射钟，或日晷学。命题 36。经线，平面上的反射-日晷钟

参考文献

AGM(XVII century). Livre des Conclusions Capitulaires de ce convent de la S.te Trinitè Du mont(5-X-1620 -26-IX- 1649)

Andersen A (1995) The mathematical treatment of anamorphoses from Piero della Francesca to Nicéron. In: History of mathematics: states of the art. Academic, Cambridge, MA

Baitinger F-C (2006) L'esprit du portrait ou le portrait de l'esprit/Etude d'un portrait en anamorphose de Jacques d'Auzoles par le pere J-F Niceron. In: Lampe-tempête, nl, le silence de l'expérience, w.i.p.

Baltrusaitis J (1981) Lo specchio, rivelazioni, inganni e science-fiction (italian version). Adelphi, Milan

Baltrusaitis J (1984) Anamorfosi o Thaumaturgus Opticus (italian version). Adelphi, Milan

Bessot D (2005) Synthèse et développement de techniques d'anamorphoses au XVIIe siècle: les traités du père Jean-François Niceron. In: Mélanges de l'école française de Rome. 117 - 1. Ecole française de Rome, Rome, pp 91 - 129

Bortot A (2013) Dove lo sguardo si ricompone e s'acquieta. Immaginario scientifico e contestualità storica nei giochi ottici di Jean François Niceron. In: De Rosa A (ed) Jean François Nicéron. Prospettiva, Catottrica e Magia Artificiale. Aracne edizioni, Rome, pp 124 - 151

Camerota F (2000) Architecture and science in baroque Rome. The mathematical ornaments of villa Pamphilj. In: Nuncius, annali di storia della scienza, Year XV, Number 2, Leo L. Olschki Firenze, pp 611 - 638

Candito C (2010) II disegno e la luce. Fondamenti e metodi, storia e nuove applicazioni delle ombre e dei riflessi nella rappresentazione. Alinea, Florence

Ceñal R (1952) Emmanuel Maignan su vida, su obra, su influencia. Revista de Estudios Politicos XLVI, pp 111 - 149

Ciucci G (1982) Rappresentazione dello spazio e spazio della rappresentazione. In: Ciucci G, Scolari (eds) Rassegna. Rappresentazioni, vol 9. Electa, Milan, p 11

Cojannot-Le Blanc M (2006) Les traités d'ecclésiastiques sur la perspective en France au XVIIe siecle: un regard de clercs sur la peinture? Dix-septième siecle 1(230), pp 117 - 130

D'Auzoles de Lapeyre J (1638) Le Mercure charitable, ou Contre-Touche et souverain remède pour desempierrer le R. P. Petau, jésuite d' Orléans, depuis peu métamorphosé en fausse pierrede-touche, par Jacques d' Auzoles Lapeyre. in-fol. G. Alliot, Paris, pp 72 - 73

Del Monte G (1600) Perspectiva Libri Sex, Girolamo Concordia, Pesaro

De Rosa A (2006) The Optik's Apocalipse. The twin anamorphosis by Emmanuel Maignan and Jean-François Nicéron. Ikhnos. Lombardi, Siracusa

De Rosa A (ed) (2013) Jean François Nicéron. Perspective, Catoptric and Artificial Magic. Aracne edizioni, Rome

De Rosa A, D'Acunto G (2002) La vertigine dello sguardo. Saggi sulla rappresentazione anamorfica. Cafoscarina, Venice

Descartes R (1637) Discours de la méthode pour bien conduire sa raison, et chercher la vérité dans les sciences Plus la Dioptrique, les Météores, et la Géométrie qui sont des essais de cette Méthode, Leiden, Ian Maire

Ferrari G (2005) Copernico e la prima meridiana a riflessione. In: Procedings of the Conference XIII Seminario Nazionale di Gnomonica. Unione astrofili italiani, Lignano, pp 88 - 95

Fiorini Morosini G (2000) The penitential charism of St. Francis of Paola and the Order of the Minims. History and spirituality. Bibliotheca Minimum 3, Rome

Fratini G, Moriconi F (2010) Datazione e attribuzione dell'anamorfosi di San Giovanni a Pathmos presso il Convento della Trinità dei Monti a Roma. In: MEFRIM: Mélanges de l'école française de Rome. Italie et mediterranée. T. 122/1: Ecole française de Rome, Rome, pp 128 - 129

Gagnaire P (2003) Le cadran solaire à réflexion du Pére Maignan, à la Trinité des Monts. In: ANCAHA, n 97, Paris

Gilman EB (1978) Curious perspective. Literary and Pictorical Wit in the Seventeenth Century. Yale University Press, New Haven, p 41

Julien P (2005) Anamorphoses et vision miraculeuses du Pere Maignan (1602 - 1676). In: MEFRIM: Mélanges de l'École française de Rome. Italie et mediterranée, t. 117, 1. Ecole française de Rome, Rome 2005, pp 65 - 66

Kemp M (2005) La scienza dell' arte. Prospettiva e percezione visiva da Brunelleschi a Seurat, italian edn. Giunti, Milan, pp 210 - 211

Kircher A (1635) Primitive Gnomonicae Catoptricae, hoc est horologiographiae novae specularis, ex typographia I. Piot, Avignone

Krakovitch O (1981) Le couvent des Minimes de la Place-Royale, in Paris et Ile-de-France Mémoires. Klincksieck, Paris

Kuchel P W (1979) Anamorphoscopes: a visual aid for circle inversion. In: The Mathematical Gazette, vol. 63, n 424. Mathematical Association, Leicester

Maignan E (1648) Perspectiva horaria, sive de orographia gnomonica tum theorethica tum pratica libri quattuor, Typis & Expenfis Philippi Rubei, Rome

Martin RPC (late XVIII century) Histoire du couvent royal des Minimes français de la très sainte Trinité sur le mont Pincius à Rome. Manuscript of the convent of Trinita dei Monti (Ms. Trin.), p 325

Mirami R (1582) Compendiosa introduttione alla prima parte della specularia..., care of Francesco Rossi & Paolo Tortorino's successors. Ferrara

Niceron JF (1638) La Perspective curieuse ou magie artificielle des effets merveilleux An

Chez Pierre Billaine, Parigi
Niceron JF (1646) Thaumaturgus opticus, Langlois, Paris
Nix L, Schmidt W (1900) Herons von Alexandria Mechanik und Katoptrik. Teubner, Leipzig
Portoghesi P (1964) Borromini nella cultura europea. Officina edizioni, Rome
Roberti G M (1902 - 1908) Disegno storico dell'Ordine dei Minimi, 3 vll. Tip. Poliglotta, Rome
Rodis-Lewis G (1997) Cartesio. Una biografia. Editori Riuniti, Rome
Shea WR (2014) Cartesio. La magia dei numeri e del moto, René Descartese la scienza del Seicento. Bollati Boringhieri, Turin, p 119
Shonberger G (1622) Demonstratio et Constructio Horologiorum novorum. Radio recto; refracto in water; reflexo in speculo; only magnet horas astronomicas, italicas, babylonicas indicatium, apud loannem Strasserum, Friburgi Brisgoiae
Siguret F (1993) L'oeil surpris. Perception et représentation dans la lère moitié du XVIIe siecle.Klincksieck, Paris, pp 189 - 217
Vagnetti L (1979) De et natural artificial perspectiva. Libreria Editrice Fiorentina, Florence, pp 392 - 393
Withmore PJS (1967) The order of Minims in seventeenth-century France. Springer, The Hague, pp 155 - 162
Zahn J (1685). Oculus artificialis Telediopricus: sive Telescopium. Würzburg. Further Recommended Readings
Alberti L B/Grayson C (1973). De Pictura. Laterza, Bari.
Amodeo F (1933) Lo sviluppo della Prospettiva in Francia nel secolo XVII. In: Atti dell' Accademia Pontaniana, vol LXIII. Naples. pp 24 - 25
Boyd ML (2005) Sundials: history, art, people, science. Frances Lincoln, London
Camerota F (2006) La Prospettiva del Rinascimento. Arte, architettura, scienza. Electa, Milan, pp 194 - 195
Ceñal R (1952) Emmanuel Maignan su vida, su obra, su influencia. Revista de Estudios Politicos XLVI: 111 - 149 della Francesca P/Nicco Fasola G (1984). De Prospectiva pingendi. Le Lettere, Florence
De Rosa A, Bortot A, Boscaro C, Monteleone C, Trevisan E (2012) Memory and oblivion. Discovery and digital survey of J.-F. Niceron's mural anamorphosis. In: Acts of XVI ASITA National Conference. Vicenza
Maignan E (around 1650) Mathematica Pamphilianos hortos exornans: In: Archivio di Stato di Roma, Archivio Spada 235, "Miscellanea de negotijj passati per mani mie sub Innocentio PPX". Roma, pp 627 - 630
Malcolm N (2004) Aspects of Hobbes. Oxford University Press, Oxford
Massey L (2007) Picturing space, displacing bodies. Anamorphosis in early modern

theories of perspective. Pennsylvania State University Press, Philadelphia

Portoghesi P (1967) Borromini: architettura come linguaggio. Electa, Milano

Rodis-Lewis G (2011) Marchingegni e prospettive curiose nel loro rapporto con il cartesianesimo. In: Lo Sguardo-Rivista di Filosofia, n 6, II sapere Barocco: tra scienza e teologia

Osborne H (ed) (1970) Oxford companion to art. Clarendon Press, Oxford

Stafford BM, Terpak F (2001) Devices of wonder, from the world in a box to images on a screen.Getty Research Institute, Los Angeles

Tabarrini M (2008) Borromini e gli Spada, un palazzo e la committenza di una grande famiglia nelle Roma barocca. Gangemi, Roma

拓展阅读

Alberti L B/Grayson C (1973). De Pictura. Laterza, Bari.

Amodeo F (1933) Lo sviluppo della Prospettiva in Francia nel secolo XVII. In: Atti dell'Accademia Pontaniana, vol LXIII. Naples. pp 24 - 25

Boyd ML (2005) Sundials: history, art, people, science. Frances Lincoln, London

Camerota F (2006) La Prospettiva del Rinascimento. Arte, architettura, scienza. Electa, Milan, pp 194 - 195

Ceñal R (1952) Emmanuel Maignan su vida, su obra, su influencia. Revista de Estudios Polìticos XLVI 111 - 149

della Francesca P/Nicco Fasola G (1984). De Prospectiva pingendi. Le Lettere, Florence

De Rosa A, Bortot A, Boscaro C, Monteleone C, Trevisan E (2012) Memory and oblivion.

Discovery and digital survey of J.-F. Niceron's mural anamorphosis. In: Acts of XVI ASITA National Conference. Vicenza

Maignan E (around 1650) Mathematica Pamphilianos hortos exornans: In: Archivio di Stato di

Roma, Archivio Spada 235, "Miscellanea de negotijj passati per mani mie sub Innocentio PP X". Roma, pp 627 - 630

Malcolm N (2004) Aspects of Hobbes. Oxford University Press, Oxford

Massey L (2007) Picturing space, displacing bodies. Anamorphosis in early modern theories of perspective. Pennsylvania State University Press, Philadelphia

Portoghesi P (1967) Borromini: architettura come linguaggio. Electa, Milano

Rodis-Lewis G (2011) Marchingegni e prospettive curiose nel loro rapporto con il cartesianesimo. In: Lo Sguardo-Rivista di Filosofia, n 6, Il sapere Barocco: tra scienza e teologia

Osborne H (ed) (1970) Oxford companion to art. Clarendon Press, Oxford

Stafford BM，Terpak F (2001) Devices of wonder，from the world in a box to images on a screen. Getty Research Institute，Los Angeles

Tabarrini M (2008) Borromini e gli Spada，un palazzo e la committenza di una grande famiglia nelle Roma barocca. Gangemi，Roma

译后记

作为一名高校数学教师，我深知数学文化对数学教育的重要意义。我在日常教学过程中，既注重传播中华优秀传统数学文化，也注重吸收世界数学文化。

Handbook of the Mathematics of the Arts and Sciences 是由斯普林格出版社于 2019 年出版的一套丛书。该套丛书共三卷，由七部分组成，包括数学、艺术与美学；数学、人文与语言艺术；数学与建筑；社会中的数学；数学、科学与动力系统；数学、历史与哲学；数学影响与新方向。汇集了 100 余篇学术论文，讨论了数学在艺术、语言学、建筑学、人文学科、物理学、生物学、海洋学等学科中的普遍性、重要作用和意义。这套丛书在线出版后，我第一时间阅读了它，喜悦之情油然而生，遂萌生了将这套丛书翻译成中文的想法，希望更多中国读者能够读到这套丛书。2021 年，我着手准备申请国家自然科学基金数学天元基金项目中的数学文化交流项目，希望借助这个平台将本套丛书翻译成中文。2022 年 10 月，该项目有幸获得国家自然科学基金委员会的资助。经过近三年的努力，这套丛书的翻译工作陆续完成。在与上海科学技术出版社协商之后，他们同意出版这套丛书，这才让我心中的一块石头落地。

这套丛书主要讨论了以下三个方面：数学跨学科的起源；跨学科的跨文化组成部分与数学之间的联系；当代数学跨学科的趋势。书中的章节展示了数学在不同学科之中的起源、应用以及学科之间的统一性和相似之处。部分章节还展示了学科的分支和发展。这套丛书揭示了数学既是一种具体的人类活动，存在于众多的艺术、建筑、探索和修辞活动中，又是一种抽象的活动，这在许多微观的和宏观的不可思议的情景和背景中都得到了证明。自古以来，数学的应用便或有意或无意地根植于世界艺术与宏伟建筑之中；而现代艺术、计算科学及其他学科对数字世界的探索则再度印证了数学的普适性。例如，在微观层面上，拓扑学作为一个非常抽象的数学学科，却与细胞生物学存在相关性；而在宏观层面上，另一个抽象的数学领域——遍历理论，则构成了对我们周围这个世界进行动力系统建模的理论支柱。许多章节还揭示了数学相关跨学科的跨文化方面的内容。这一点在“数学、历史与哲学”和“数学影响与新方向”两部分中尤为明显。这两部分通过熟悉的语境和陌生的视角，对古代乃至现代的跨文化进行了深入的剖析。

丛书的出版得到了很多人的关心。在这里我要特别感谢中国科学院周向宇院士对翻译工作的支持。周院士既是一位享誉世界的数学家，也是一位数学教育家，他对中华传统数学文化有着独到的见解。我还要感谢南京大学的秦厚荣教授、丁南庆教授、朱晓胜教授和黄兆泳教授，他们为我传授数学知识，教会我从事科学研究的基本方法和做人的基本道理。在翻译这套丛书的过程中，我们得到了湖北文理学院领导和同事们的关心与帮助，在这里，我要感谢刘浩书记、丁凌院长、袁红星书记和张敏捷副院长。我也对西南大学、安徽工业大学、汉江师范学院、湖北汽车工业学院以及广东省艺术职业技术学院领导的支持和帮助表示感谢。图书的出版从来都离不开编辑们的辛苦工作，在这里，我要感谢上海科学技术出版社的刘希融和田廷彦，他们的专业水准为本套丛书的出版锦上添花。最后，我要对那些未及提到、但为本套丛书的顺利出版付出了辛勤努力的人一并表示感谢。因翻译者水平有限，书中难免有错误与不足之处，欢迎读者提出宝贵意见(11873@hbuas.edu.cn)。

黄朝凌